# 健康养猪关键点操作四步法

## ——图说未病先防篇

金洪成　编著

中国农业科学技术出版社

**图书在版编目（CIP）数据**

健康养猪关键点操作四步法. 图说未病先防篇 / 金洪成 编著. —北京：中国农业科学技术出版社，2017. 1

ISBN 978 - 7 - 5116 - 2730 - 8

Ⅰ. ①健… Ⅱ. ①金… Ⅲ. ①养猪学 — 图解 ②病 — 防治 — 图解 Ⅳ. ①S828-64 ②S858.28-64

中国版本图书馆 CIP 数据核字（2016）第 212691 号

**责任编辑** 张国锋
**责任校对** 马广洋
**出 版 者** 中国农业科学技术出版社
北京市中关村南大街12号 邮编：100081
**电　　话** （010）82106636（编辑室）（010）82109702（发行部）
（010）82109709（读者服务部）
**传　　真** （010）82106631
**网　　址** http://www.castp.cn
**经 销 者** 各地新华书店
**印 刷 者** 北京卡乐富印刷有限公司
**开　　本** 787mm × 1092mm 1/16
**印　　张** 16
**字　　数** 400 千字
**版　　次** 2017年1月第1版 2017年1月第1次印刷
**定　　价** 160.00元

《健康养猪关键点操作四步法——图说未病先防篇》

## 编 委 会

# 前　言

一、概述

（一）我国养猪业的两次革命

我国养猪业的第一次革命发生在20世纪80年代，集约化养猪模式的采用或市长主抓菜篮子工程的实施是其举措，解决人们肉食品充足的供应是其目的；虽然历经了10年左右的努力，在数量上满足了人们的这一需求，但是由于养猪业主体素质低下和集约化生产工艺设施不规范等因素所致，疫病混感、环境污染和食品不安全等三大弊端正在越来越明显地反噬养猪企业的利润，并成为阻碍其可持续发展的瓶颈。对此，要彻底解决上述弊端的我国养猪业，其第二次革命正在酝酿或运作过程中；健康养猪的实施是其举措，将我国养猪企业带入可持续发展的规范化生命周期内是其目的。

（二）健康养猪的三个层面

从现场预防兽医学的角度上看，健康养猪应分为夯实基础、未病先防和即病防变三个层面。从猪场经营管理角度上看，这三个层面越为前者，是越为重要的、战略性的；而越为后者，是越为次要的、战术性的。从不同管理级别的角度上看，因夯实基础涉及猪场软、硬件基础建设，更需要猪场投资方高层厘清；因未病先防涉及现场层面两大技术体系的融会贯通，更需要猪场执行班底的熟知；因即病防变涉及八大混感综合征系列病的诊断、治则、用药技巧，则更应是猪场兽医及基层多面手的强项。

二、未病先防的两大技术体系

本书是由上篇“切实增强繁育体系管理的执行力”和下篇“切实增强五大支撑体系的适宜度”组成。

（一）上篇“切实增强繁育体系管理的执行力”所涉及的有关内容

(1) 对国内养猪业繁育体系的认识部分，重点阐述了对国内养猪业宏观繁育体系的认识和对国内种猪场微观繁育体系的认识等内容。

（2）后备猪引种管理部分，重点阐述了后备猪引种的准备、后备猪的选择、后备猪的运输、后备猪引进后的隔离与适应和后备母猪的培育管理等内容。

（3）经产母猪的繁育管理部分，重点阐述了建立猪场有效母猪群体的大势基础和细化围产期、哺乳期达标管理的执行过程等内容。

（4）人工授精的现场操作部分，重点阐述了查情、采精、精液品质检查、精液的稀释与分装、精液的保存与运输、输精和妊娠诊断等内容。

**（二）下篇“切实增强五大支撑系统的适宜度”所涉及的有关内容**

（1）在饲养管理上求适的部分，重点阐述了在种公猪、后备种公猪、后备母猪、空怀母猪、妊娠母猪、哺乳母猪、哺乳仔猪、保育仔猪及育成育肥猪饲养管理等方面的求适。

（2）在生产管理上求适的部分，重点阐述了在生产计划、生产组织、生产准备、生产控制及猪群观察等方面的求适。

（3）在营养供应上求适的部分，重点阐述了在饲料加工、饲料品控、营养调控和小麦替代玉米等方面的求适。

（4）在环境控制上求适的部分，重点阐述了尽量减轻管理类、物理类、化学类、营养类及生物类应激刺激性损伤等方面的求适。

（5）在免疫接种上求适的部分，重点阐述了在跟胎免疫、全群普免、青年母猪自然感染及消除免疫失败因素等方面的求适。

## 三、未病先防关键点操作的四步法与图例说明

### （一）未病先防关键点操作的四步法

其包括事前准备、事中操作、要点监控和事后分析等四个方面的内容，上述内容的实施不但可使未病先防的关键点执行落地，而且具有综合素质提高的潜台词。

（1）事前准备。孙子兵法讲有备无患，对于饲养带毛喘气的猪场更是如此；而且准备必须是系统的、多方位的，涉及供、产、销、人、财、物等各方面。可以说稍有不慎，必有漏洞和损失。

（2）事中操作。猪场的工作已超出良心操作的范畴，必须爱心操作、信心操作和用心操作。这里不单是技术问题，而更主要的是采用承包的方法，首先让员工上心和细心。

（3）要点监控。任何事物都有主要矛盾和矛盾的主要方面；只要我们抓住了这些关键环节，即可事半功倍地完成任务。故此，未病先防关键点的落地，首先要抓住其内部的主要矛盾和矛盾的主要方面而全力解决之。

（4）事后分析。事后的总结归纳是非常必要的，这是量变升华为质变的必经之路。找出经验，可使其胸有成竹；找出教训，可使其走向成功；这也是四步法的精髓

之一。

（二）未病先防关键点操作的图解说明

包括直观明了、深入浅出、独辟蹊径和锦上添花的内涵，也可以说是本书的创新之处。

(1) 直观明了。本书采用现场摄制的近千张图片，可使各关键点实施的有关动作直接显现出来；可使难以到现场实际操作的学子，在参悟四步法文字说明的同时，了解某个现场动作的真谛。

(2) 深入浅出。本书采用的现场图片，可以展现出读者难以深入接触到的方方面面；这些图片通过本书的图说载体，可轻易地呈现给读者，这也是本书对社会的一大奉献。

(3) 独辟蹊径。将未病先防一书的50余个关键点的实施内容，用近千幅图片加以辅佐演绎；其既加强了四步法的指导作用，又达到了通俗易懂的目的，这也是本书的一大创新。

(4) 锦上添花。本书近千幅图片并非无关联的散布存在，而是每页四幅均突出一个主题，与文字四法交相辉映，可谓优势互补，极大地提升了作品用于科普或教材的分量。

四、结尾的话

近40年的现场实践证明，猪场健康养猪的成功，30%靠的是对健康养猪技术规范的掌握，50%靠的是将已掌握的健康养猪技术规范执行到位，而最后的20%靠的是运气。故此，任何人想把健康养猪绝对搞好是不可能的。所以，凡事尽人事，听天命，这才是应有的心态准备。

总之，本书集编著者和编委会三十余名同仁的实践经验及图片资料，又吸收了几十位专家与学者的专著内涵才得以成书，但愿其成为猪场同行或在校学子毕业实习的参考读物。因阅历和学识有限，漏洞及谬误在所难免，敬请各位老师、同行不吝赐教。

编著者于山东牟平

2016年11月6日

# 目 录

## 上篇 切实增强繁育体系管理的执行力

## 下篇　切实增强五大支撑系统的适宜度

# 上篇

## 切实增强繁育体系管理的执行力

其就是要做好猪场繁育体系管理的具体工作，使各类繁殖猪只适应现代集约化猪场的环境条件并具备有效繁殖性能的体质基础。

**本篇大致包括如下内容：**

（1）对国内养猪业繁育体系的认识。

（2）后备猪的引进与培育管理。

（3）经产母猪的繁育管理。

（4）猪人工授精的现场操作。

# 第一章 对国内养猪业繁育体系的认识

**内容提要**

优良的繁育体系是规模化猪场核心竞争力的重要组成部分。对此，猪场的管理者要对国内养猪业宏观繁育体系和微观繁育体系的关键点内容，具有清醒的认识。

## 第一节 对国内养猪业宏观繁育体系的认识

国内养猪业的宏观繁育体系是事关方向性、战略性的大事，也是猪场管理者必须要理清的工作内容。

“十一五”规划指出：D（杜洛克）、L（长白）、Y（大白）三元杂交繁育体系是我国瘦肉型商品猪的主要生产体系。经过国内外养猪业近十年的努力，现已逐步过渡到皮、杜、长、大四系杂交繁育体系阶段。其基础建设内容主要为“二场三站”的配套建设，即原种场、资源保护场、种猪性能测定站、省人工授精站和县（市）级改良配种站的配套建设；并要达到切实保障DLY三元杂交繁育体系为主的区域内联合育种或公司配套系育种目标的有效实施。

现代版三元杂交繁育体系的种猪

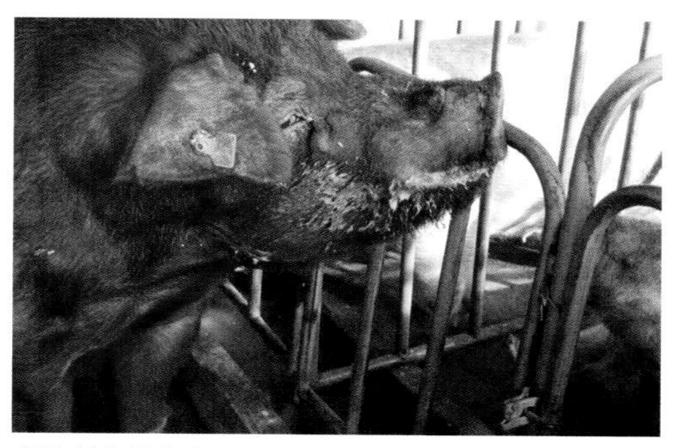

现代版的杜洛克

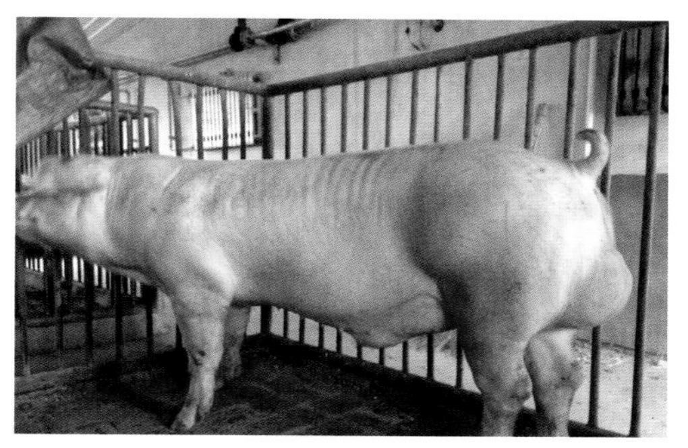

现代版的长白

现代版的大白

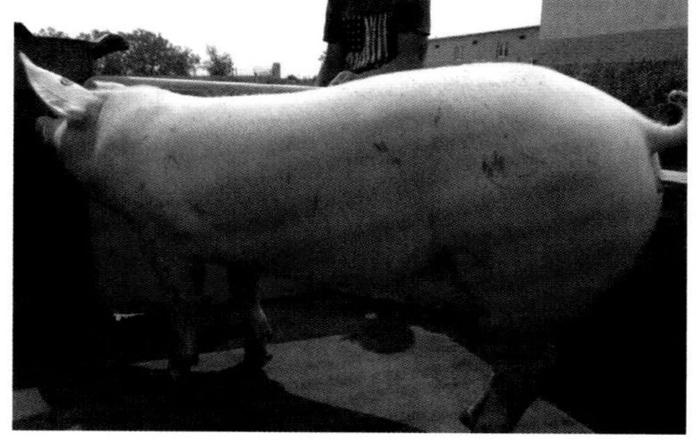

现代版的二元母本母猪

## 一、区域内联合育种的实施

区域内联合育种是“十一五”规划中肯定的和给予政策扶持的育种模式。在我国的瘦肉型生产体系的区域内联合育种，主要是指DLY三元杂交繁育体系。

### （一）区域内联合育种的意义

区域内联合育种是将一定区域内多个种猪场的遗传资源结合在一起，形成大的核心群，开展统一规范的性能测定，统一进行遗传评估，选出优秀的种公猪，有偿供参与联合育种的各个猪场共同使用。

这种突破企业育种界限、开展区域性联合育种的方式，充分利用了已有的优良种猪资源，是增加企业和社会效益，实现种猪质量快速可持续改良的一条捷径。国外采用此法，在杜洛克、长白、大白猪的育种上或皮、杜、长、大四系杂交繁育体系上取得了很大的成功，值得我们的借鉴。

### （二）区域内联合育种的组织原则与组织形式

区域内联合育种组织是由政府、科研、院校、各类猪场企业通力合作建立起来的一个联合育种组织，也是育种利益共同体。这个组织必须具有公益性、公正性、科学性、服务性和自愿性五性组织原则；否则，难以实现区域内联合育种的目的。

由于各地区经济的不平衡性，其主要分为4种组织形式。

1. 协作育种组织

即成立联合育种协作组、订立章程、设立理事会，协作组成员共同开展育种工

某集团公司种猪品种简介(一)

可满足用户需求的大长二元后备母猪

可满足用户需求的杜洛克公猪

1. 产仔数多，仔猪成活率高
2. 哺乳能力强，使用寿命长
3. 生长快，料肉比低
4. 体型好，身长，四肢健壮
5. 无应激基因

母系种猪应具备的五大优势

母本二元杂交后代的群体图片

作，这是目前采取的主要形式。

2. 协会制育种组织

在行业协会或经济合作组织框架内开展联合育种工作。

3. 联合育种组织

由联合育种的所有成员共同出资成立经济联合体，开展本区域内的育种工作，各成员单位享受同等的权利和义务。

4. 联合育种公司

以几个大的公司为主，联合其他企业或种猪场共同出资设立新公司联合开展育种工作；每个成员单位以出资额享受对等的权利和义务。

**（三）加快区域内联合育种的措施**

1. 设立区域内联合育种所需的组织机构

各级政府要利用国家实施生猪补贴的有利时机，责成技术推广部门协调行业协会、大专院校、科研院所等单位，引导、鼓励区域内种猪场、公猪站等加入到联合育种组织中，并着手搭建二场三站的组织框架。

2. 配备区域内联合育种所需的人力资源

技术推广部门和行业协会领导挂帅，组织有关专家成立专家组和遗传评估中心；对原有省、市（县）改良站进行完善和改进，对二场三站给予资金上的扶持，将其人力资源到位工作排在首位，给予优先落实。

3. 制定区域内联合育种所需的规章制度

区域内联合育种委员会要及时组织相关人员对专家组、遗传评估中心、二场三

某集团公司种猪品种简介（二）

母系曾祖代长白母猪

母系曾祖代大白母猪

父系曾祖代长白母猪

父系曾祖代大白母猪

站等部门制定相应的规章制度，以利各部门、各个程序的运作有章可循。可以说，这也是跨体制联合育种成败的关键所在。

4. 制定执行区域内联合育种规章制度的管理工具

种猪遗传评估、性能测定等操作均需按区域内联合育种的要求设立收集基础数据的表格等工具，并以此信息运用BLUP等模型进行选育。可以说没有表格工具，是难以进行育种的。所谓的规章制度也会束之高阁，形同虚设。

5. 编制有效的区域内联合育种执行方案

上述4项是区域内联合育种管理的基础，在此基础上要制定五项执行方案。

（1）构建瘦肉型良种繁育体系的宝塔式结构。国内的DLY三元杂交模式，在人工授精的前提下，群体为一万头母猪的宝塔式结构为：曾祖代300头约克夏母猪、祖代1200头约克夏母猪，父母代8500头LY二元母猪，与杜洛克公猪配套生产DLY三元商品猪（“十三五”规划中，有可能改为皮、杜、长、大四元杂交繁育体系）。

（2）强势推广猪人工授精技术。猪人工授精技术是解决当前种猪场规模小、数量多，实现区域性联合育种的有效手段；要抓紧完善省、市、县三级人工授精站的建设工作，要将种公猪站作为遗传联络网，来推动区域内联合育种。

（3）抓紧种公猪测定站等硬件的建设。将优秀种公猪集中在安全、营养、管理等均适宜的环境中进行测定，可保障种公猪性能测定的公正性、科学性；也可通

某集团公司种猪品种简介（三）

母系长大二元母猪

母系大长二元母猪

父系杜洛克公猪

进行胃肠扩容的二元母猪

过优质公猪的鉴定，充分发挥优良遗传基因对现有猪群的改良工作，给企业和社会带来更大效益。

（4）做好遗传评估、性能测定和数据管理等的规范性运作。有了上述3项方案的有效实施，即可为种猪的遗传评估、性能测定和数据管理奠定了实施的基础；唯此，才能使种猪的遗传评估和性能测定工作具有公平性和科学性，才能使区域内联合育种取得实质性进展。

（5）及时为种猪场服务和种猪良种登记。要建立随时通报和定期公布制度，使种猪遗传评估成绩用于指导育种实践，进而加快育种工作的效率。通过对优良种公猪实施登记制度，达到充分利用优秀种子资源，加快优良基因扩散和推进区域内联合育种工作的开展。

## 二、公司配套系育种的实施

其也是“十一五”规划中肯定的和给予政策扶持的又一种育种模式。在我国的配套系主要有：光明配套系、PIC配套系，迪卡配套系、托佩克配套系、欧得莱配套系、海波尔配套系、渝荣1号配套系和伊比得配套系等。

### （一）配套系育种的概念

国内外大型的猪育种公司将世界上多种优良种猪的遗传基因按育种目标进行分化选择，选育出各具特色的专门化品系，然后进行专门化品系间配套组合，组织生产杂交商品肉猪，实现各个特色品系经济性能最快的遗传进展，达到种猪遗传性能的最大发挥，并由此给商品猪生产带来更大的利润。其皮、杜、长、大四系杂交繁

**某集团公司种猪品种简介（四）**

父系杜洛克公猪

1. 生长快、料肉比低、瘦肉率高
2. 体型好，四肢健壮
3. 精液质量好、性欲强
4. 使用寿命长

父系公猪的四大优点

杜长大三元杂交商品肥猪

杜长大三元杂交商品母猪

育就是最好的例子。

现代原种猪场多采用的育种技术（一）

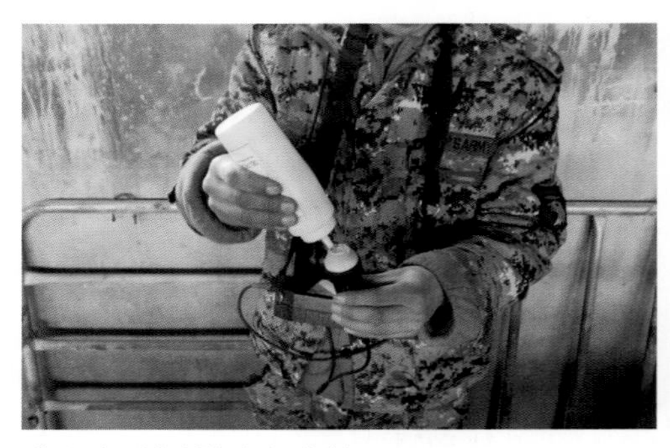

采用B超进行早期妊娠诊断

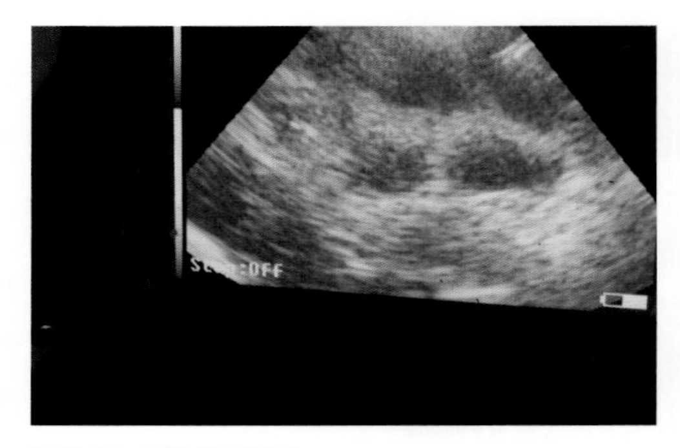

配种后25天的胎囊图片

采用BLUP分析育种值及选择指数

检测各品种、品系的应激基因

### （二）配套系育种的优势

1. 瘦肉率更高

杜长大商品猪瘦肉率为60%～65%，而配套系商品猪瘦肉率为65%～70%。

2. 繁殖力更强

杜长大母猪一年可产2.24窝左右，每窝平均为11头左右；而配套系母猪一年可产2.4窝左右，每窝平均产仔12头左右。

3. 生长周期更短

杜长大商品猪长到100千克需170天左右，而配套系商品猪长到100千克需160天左右。

4. 料肉比更低

标准工厂化杜长大商品猪的料肉比一般为（2.5～2.6）：1，而标准工厂化配套系商品猪的料肉比为（2.2～2.4）：1。

### （三）配套系育种的审定标准

1. 品系数量

要由两个以上的专门化品系组成，包括父系和母系；要有固定的杂交组合和相应的商品品称。

2. 审定标准

要有国家猪育种专业委员会的专家现场抽查或近3年具有国家种猪质量检测中心测定证明，具有产品规范化、商品猪性能稳定和适应市场需求等数据资料。

3. 种猪数量

（1）每个母系的曾祖代基础母猪为300头，祖代母猪为1 200头，父母代二元杂交母猪为8 500头。

（2）每个父系的曾祖代基础母猪为100头，祖代母猪为400头，父母代母猪为3000头；而且3代之内没有血缘关系的家系为5个以上。

4. 达标水平

亲本群体中要有70%以上个体的性能符合育种指标。

5. 具体数据

要能提供出公、母猪初配体重，母猪初产、经产平均产仔数及育成数，21日龄断奶窝重，育肥猪达屠宰体重的日龄、活体背膘厚、日增重、料肉比、屠宰率、胴体平均背膘厚、眼肌面积、肉品质和瘦肉率等。

6. 其他内容

健康水平应符合有关规定。

## 三、强化优良繁育体系的执行力度

### （一）部门确定

各种育种组织均要设立育种室、配合力测定室等技术机构，统管相应育种技术工作。

### （二）岗位说明

要配备合适的技术人才，充实到育种室、配合力测定室等部门中，开展具体育种工作。

### （三）规章制度

要制定具有奖惩兑现内容的育种工作制度，以调动相关技术人员的积极性和责任心。

### （四）操作工具

要建立和添写各种育种数据报表，以掌握和考核育种工作的进度和成效。

### （五）执行方案

根据规划，编制具有数量性、可行性、挑战性的执行方案，并认真执行之。

现代原种猪场多采用的育种技术（二）

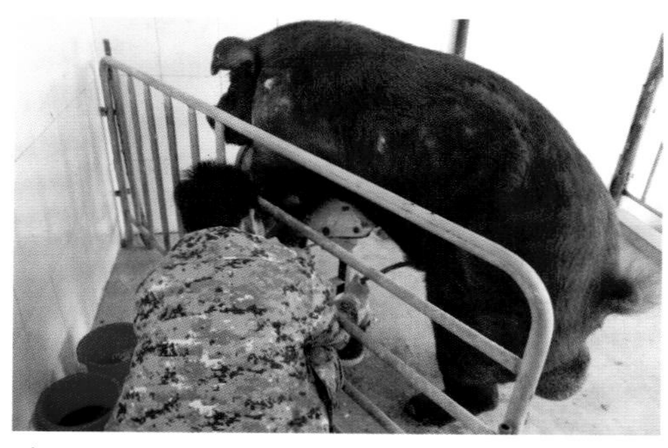

采用人工授精技术“手握式采精”

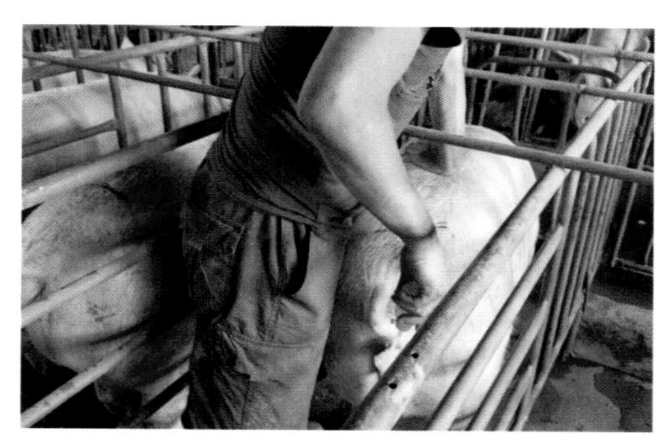

采用人工授精技术“压背式输精”

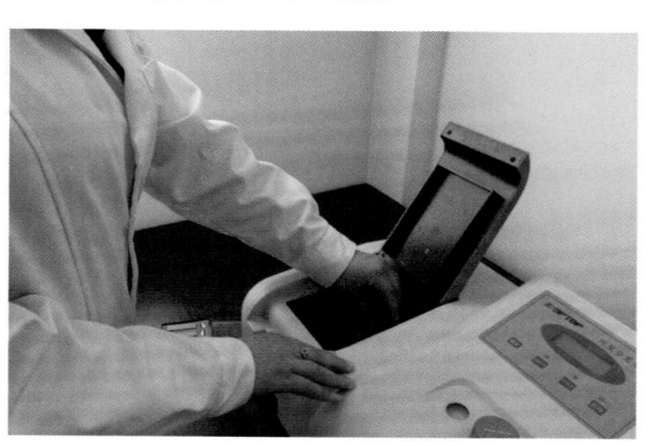

用专用设备检测猪肉颜色

用专用设备检测猪肉嫩度

现代猪场要有良好的天然防疫环境

## 第二节 对国内种猪场微观繁育体系的认识

无论是公司配套系育种还是杜、长、大外三元杂交繁育体系，一般都是三级建场，即原种场、扩繁场和杂交商品猪场。为鼓励其快速、健康发展，“十一五”规划提出：要完善“二场三站”的基础建设，特别是对我国瘦肉型商品猪主要生产体系进行区域内联合育种或公司配套系育种的原种场、扩繁场和杂交商品猪示范场要给予政策性补贴。现对这三种类型猪场在优良繁育体系建设的认识探讨如下。

### 一、对原种猪场优良繁育体系建设的认识

自20世纪90年代中期开始，我国种猪选育方法逐步从体型外貌为主的闭锁群选育发展到今天采用基因检测、性能测定和采用BLUP遗传评估EBV（育种值估计）的高低来进行选育等现代方法，大大缩短了与发达国家在养猪技术水平上的差距，现以国内某原种猪场为例进行介绍。

#### （一）采用刺标法打耳号，准确建立种猪系谱档案

在现场采用刺墨与耳缺结合的方法给种猪打耳号，相当于用人纹身的方法在猪耳刺上阿拉伯数字来表示种猪的窝号；而其窝内个体号则用耳缺来表明。这样如果是全同胞就能完全看出，节省查档的时间且又准确（表1-1）。

良好的天然防疫环境(一)

良好的天然防疫环境(二)

良好的天然防疫环境(三)

良好的天然防疫环境(四)

表1-1　打耳号方法不同的效果对比

| 打耳号方法 | 统计头数 | 耳号不清率（%） | 全同胞辨认率（%） | 耳号重复率（%） |
|---|---|---|---|---|
| 打耳缺 | 30000 | 30.0 | 0 | 15 |
| 耳缺+刺墨 | 100000 | 1.2 | 100 | 0 |

### （二）采用分子检测技术，淘汰应激敏感基因携带种猪

在选育初期即对基础群种猪进行了应激敏感基因的DNA检测，阳性种猪给予淘汰；基本消除了产生应激过敏的遗传基础，提高了种猪的适应性和抗性。

### （三）应用B超测定种猪的活体背膘，其结果既准确又不浪费种猪资源

2000年以前的背膘测定，均是采用屠宰测膘法；因屠宰后肌肉松弛，容易产生误差，且用全同胞代替也是大概的估计值。应用B超活体测背膘，结果准确，测定后的种猪尚可继续用于育种生产（表1-2）。

表1-2　不同测定方法效果对比

| 背膘测定方法 | 测定头数 | 测定误差率（%） | 继续应用率（%） |
|---|---|---|---|
| 屠宰法 | 700 | 0.3 | 0 |
| B超法 | 14000 | 0.1 | 98 |

### （四）用BLUP模型分析结合体型外貌进行选留种猪

根据综合育种值排序，对2倍于留种

现代猪场要有良好的生活区规划布局

现代猪场应有的生活区实景(一)

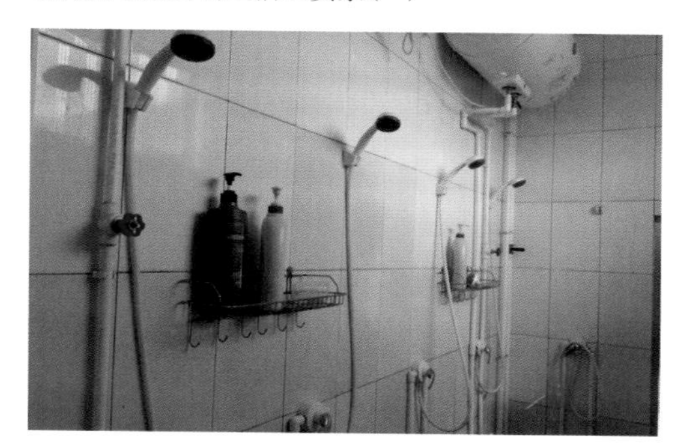
现代猪场应有的生活区实景(二)

现代猪场应有的生活区实景(三)

现代猪场应有的生活区实景(四)

所需的育种值最高个体进行体型外貌评定。由此选留后备种猪，既节约时间又提高了选留准确性。

**（五）育种软件GBS的应用，优化了数据分析工作**

采用中国农业大学开发的GBS系统软件，对窝总产仔数、达100千克体重日龄、背膘厚等性能进行BLUP育种值估计，很容易得到单个性状的估计育种值，并可作为评价个体生产性能遗传基础的主要指标。

**（六）育种软件GBS的应用、使选配准确性得以提高**

用GBS软件计算配种公、母猪之间的亲缘系数，结合保留血统、安排选配，使及时淘汰总体性能差的血统和引进补充优良血统种猪变得清晰明朗。

**（七）育种软件GBS网络版的应用，有利于区域内联合育种工作的进展**

将GBS网络版应用到种猪测定中，实现育种数据共享，避免了育种数据重复记录、查找繁琐的弊端。区域内联合育种的用户只要点录进数据，即可快速、准确、及时地提供所需数据，有利于国内联合育种目标的实现。

**（八）应用人工授精技术，可加快遗传进展**

根据遗传评估结果选用优秀种公猪，采用人工授精方式在原种场或扩繁场应用，可节省种公猪的费用，增加良种带来的经济效益，并加快了育种工作的遗传进

**现代猪场要有良好的种公猪配种能力**

要做好种公猪的营养供应工作

要做好种公猪的运动锻炼工作

要做好种公猪的刷拭调教工作

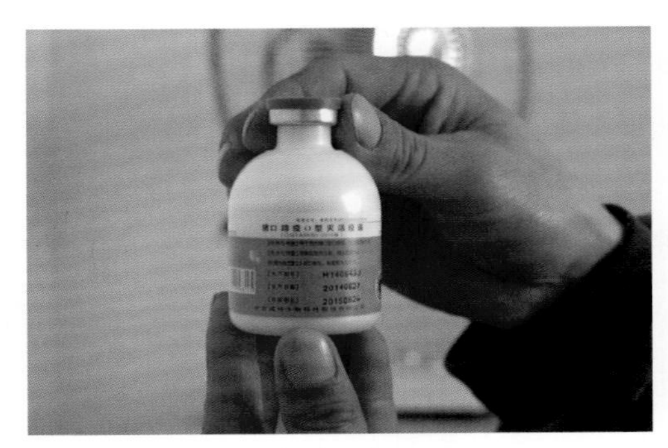

要做好种公猪的免疫保健工作

展。如采用本场选育与引种（精液）相结合的方法，则遗传进展更快；如将此优良精液用于商品生产，则社会效益将更好。

总之，应用现代的种猪选育技术，具有方法简单、准确率高、误差小、选育效果好、优良种猪供应快等优点，种猪各项生产性能不断提高。目前，国内这家大白猪原种场产仔性能从7年前的10.66头（窝）提高到11.17头（窝），100千克体重从初期的154天减至146天，背膘厚从选育初期的12.74毫米减至10.23毫米。且遗传性能稳定性有了很大的提高，体型外貌更加均匀一致，种猪销往全国各地，受到各家猪场的好评。

## 二、对种猪扩繁场优良繁育体系建设的认识

其是原种猪场附属育种体系场，一般大致分为三种经营体制，一是与原种场同为一个公司经营管理，统一核算；二是虽然与原种场同为一个公司管理，但经济上独立核算；三是与原种场不是一个公司，但同为育种协作单位，有利益分享的合同制约。其在执行原种场规定的技术操作规程时，在扩繁和杂交配合力测定方面尚要注意如下要点。

（1）根据配合力检验、BLUP估计育种值和体型外貌的评分值，确定第一父本和终端父本品种的作用。

（2）根据配合力检验、BLUP估计育种值和体型外貌的评分值，确定生产杂交猪父本必须是配合力最佳的优秀公猪。

现代猪场要有良好的后备公猪补充能力

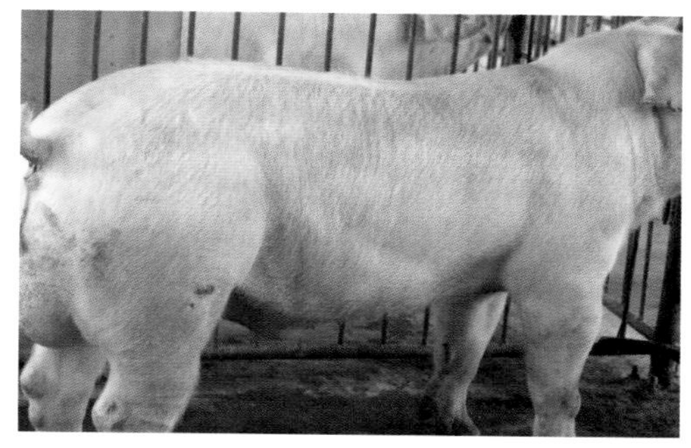

要引进足够数量的后备公猪

要提供适宜的隔离同化环境

要进行人畜亲和的调教工作

要培养人工采精的条件反射习惯

（3）针对DLY 3个品种的杂交组合试验，开展跟踪、评估和监测工作，评价各个杂交组合在扩繁场或杂交场的性能表现。

（4）DLY三元杂交的性能表现主要为：繁殖性能、生长性能、屠宰性能、市场反应等，特别是抗病能力的选择更为重要。

### 三、对商品猪场优良繁育体系建设的认识

DLY外三元杂交繁育体系的商品代猪场，其繁育方式主要有经典的外三元杂交繁育方式和DLY外三元轮回杂交繁育方式，现分别介绍如下。

#### （一）对经典的外三元杂交的认识

1. 二元杂交后备母猪的引进与管理

其在运作上要关注6个方面的内容。

（1）年度二元后备母猪的引种计划。

（2）确定从某个场家引种。

（3）引进数量和批次。

（4）引种前的软、硬件准备。

（5）二元后备母猪的选择与运输。

（6）引进后的隔离与适应。

2. 基础母猪群要有合理的胎次结构

正常生产的商品场，每年基础母猪的更新率为30%，因后备母猪的发情率和一个发情期受胎率等因素的影响所致，后备母猪每年的引种率为33%以上。唯此，才可能使基础母猪群第一胎加第二胎为34%左右，第三胎加第四胎为32%左右，第五胎加第六胎为27%左右，第七胎以上为7%左右。

**现代猪场要有良好的母猪繁殖能力**

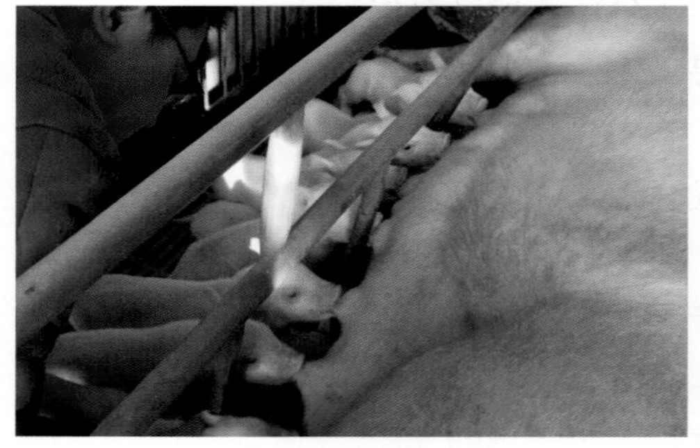

要有良好的母猪产仔成活能力

要有良好的配后保胎能力

要有良好的体脂储备能力

要有良好的分段管理能力

3. 尽量减少基础母猪群的非生产天数

（1）要做好促进发情和配种火候掌握等工作。

（2）要实施早期妊娠诊断工作，尽早发现返情母猪。

（3）从总体上将基础母猪的年度非生产天数控制在46天之内。

（4）对胎龄过大、肢蹄不好、子宫炎症、一个情期内不发情的低产母猪进行主动淘汰。

（5）做好第一个月保胎期和围产期的看护、管理及保健工作。

4. 做好终端父本后备公猪的引进及管理工作

（1）要按瘦肉型外三元杂交繁育体系的模式，从最佳终端父本育种场或扩繁场引进后备种公猪。

（2）要根据引种计划，做好软硬件的准备工作，确保引种工作的稳妥进行。

（3）做好引种后的隔离与适应工作，同时要做好免疫、驱虫、保健用药及风土驯化工作。

**（二）对外三元轮回杂交的认识**

1. DLY外三元后备母猪的利用

外三元杂交不能仅局限于杜洛克公猪与长大（大长）二元母猪杂交一个单一模式，据G.L.Benett等报告，三元轮回杂交非饲料成本要比上述模式少很多，且生产性能差异不显著。现场应用模式如下 ：第一代大长二元杂交母猪与杜洛克公猪配种；第二代三元杂交母猪与长白公猪配种；第三代三元杂交母猪与大白公猪配种。如此每世代轮回更换公猪品种。这种

**现代猪场要有良好的后备母猪补充能力**

要引进足够数量的后备母猪

要给予适宜的隔离同化环境

要开展有效的胃肠扩容工作

要适时进行催情、查情工作

模式对引种经费不足或因疫病而被迫封场的猪场非常适合。

2. 建立基础母猪群的合理胎次结构

外三元轮回杂交模式的优势，是可以在三元杂交商品猪中选留后备母猪，这样就省去了引种、隔离、适应等多个工作环节，不但减少引种风险和引种费用，更利于基础母猪合理胎次结构的建立。这对于减少引种成本的支出和减少无效母猪非生产天数的成本支出尤为重要。

3. 三个终端父本公猪的引进与管理

与经典外三元杂交不同的是外三元轮回杂交要引进杜洛克、大白、长白后备种公猪，以备每个世代选配用。当然，这个引种费用对开展人工授精方式进行配种的场家并不昂贵。但是后备公猪的引种、隔离、适应及风土驯化工作必须要充分重视，要给予有掌控能力的细化管理，将风险降至最低。

4. 有利于猪场的疫病防控

在当前猪场普遍存在不同疫病混感的情况下，每个猪场均是不同稳态存在或隐性持续感染毒株的载体；而经长途转群后，又突然密切接触，必然会带来管理性、生物性等应激重叠的病理性损伤。这也是为什么要引进原种自繁和制定严格引进猪隔离适应制的根本原因。而采用外三元轮回杂交的繁育方式，可在本猪场的商品猪群中选择后备母猪；既没有长途运输的刺激性损伤，又没有不同致病微生物的交叉感染；不但节约引种经费，而且还可以减少外来病原体感染猪场的危险。故此，当猪场处于疫病混感而封场时，外三元轮回杂交就是最稳妥的繁育方式。

**现代猪场要有良好的仔猪保育能力**

要有抗断奶应激的能力

要有抗断奶衰竭综合征的能力

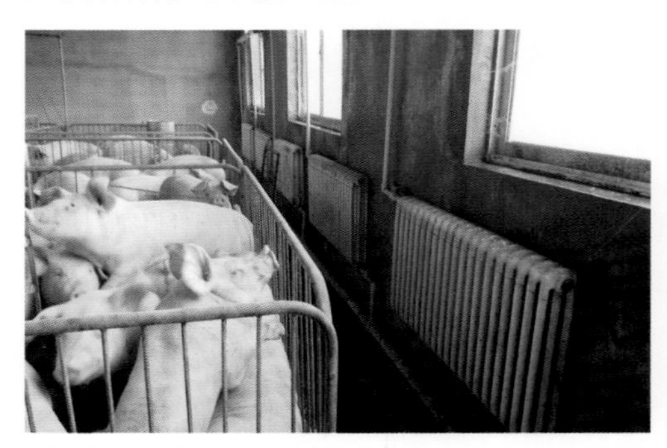

要有提供适宜环境的能力

要有未病先防的能力

# 第二章 后备种猪的引进管理

**内容提要**

(1) 后备种猪引进的准备。
(2) 后备种猪的选择与运输。
(3) 后备种猪引种后的隔离与适应。
(4) 后备母猪的培育管理。

## 第一节 后备种猪引进的准备

### 一、知识链接“引种准备的重要性”

从原种猪场或种猪扩繁场引进后备种公猪或二元杂交后备母猪，是商品代猪场每年可能都要进行的工作；引进良种可给猪场带来很好的经济效益。反之，没有做好引进后备猪软件、硬件的准备工作，一种可能是引进种猪携带病源微生物，导致猪场暴发疫病，进而蒙受经济损失。另一种可能是引进猪突然与现场多量病原体强烈接触，导致引进种猪发生病理性应激损伤，进而出现性冷淡乃至终生不育及感染其他疫病的结果。

### 二、后备种猪引进准备的四步法

#### （一）事前准备

(1) 根据猪场年度种公猪更新计划和经产母猪更新计划编制年度后备种猪的引种计划。

做好引种前的准备工作

用笔记本电脑编制后备猪引种计划

根据引种计划进行市场调研

做好隔离适应舍硬件建设的准备

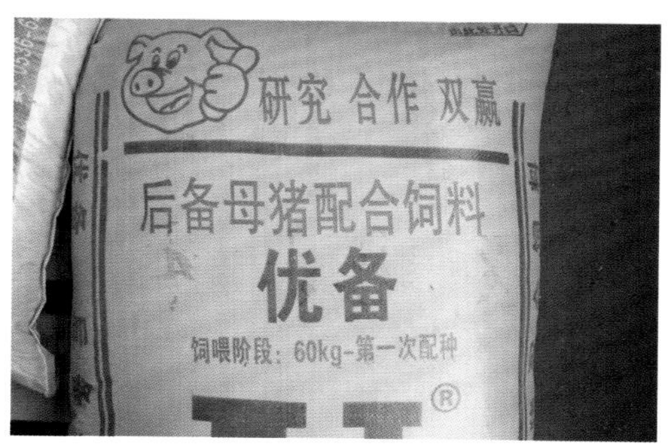

做好其他物质如饲料等的准备

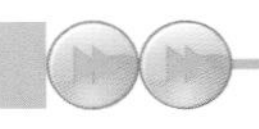

(2) 根据后备种猪引种计划，对所需后备种猪产品进行市场调研的准备。

(3) 根据后备种猪引种计划，做好隔离硬件设施的建设计划及实施准备。

(4) 根据后备种猪引种计划，做好编制、人员、规章制度等软件的准备。

(5) 根据猪场的实际情况，做好抗应激、紧急免疫、隔离、封锁、消毒等物质的准备。

做好引种前的调研工作

根据基础母猪生产计划编制引种计划

### (二) 事中操作

1. 后备种猪引种计划的编制

(1) 按年度经产母猪更新率为33%进行计算，编制后备母猪的引种计划；后备公猪引进也要不低于成年公猪的33%。

(2) 为使猪场流水式生产工艺稳定有序地进行，一般应有4个月一次的引种计划。其中3.5个月为隔离适应期，半个月为清洗、维修、消毒、空过期。

根据引种计划编制隔离舍工作计划

2. 供种单位的调研

(1) 引进原种公猪，应选择具有国家和省级“种猪生产许可证”资质的猪场。引进二元杂交母本猪，应选择具有省级“种猪生产许可证”资质的种猪扩繁场。

(2) 要调研供种单位的资质水平、饲养规模、种猪质量、健康状况、免疫程序、生产记录及后备种猪的档案资料。

做好引种厂家的考察工作

(3) 在确认该猪场无重大疫病流行、猪群健康、品种纯正、质量上乘时，方可按引种计划签订唯一的供种合同，并根据本场情况，请供种单位另做一些疫病的免疫接种工作。

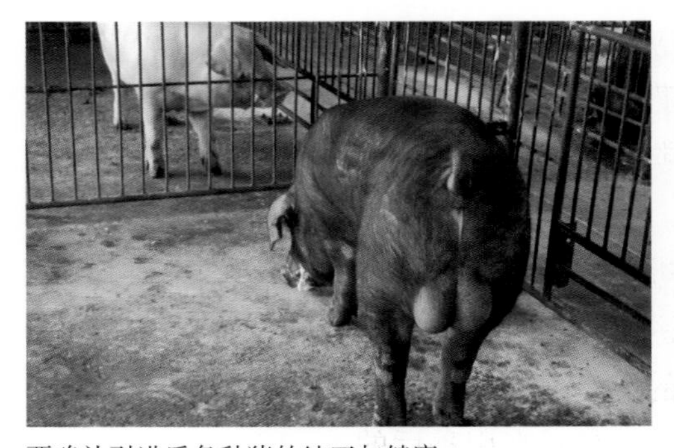

要确认引进后备种猪的纯正与健康

3. 后备种猪隔离舍硬件的建设

（1）隔离舍必须建立在离现有猪舍100米以外的位置，封闭、隔离条件不能低于现有猪舍的水平；如果确无此条件，也要选择猪场最边缘的一栋猪舍进行有效隔离。

（2）要严格“全进全出制度”，不允许不同时间引进二批猪在同一隔离舍饲养。要按计划一次装满隔离舍，以确保有效隔离、适应工作的顺利开展。

4. 后备种猪隔离舍软件的建设

猪场要设立后备种猪饲养班的编制，要把责任心强、技术能力好的人选配置上去，要编制有奖惩内容的规章制度，要有具体数据表格的管理工具，要有应付引种风险的各种预案等。

### （三）要点监控

供种方疫病情况的了解

（1）引种前，要通过各种途径对供种方的猪场疫病有一个大概了解，并制定出切实可行的隔离和适应预案。

（2）引种后，要立即开展疫病检测工作，力争对新引进后备猪的主要疫病情况有一个清楚的认识，以修正隔离与适应预案。

（3）引种后1～3天要投喂缓解转群应激的药物，以及一些敏感的广谱抗生素药物，将可能潜伏在体内的病原体灭活或弱化。

（4）根据抗体检测结果，将可能对引进猪群造成危害的疫病在第4天、第9天进行紧急免疫接种，以达到在有效隔离的3～4周内产生坚强免疫力。

（5）在引种后的3～4周内，严禁新老

为引进后备猪准备的隔离适应舍

与猪场相距150米的引种隔离适应舍

猪场最边缘的猪舍也可勉强代之

隔离适应舍的清洗消毒

要一次性的装满一栋猪舍

猪只强烈接触，同时要求隔离舍饲养员不得与其他猪舍饲养员接触，隔离舍专用工具、饲料等物品也要严格看管，不得串用。

### （四）事后分析

1. 要重视后备猪的引进工作

为保持猪场的繁殖成绩，就必须要主动淘汰低产、寡产的无效母猪，而后备母猪的引进补充也即成了必须要干好的一件工作。

2. 要认真做好后备种猪引进的准备工作

（1）任何事情在运作前都要做好准备工作，猪场更是如此，其隔离舍等硬件的准备是十分重要的。

（2）要建立引种班的编制，要从人选、制度、工具、预案等方面认真做好管理软件的建设。

3. 最佳引种时间的把握

（1）一般来讲，春季3—5月的新生仔猪是最宜留种的；因培养其至初配需8个月，而其妊娠为4个月；故此，春季产的种猪必然会在第二年的春季产第一胎。

（2）因第一胎母猪的适应性差，分娩、哺乳、带仔都是第一次，如在夏季暑热和冬季寒冷之时产仔都会使母猪体能过度消耗和疫病感染机率增加。故此，选择在春季产仔是最佳繁育方案。

（3）而春季产的种猪一般引种时间为8—10月，最佳为9月。错过此时必然会选到夏季或冬季产的种猪，其必然也会在第2年的夏季或冬季产一窝。如初产遇到恶劣气候环境，必将影响初产成绩，并由此影响第2胎乃至一生的繁殖成绩。

种猪引进后的三抗一隔

引种后头三天的抗应激用药

引种后头三天的抗感染用药

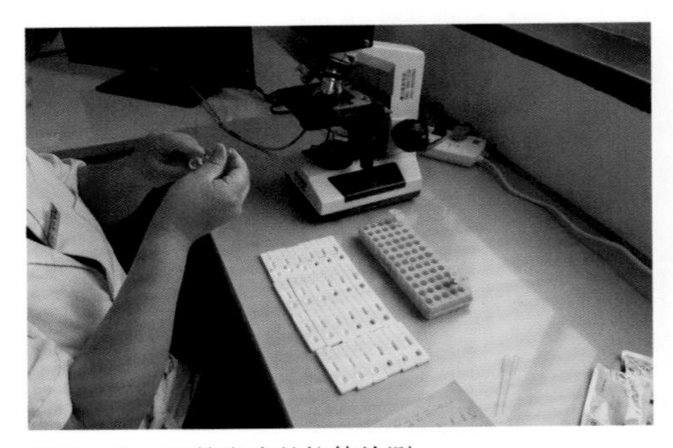

引种后头三天特定病的抗体检测

引种后3～4周的严格隔离

## 第二节 后备种猪的选择与运输

### 一、知识链接“现代版杜洛克后备猪的相关指标”

1. 初生重

由传统的1.7～1.8千克提高到现代的2.0～2.5千克。

2. 28日龄重

由传统的7.5～8.5千克提高到现代的9.0～11.0千克。

3. 70日龄重

由传统的31～33千克提高到现代的40～49千克。

4. 114千克体重所需时间

由传统的153天提高到现代的132天。

5. 初配体重

由传统的130千克提高到现代的150千克。

### 二、后备种猪选择的四步法

#### （一）后备种公猪选择的四步法

1. 事前准备

（1）要熟知杜、长、大后备公猪各自的体型外貌特点。

（2）要掌握所选杜、长、大后备公猪的血统来源及育种档案。

（3）要了解所选后备公猪的前期生产性能、窝公母比例及免疫情况。

（4）要了解供种单位周边的疫病流行及疫病的防控情况。

（5）要了解其他引种单位引种后的普遍反映和相关的生产性能数据等情况。

要熟知各种种猪的体型外貌特点

杜洛克后备公猪的体型外貌特点

长白后备公猪的体型外貌特点

大白后备公猪的体型外貌特点

二元后备母猪的体型外貌特点

2. 事中操作

（1）到育种室等技术部门调档。

① 首先要了解供种单位出售后备公猪的数量及各自的耳号。

② 到育种室调出与核心种公猪血缘相近并可出售的后备公猪耳号。

③ 根据上述信息，在育种室调出初选后备公猪的前期生产指标等资料，如窝产头数、公母比例、出生重、断奶重、免疫情况和疫病检测情况等。

（2）到观察窗口进行体型外貌选择。

① 体型外貌。后备公猪要求其体型外貌符合本品种特征，血统来源清楚、体质结实、精神旺盛、动作灵敏、前躯宽深、背腰平直、腹不下垂、骨骼粗壮、四肢有力。

② 生殖器官。两侧睾丸发育良好、大小均匀、左右对称，包皮正常、不积尿液，雄性特征明显，性欲旺盛等。

3. 要点监控

（1）在育种档案中，首选与核心种公猪血源相近的后备公猪。

（2）在前期的有关资料上，首选窝产公多母少的后备种公猪。

（3）在观察窗口观察时，具有遗传缺陷、弓背、垂腹、肢体不正、两侧睾丸大小不一及左右不对称、包皮积尿等的后备公猪均不宜选购。

4. 事后分析

（1）要重视种公猪选购事宜。公猪好，好一坡；母猪好，好一窝。一个猪场未来的生产性能有50%的遗传因素来源于后备公猪，故此，要给予充分重视。

（2）要领导亲自带队选购。猪场场

要熟知待选种猪的前期生产指标

窝产头数

公母比例

出生重

断奶窝重

长与公猪饲养人员亲自参与后备公猪的选购与运输，现已成为猪场不成文的潜规则。这样做有助于购进优秀的后备公猪和杜绝事后埋怨。

（3）在选购时要仔细认真。按先查档后观察的原则，要不厌其烦地仔细查血统，查前期窝内公母比例、前期生产性能数据及疫病检测情况，然后是认真观查初选后备公猪的体型外貌。

（4）要签定售前售后服务的协议。一般后备种猪的培养成功率为90%，对此，要签定售前给予特定疫病进行加免的条款。最好要有引种不成功的相应补偿条款等内容。

（5）要了解供种场的疫病情况。一般来讲，引种场一旦引进一个场家的种猪产品，从防疫角度讲，就不会引进其他场家的种猪，借此以减少疫病混感的发生率。故此，了解供种场家的疫病情况非常重要。

（6）要了解供种场的免疫情况。为确保某些特定病的免疫效果，要对供种场特定病免疫的疫苗毒株、免疫方法、使用剂量等进行认真了解，以防止因毒株等问题带来免疫上的难题发生。

（7）要了解供种场的合理用药情况。要认真了解供种场消毒用药、杀虫用药、灭鼠用药、免疫用药、保健用药及治疗用药等所采用的方法和途径，借此提高合理用药水平。

（8）要了解供种场的环境控制情况。要根据供种场的环境条件，对引种场的后备猪隔离适应舍进行硬件设施改造，以利减少后备种猪引进后的应激强度。

要仔细观察待购后备公猪的体型外貌现状

一看睾丸

二看包皮

三看蹄腿

四看背腰部

## （二）后备母猪选择的四步法

1. 事先准备

（1）要熟知杜洛克、长白、大白等单品种纯繁后备母猪的体型外貌特点。

（2）要熟知杜洛克、长白、大白等单品种纯繁后备母猪在育种室查档的相关技术要点。

（3）要熟知长大或大长二元母猪各自的体形外貌特点。

（4）无论引进纯种后备母猪还是二元母猪，均要调档查其前期生产性能、窝内公母猪比例及免疫等相关情况。

2. 事中操作

（1）到育种室等技术部门调档。

① 首先要了解供种单位可出售纯种后备母猪和二元后备母猪各自窝号、耳号等信息。

② 根据上述信息，初选与供种单位核心种母猪血缘相近的纯种后备母猪的耳号及二元杂交后备母猪的耳号。

③ 调出初选纯种后备母猪及二元后备母猪的前期生产性能记录、窝内公母比例及疫病检测等资料，为二选确定选购猪的耳号。

（2）到观察窗口进行体型外貌选择。

① 体型外貌。纯种后备母猪要求体型外貌符合本品种特征，血统来源清楚，双亲繁殖性能优良，体质健壮，结构匀称，躯体发育良好，后裆宽，腹大而不下垂，性情温顺，蹄腿外观正常，关节无肿胀，无腿瘸症状。

② 繁殖器官。外生殖器官发育正常，乳头发育良好，排列整齐，无瞎乳头，无肉乳头，有效乳头长白7对，大

要仔细观察待购后备母猪的体型外貌现状

一看外阴部

二看腹线

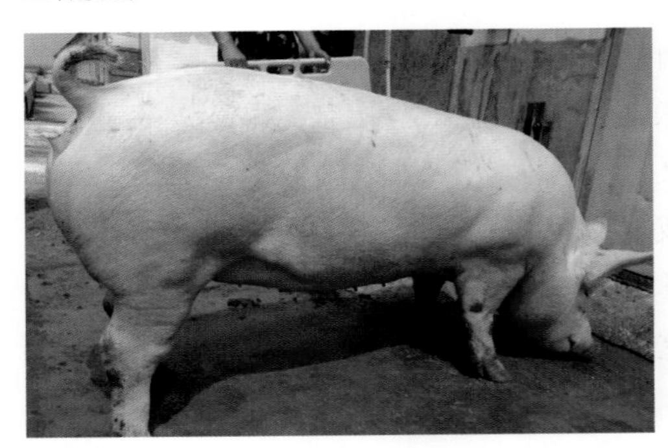
三看蹄腿

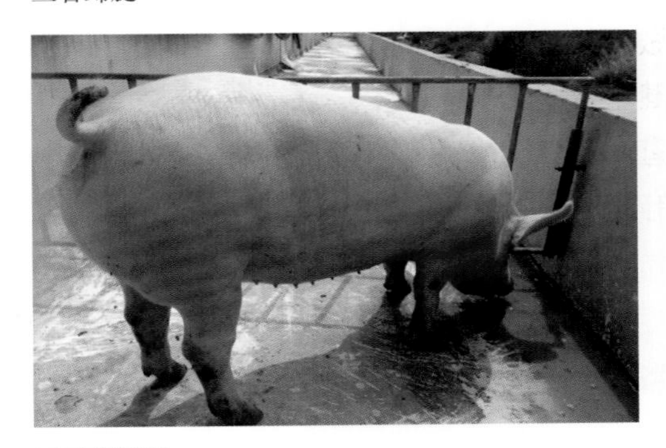
四看背腰部

白6对以上，杜洛克6对以上。

3. 要点监控

（1）查档时，首选与核心公猪、核心母猪血缘相近的后备母猪耳号。

（2）在前期有关资料上，首选窝内公少母多的后备母猪耳号。

（3）在观察窗口观察时，具有遗传缺陷、弓背、垂腹、肢体不正、蹄腿不正、有效乳头6对以下，阴户小而下缘上翘的后备母猪不宜选购。

（4）要签定有售前给予某些特殊疫病进行免疫接种的协议内容；要签定有一旦出现非疫病因素而不能发情配种者，可用商品猪价格重新购买同等后备母猪的协议内容。

4. 事后分析

（1）以引进纯种后备母猪为重点。到供种单位引进后备母猪，应主要以引进长白、大白后备母猪为主，从供种场家引进二元后备母猪，可以说对猪场没有实际意义。而引进纯种后备母猪在场内培育长大或大长二元后备母猪的意义就不一样了，其可形成安全无恙的三元杂交繁育体系，这才是商品猪场所急需的。

（2）做好引进纯种后备母猪的隔离适应工作。猪场引进纯种后备母猪，必须要做好三抗二免、严格隔离、系统免疫、保健驱虫、呼吸道同化、消化道同化、生殖道同化、健康检查、胃肠扩容、配前优饲等具体技术处理工作。唯此，才能达到猪场引种计划的目的。如果不按上述内容进行技术处理，则纯种后备的引种成功率也是很低的。

要熟知后备母猪的其他选择要点

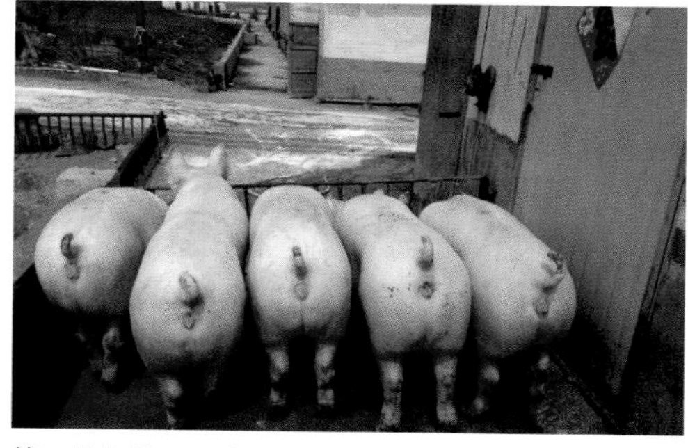

第一是与核心母猪血缘相近的后备母猪

第二是要选窝内公少母多的后备母猪

第三是待选后备母猪的蹄腿要健壮

第四是后备母猪的外阴部要大

## 三、后备种猪运输的四步法

### （一）事前准备

（1）后备种猪运输押运人员的准备。

（2）运输后备种猪车辆的准备。

（3）后备公猪栏与后备母猪栏的准备。

（4）其他物品的准备。

### （二）事中操作

1. 后备种猪运输的押运人员

（1）猪场场长或副场长亲自参与押运，以便快速解决问题。

（2）要有押运经验的人员参与后备种猪的押运工作。

2. 后备种猪运输的车辆

（1）最好使用专用种猪运输车辆。

（2）严禁使用拉运商品猪的车辆。

（3）要对车辆进行维修检查。

（4）要对车辆进行彻底消毒。

3. 车上栏栅及底部的处理

（1）车厢内要分栏，公猪每头单放一栏，母猪日龄相同的放在一栏。

（2）车厢底部要放沙土和稻草，以免损伤蹄部；装猪密度要求每头都有卧伏的面积。

4. 其他物品

（1）运输前要将运输证明、引种证明、检疫证明、系谱档案等材料备齐，以备运输途中检查用。

（2）如为较长距离运输，要备好饲料、药品、饮水、饲喂器、饮水器和取水设施等物品。

### （三）要点监控

（1）后备种猪运输前，在饲喂时可加入电解多维与维生素C药物，以预防应激。

**后备种猪运输要点前四**

要由猪场场长和有经验的人押运

要有种猪运输专用车辆

车厢内要分栏

装车前要认真进行消毒

（2）吃饱后的后备种猪不宜立即运输，运输时要中速行驶，不能有急停动作。

（3）运输10分钟后，要停车检查一次，以后每2小时检查一次，以防意外事故的发生。

（4）要根据季节选择运输时间，夏季避开正午，冬季避开清晨和夜晚。

（5）火车运输时，要备好饲料、食槽、饮水、饮水器及取水器，还要知道停靠站和做好抢水的准备。

### （四）事后分析

（1）种猪押运是最苦最风险的工作，但知难而细致准备在先，则后果一般都是顺利的。

（2）种猪选购与押运一定要场长和有押运经验的人参加，即便有问题，也能及时果断处理。

（3）在种猪运输前，要认真做好各种准备工作，以达到有备无患的效果。在运输过程中，要选择合适的位置，眼不离猪地观察种猪状态，使问题能够及时发现与解决。

（4）要利用种猪选择和长途运输的机会，有目的的培养能查种猪档案、会挑选种猪、可以完成长途运输任务的多方面手人才。

## 第三节　后备种猪引种后的隔离与适应

详见基础篇中外引猪隔离与适应章节的内容，略。

后备种猪运输要点后四

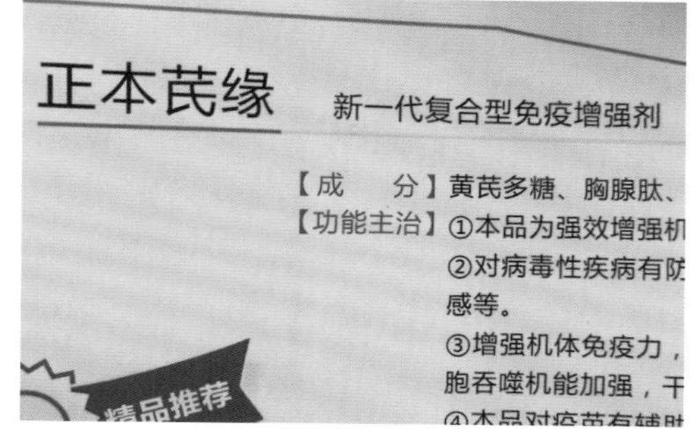


运输前要加喂抗应激药物

装车前不宜饲喂过饱

夏季防暑，要在早晚进行运输

冬季防寒，要在中午装车运输

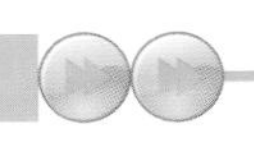

## 第四节 抓好后备母猪的培育管理

这里仅介绍后备母猪的健康检查、后备母猪的膘情管理和后备母猪的胃肠扩容管理等工作内容。

### 一、后备母猪健康检查的四步法

#### （一）事前准备

1. 后备母猪健康管理档案的准备

后备母猪要建立健康档案，首先要登记的内容包括耳号、品种、父本编号、母本编号等常规内容；其次要包括体温、呼吸、心博的检查内容，特别是包括血常规、尿常规的检查内容及粪便潜血和肝酶活性的检查内容等。

2. 后备母猪健康管理方法的准备

（1）隔离期结束后，凡进入同化适应期的后备母猪在进行抗体检测的同时，都要进行健康检查，且针对结果及时处置。

（2）在配种前应做第二次监测，确保免疫效果达标、实质脏器健康的后备母猪进入繁重的生产阶段。

3. 猪场简易化验室及人员的准备

在现代化猪场中，完成后备母猪及各种猪群抗体检测及健康检查的简易定性化验室和配备熟练掌握兽医化验技术的人员是重要的；没有化验硬件设施和多面手人才准备这些基础条件，健康养猪只是一句空话。

#### （二）事中操作

1. 体温、呼吸、心搏的检查

进入同化适应期后开始检查，先记录1分钟呼吸次数，在不骚扰情况下记录1分

后备母猪宏观健康检查的四项准备

体型外貌检查的准备

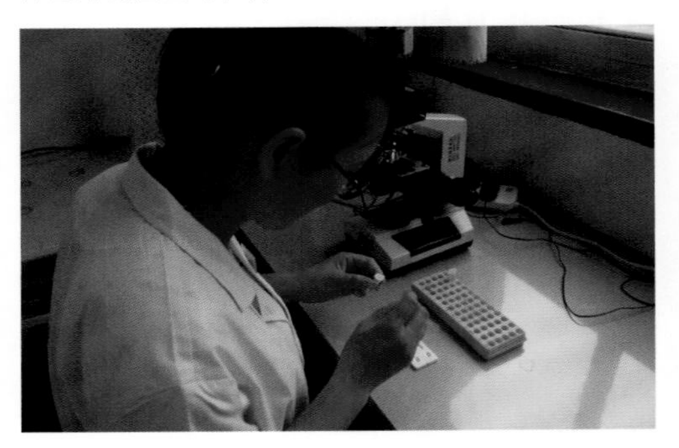

抗体检测的准备

背膘检测的准备

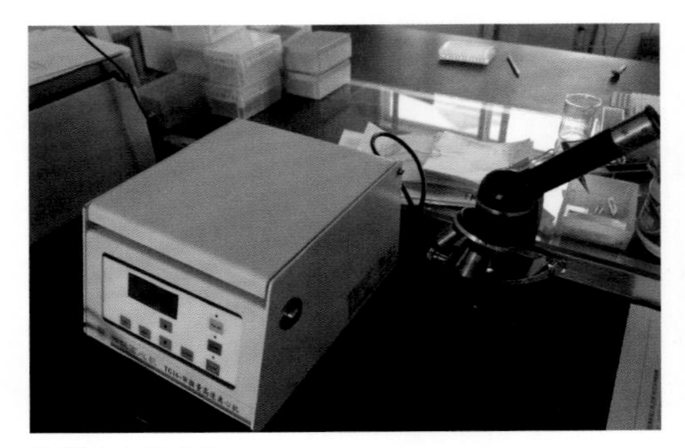

健康检查的准备

钟的心搏次数，最后测肛温。

2. 血常规的检查

血液白细胞计数与分类是最简单易行的方法，除此之外，应针对母猪多发生血氧水平低下的情况，增测红细胞计数及血红蛋白的测定项目。

3. 尿常规的检查

检查尿液有机沉渣是简单可靠的方法，可将新鲜尿液静止10分钟，直接取底层尿液而非离心尿液镜检，通过尿液中的有机沉渣，判断是否为霉菌毒素中毒所致。

4. 粪便潜血的检查

检查前3天，停喂鱼粉、血粉等动物性饲料，然后采取粪便进行潜血检查。由此判定肠炎、胃溃疡及慢性梭菌性肠炎的可能性。

5. 肝酶活性的检查

其是排除肝脏疾患的最好办法，在中毒性肝炎、肝变性、肝硬化时，一些肝脏特有的酶活性会显著提高,具此可佐证霉菌毒素中毒等的判断。

### （三）要点监控

1. 要排除体内某些隐性感染

（1）在进行猪的血常规检查时，其红细胞数的生理范围为（6.00~10.00）×$10^{12}$个/L ,白细胞数的生理范围为（6.00~17.00）×$10^9$个/L，血红蛋白的生理范围为125~180g/L。

（2）当红细胞数减少时，可疑似附红细胞体性贫血；当白细胞数增多时，则感染成立；当白细胞数减少时，则疑似病毒性感染；当血红蛋白值减少时，可疑似为缺铁性贫血。

后备母猪微观健康检查的主要内容

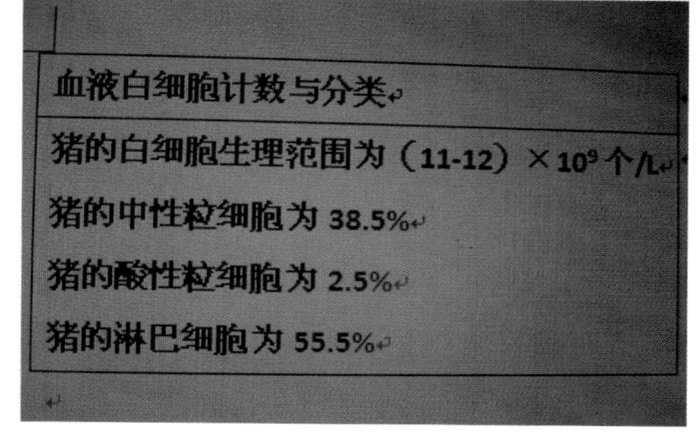

| 血液白细胞计数与分类 |
| --- |
| 猪的白细胞生理范围为（11-12）×$10^9$个/L |
| 猪的中性粒细胞为38.5% |
| 猪的酸性粒细胞为2.5% |
| 猪的淋巴细胞为55.5% |

血常规的检查

尿常规的检查

粪便潜血的检查

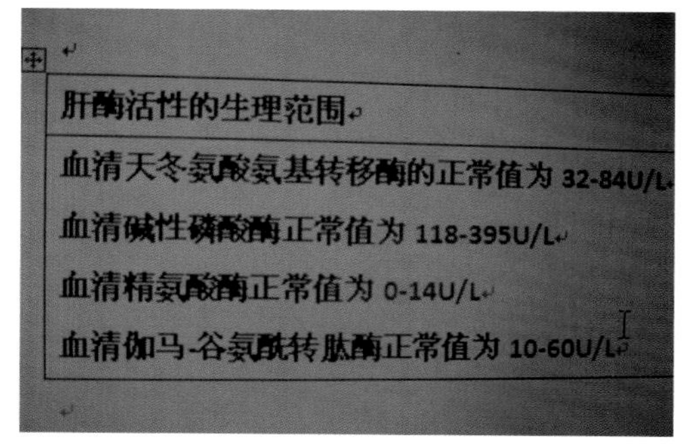

| 肝酶活性的生理范围 |
| --- |
| 血清天冬氨酸氨基转移酶的正常值为32-84U/L |
| 血清碱性磷酸酶正常值为118-395U/L |
| 血清精氨酸酶正常值为0-14U/L |
| 血清伽马-谷氨酰转肽酶正常值为10-60U/L |

肝酶活性的检查

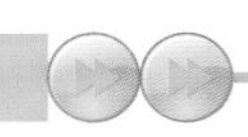

要重点检查肝肾的健康程度

2. 要排除泌尿系统隐患

（1）进行猪的尿液有机沉渣检查时，可将新鲜尿液静止10分钟，直取底层尿液而非离心尿液镜检，一般要看50个左右视野。

（2）若平均每个视野中有1个以上红细胞、白细胞，即可以判定有泌尿系统疾患存在。

接取尿液进行镜检

3. 要排除肝脏的疾患

（1）在猪患有中毒性肝炎、肝脂肪变性、肝硬化时，下列酶的活性会显著提高。如血清中的天冬氨酸氨基转移酶（AST），其正常值为赖氏比色法32～84单位/升；如血清中的碱性磷酸酶（ALP），其正常值为金氏比色法118～395单位/升；如血清中的精氨酸酶（ARG），其正常值为化学比色法0～14单位/升；如血清中的伽马-谷氨酸转移酶（GGT），其正常值为重氮反应比色法10～60单位/升。

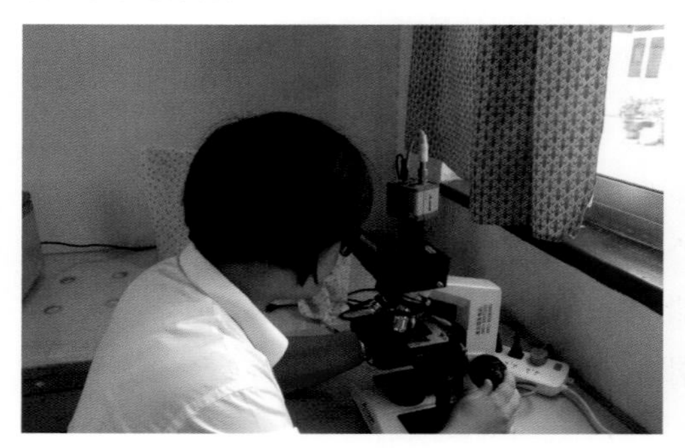

显微镜检在进行中

（2）一般猪场出现大比例的繁殖障碍时，这些病猪个体已经先有了肝、肾等实质脏器的病变，处于名副其实的亚健康状态。而究其原因时，霉菌毒素中毒可能首当其冲成为主要致病因素。

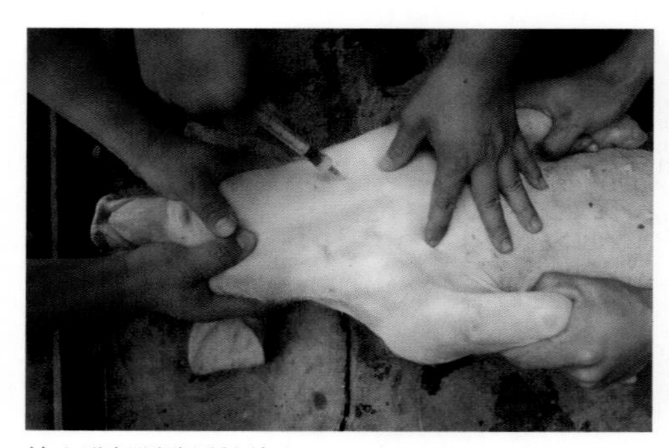

抽血进行肝酶活性检查

（四）事后分析

1. 提高对后备母猪健康检查的认识

（1）抓好后备母猪培育工作，不单单是确保常规的外貌、肢蹄、外生殖器、乳头的表型值达标及抗体滴度达标，而还要确保其内在的健康状况达标。

（2）后备母猪内在的健康状态主要表现其机体各系统生理功能的正常进行，而

肝酶活性检查的设备

猪场的管理、物理、化学、营养、生物类应激因素无时不在的对其造成刺激性亚病态或病态损伤。

（3）后备母猪的亚病态或病态损伤最直接的是影响其正常生殖生理活动的进行，故其表现为发情迟缓、发情不明显或不发情，严重者终生性冷淡；这也是后备母猪淘汰率高的主要原因。

2. 要重点抓好肝肾等实质器官的检查

由于饲料原料，如玉米、麸皮、米糠、各种饼粕类等均已经或有可能被霉菌广泛严重污染，对后备母猪的肝肾等实质脏器已造成慢性进行性的损伤，并且可能会影响配种前的系统免疫效果。故此，非常有必要监测后备种猪实质器官（主要是肝肾）的健康状况。

3. 要纠正只重视表型值与抗体滴度的认识与做法

后备种猪的表型值是其培育工作的重要内容，免疫指标合格也是反映其健康状况的重要内容，但上述内容绝非全部，更不能反映机体实质脏器的健康与否。故此，要重视后备种猪的健康检查，将早应进行而未进行的检查开展下去。

4. 猪场要组建兽医化验室

现代科技的发展，已经给猪场进行快速定性初试检测提供了可能；免疫金标抗体检测、三目显微镜检监测等都具备了简易、快速、可定性的特点。故此，有人说21世纪的时代特征是化验检测。

5. 要培养具有综合能力的多面手人才

现代猪场的特点之一就是设施养猪，现场越来越需要掌握采精配种、产房接生、免疫接种、抗体检测、健康检查、机械保养、设施维修、组织管理等多方面技

后备母猪现代选育的四大要点

外貌、肢蹄要达标

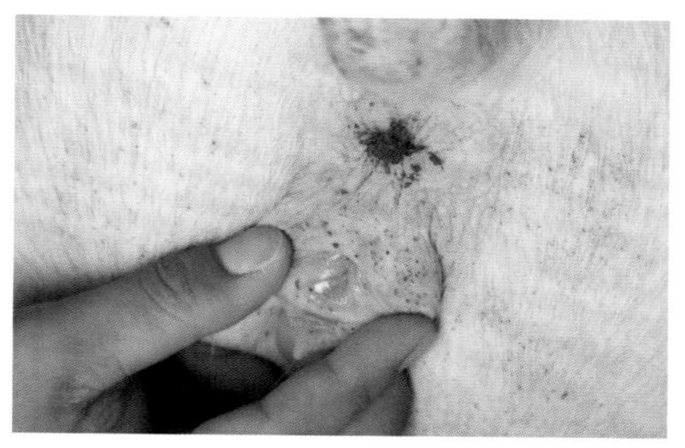

外生殖器、乳头要达标

抗体滴度要达标

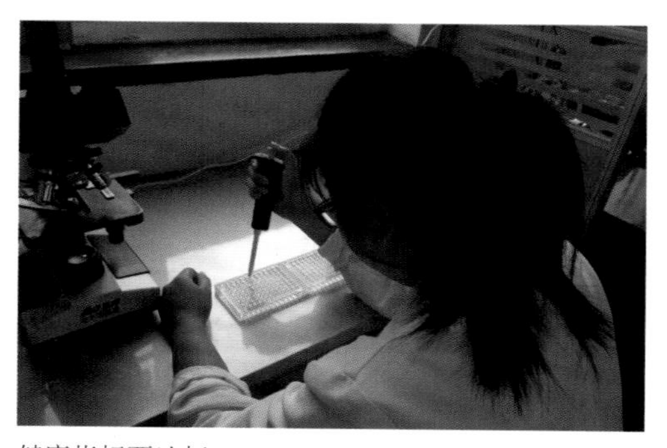

健康指标要达标

术人才。唯此，才能保障现代养猪生产的正常运行。

## 二、后备母猪膘情管理的四步法

### （一）事前准备

1. 现代品种母猪体贮情况日趋严重

随着现代三元或四元杂交亲本的育种进展，现代杂交母猪的体贮减少状况日趋严重。例如新加系核心母猪适宜配种时的$P_2$值最低只有11毫米，而最佳背膘$P_2$为18毫米，距离最佳指标相差6～7毫米；而新美系和新丹系的母猪同样存在这一现象。

2. 后备种母猪配种前的背膘指标

170日龄，体重达100～110千克，$P_2$＝12～14毫米。210日龄，体重达120～130千克，$P_2$＝18～20毫米。230日龄，体重达130～140千克，$P_2 \geq$20毫米。

### （二）事中操作

遗传是影响母猪膘情的重要因素，这是生产者无法改变的。但是通过改善环境可能改善膘情，详见如下措施。

1. 饲料营养配方的控制

能量饲料原料的能量含量是影响膘情的主要因素。故此，要确保60千克后的后备母猪至配种前的营养指标达标。其每千克饲料含DE（可消化能）13.2兆焦/千克并含有0.9%Lys（赖氨酸）等营养成分。

2. 饲料原料防霉变的控制

饲料原料出现霉变情况时，其必然导致能量含量的损失；特别是玉米出现霉变时，其玉米亚油酸的酸败不但损失了宝贵的能量，而且还会对肝脏造成伤害。故此，饲料原料防霉变的控制工作必须要切

后备与初产母猪的背膘指标

170日龄的背膘厚为14mm

210日龄的背膘厚为18mm

230日龄的背膘厚为20mm

初产母猪临产前背膘厚要大于24mm

实抓好。

3. 气温的控制

当气温超过25℃时，体重超过80千克的后备母猪采食量会下降。体重越大，采食量下降越明显。因此，夏季要注意高温对后备种猪膘情的影响。而当气温低于18℃时，用于维持能量的消耗增大，同样也会影响其背膘的积累。

4. 饮水的控制

水是生命的摇篮，要重视水的控制工作。其一是要改鸭嘴式为碗式；其二是要保证每分钟流量≥2.0升；其三是水温以26℃为最适；其四是要保证等级低下猪的饮水；其五是弱猪个体的饮水保证；其六是杜绝饮水器漏水；其七是水质要符合饮用标准等。

5. 限饲与自由采食

后备母猪在170日龄前要贯彻自由采食的饲喂方式，而在171～210日龄时则为限饲；一般采用看膘给量的饲喂方式，每日大致给料2.5千克左右，后备母猪以7.5成膘为适宜；膘情差时多喂一些，膘情好时少喂一些。在进入配种前2周时，又要执行催情补饲的饲喂程序，一般采用自由采食的饲喂方式，每日大致采食3.5～4.0千克左右；其补饲日粮的营养特点为：能量含量高、蛋白含量高、多种维生素含量高和钙磷含量高，以确保背膘指标的达标和母猪卵泡的充分发育。

6. 限制等级序列的争斗

在群养模式下，等级序列的强者与弱者多会出现背膘不一的问题。为避免争斗要按头数设置半限饲栏，其长度应≥1.3米，使强者无法剥夺弱者的采食权。同时也利于对不同膘情的母猪进行调整饲喂。

影响后备母猪背膘厚的因素

气温高低均影响背膘指标

采食数量影响背膘指标

等级序列影响背膘指标

饮水质量、数量影响背膘指标

## （三）要点监控

检查背膘厚的设备与方法

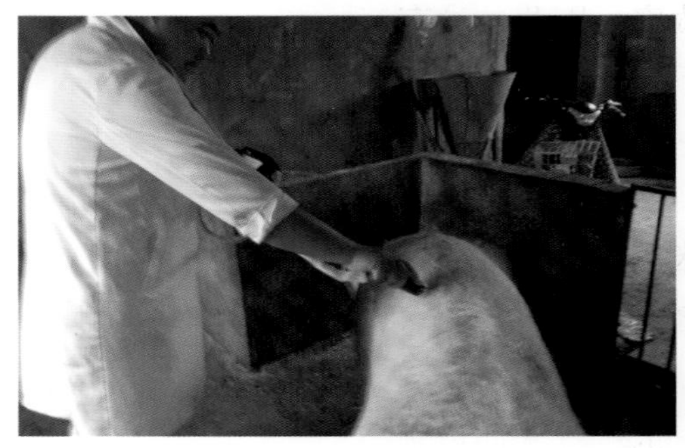

背膘检查的位置

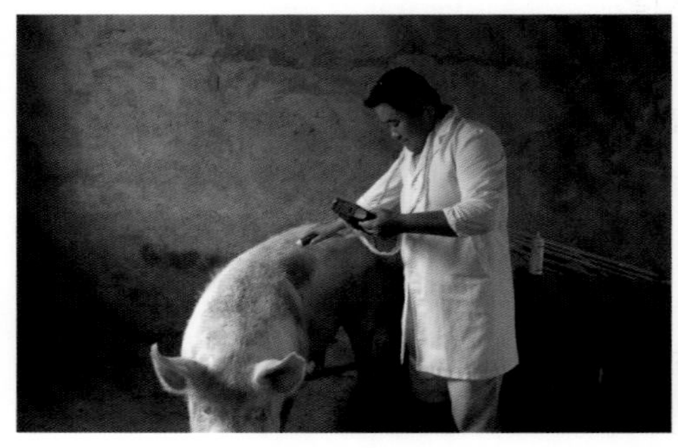

用B超仪也可进行背膘检查

观察一侧背膘厚的图像

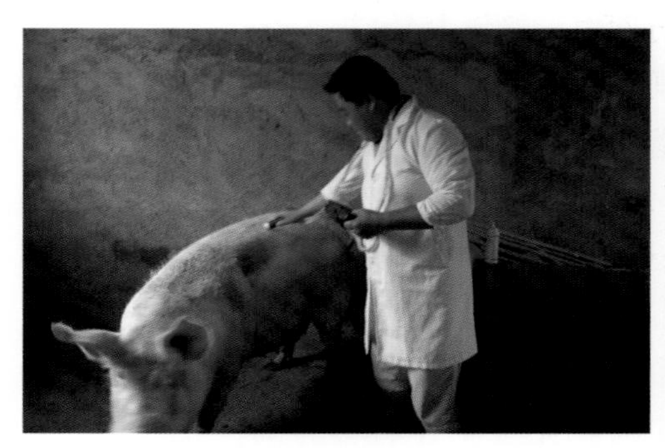

观察另一侧背膘厚的图像

1. 膘情监测的目的

发现170日龄$P_2$值未达标或超标的后备母猪，重点是未达标的后备母猪；以便及时调整饲喂策略，力争在配种前$P_2$值达到标准。

2. 膘情监测的方法

在人工饲养条件下，要想精确控制后备母猪的膘情只能采用背膘仪或B超仪进行监测。其标准如下：即体重大于77千克的猪只测$P_2$点（最后肋骨处自背中线向外旁开6.5厘米处），求左右两个$P_2$点背膘值，再求平均值。

3. 背膘调整的方法

（1）首先要知道1毫米的背膘值折合为5千克增重，100千克重的猪，每增重1千克需4千克全价饲料。

（2）举例：某后备母猪170日龄的背膘为10毫米，距最低标准差2毫米，即折合差10千克体重。要增加10千克体重约需10千克×4＝40千克全价饲料，而这10千克体重必须在210日龄时补上。因此，每天需在原饲喂量基础上另外补饲40千克÷（210－170）＝1千克全价饲料。

对过肥后备种猪同样用上方法测得$P_2$值，将超标$P_2$值折合成全价饲料，按距达标天数每天均匀减限即可。

## （四）事后分析

1. 充足营养体能贮备的重要性

第一胎、第二胎是母猪一生中经历遗传压力、营养压力、环境压力（尤其是炎热的夏天）负荷最大的时期，亦是需要动用充分的营养贮备帮助缓解的时期。如此时体储不足必将会影响后续的生产性能乃至繁殖障碍，形成第一胎、第二胎的高淘汰率。因此，没有充分的营养体能贮备是不可能具有持续的高水平繁殖性能的。

2. 后备母猪最佳背膘值与现状

（1）其在适配日龄时$P_2$值最好为20毫米，至少为18毫米，以良好体况保证持续高产。

（2）现代品种猪基本取代了原来本土的母猪，其背膘厚也从1975年的22毫米降到1999年的11毫米，其体脂约减少了50%。这一严重问题使得母猪的更新率高达40%～50%，其中主要是与初配时体脂贮备不够有关。

3. 选好后备母猪的出生季节

（1）选择最佳的出生季节不仅顺天时，有利于头胎分娩和哺乳，有利于初产母猪背膘的质量，有利于第二胎配种，从而影响母猪一生的繁殖潜力。

（2）这一最佳的时间段为春季的3～6月份和秋季的9～11月份，因为外三元杂交猪初配日龄为8个月龄，其妊娠期接近4个月，合计为一年。即春秋季节出生，也必然在下年春秋季节产第一窝仔猪。

（3）春秋季节温度适宜，有利于初产母猪背膘的贮积；春秋季节产仔可以避开夏季酷暑、冬季严寒的环境；春秋季节产仔有利于初产母猪学习分娩、哺乳、带仔等繁育内容。对于中国特色的中、小型猪场来讲，这是引种成功的重要基础条件。而对于强调均衡生产的大型猪场而言，其建场初期的初次引种，也宜采取此方法。

**后备母猪体能储备非常重要**

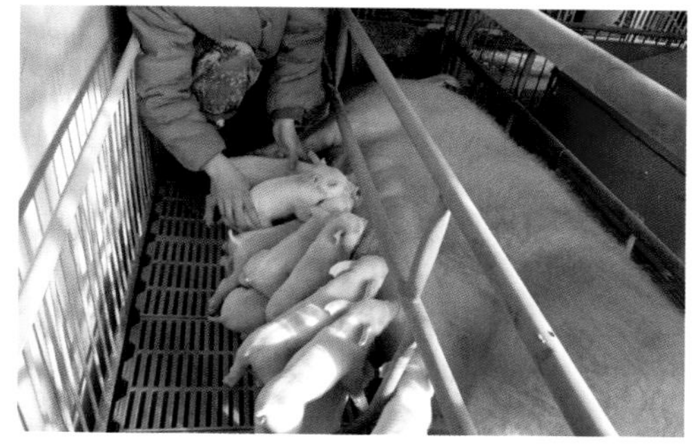

第1～2胎要动用体能储备来缓解压力

夏季产仔体能消耗最大

春秋产仔可减少体能消耗

冬季产仔也要消耗大量体能储备

## 三、后备母猪的胃肠扩容管理

### （一）知识链接“后备母猪胃肠扩容的必要性和可行性”

1. 头胎母猪采食量一般较低

处于第一胎的母猪采食量普遍偏低，不仅造成泌乳量少，乳猪生长减缓，弱仔增多。更严重的是哺乳期的母猪掉膘严重，影响后续的繁殖性能，甚至被淘汰。

2. 母猪的采食量是可以提高的

实践证明，用部分粗饲料来填充妊娠母猪胃肠，其在哺乳期间的采食量比未经过粗饲料填充胃肠的哺乳母猪的采食量要明显高出很多。

3. 粗纤维具有胃肠扩容的作用

猪的肠道不存在发酵消化木质素、纤维素、半纤维素的微生物，因此不能消化利用这些物质。这些物质可以变得疏松膨大，起到胃肠扩容的作用。

### （二）后备母猪胃肠扩容的四步法

1. 事前准备

（1）胃肠扩容日粮配方的准备。要确定是原配方不变另外添加粗纤维原料还是重新调整日粮配方。

（2）粗纤维饲料原料品种的准备。要通过霉菌毒素检测来确定采用某一种常规粗纤维饲料原料。

（3）粗纤维饲料添加时间的准备。要通过试验确定后备母猪添加粗纤维饲料原料的最佳时间段。

（4）粗纤维饲料添加方法的准备。要通过试验确定后备母猪添加粗纤维饲料原料的最佳方法。

**后备母猪胃肠扩容的管理**

第一胎母猪采食量普遍偏低

初产母猪的采食量是可以提高的

母猪胃肠扩容物是粗饲料

麦秸粉有良好的胃肠扩容作用

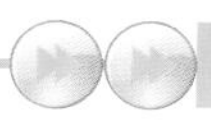

2. 事中操作

（1）日粮的配方。一般是采用不改变原日粮配方的前提下，添加高纤维素的饲料原料，利用高纤维素饲料中所含的碳水化合物提供的能量来抵消消化纤维素带来的热增耗。

（2）高纤维饲料的选择与应用。研究表明，苜蓿干草、燕麦皮、麦秸均有胃肠扩容作用，妊娠母猪每天的添加量分别为450克、515克和368克，均可提高哺乳期哺乳母猪的采食量，使仔猪断奶的成活率得到提高。

（3）母猪胃肠扩容的时间。

① 一般后备母猪在160～170日龄开始，由自由采食转为限制饲喂，此时即开始胃肠扩容一直到发情配种结束。

② 经产妊娠母猪也要给予胃肠扩容物质，使经产哺乳母猪具有采食足够量哺乳料的胃部容积。

（4）后备母猪胃肠扩容的方法。

① 监测与粉碎。不管猪场采用何种常规的粗纤维饲料原料，其前提是必须经过霉菌毒素检测并达到合格的标准。其检测的项目包括：黄曲霉素菌B、玉米赤霉烯酮、呕吐霉素、$T_2$毒素、赭曲霉毒素等项目。待合格后才能进入粉碎环节。

② 计算。若每头后备母猪原限饲料2.5千克/日，则1吨料可喂400头后备母猪。如以每头添加400克麦秸粉为例，则1吨日粮应加入麦秸粗粉 0.4千克 × 400=160 千克，即在1吨饲料中加入 160 千克麦秸粉混匀，然后每头后备母猪日喂2.9千克即可。

常用的四大胃肠扩容物

稻草

麦秸

玉米秸

玉米芯

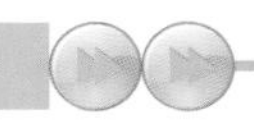

3. 要点监控

（1）初产母猪和经产母猪的胃肠扩容工作，必须在妊娠的30天后开始进行，然后一直进行到产前一周为止。

（2）长期应用可出现下列正效应。

① 哺乳期采食量提高1.0～2.0千克。

② 母猪采食咀嚼时间延长，空嚼、摆弄饮水器、啃栏的行为减少。

③ 强烈的饥饿感下降，胃溃疡发生率下降，避免了妊娠便秘。

（3）在妊娠中、后期进行胃肠扩容。

① 妊娠后31天到84天饲以妊娠料，每千克妊娠料含有DE 13.0兆焦、CP 13.0%、Lys 0.6%、Ca 1.0%、P 0.8%、粗纤维6%。日喂量2.3～2.5千克，另辅以250～400克麦秸粉进行胃肠扩容。

② 妊娠后85天到107天饲喂妊娠后期料或哺乳料，每千克饲料中含有DE 13.8兆焦、CP 18.0%、Lys 0.91%、Ca 0.77%、P 0.62%、粗纤维6%，日喂量3.0～3.5千克，另辅以250～400克麦秸粉进行胃肠扩容。

（4）要认真地对粗纤维饲料原料进行霉菌毒素检测和贮存。

① 由于猪场用粗纤维饲料原料多存放在露天场地，经受风吹雨淋或受潮而霉变是不可避免的。故此，要认真地进行防霉变的检查把关，必要时可采用霉菌毒素检测的手段来把关，以防止霉败变质的饲料原料进入生产加工环节。

② 对检测合格的粗纤维饲料原料，要及时进行粉碎，并加入防霉剂搅拌均匀后装袋保存。

后备母猪胃肠扩容的四大优点

减少空嚼

减少啃栏

减少便秘

饥饿感下降

4. 事后分析

（1）现代母猪上收的腹部缩小了胃的容积，而且后备母猪长期饲用体积小的精饲料以及170日龄后的长期限饲也影响胃壁的外展性；小容量的食物压力冲动传到食欲中枢即有饱腹的感觉。这就是现代基因型母猪食欲减少的机理。

（2）采食量的多少在猪的遗传力估计值为20%～30%，而70%～80%是由环境因素决定的。因此，通过调整环境因素来提高采食量是可行的。事实也是这样，饲养在散户的现代后备母猪，由于得到部分粗饲料的填充，其哺乳期的采食量比规模猪场高了很多。

（3）粗饲料胃肠扩容物的选择。

① 大麦秸、燕麦秸均比麦秸营养价值高，实际应用不会影响猪的营养需求。

② 玉米芯粉的营养价值与麦秸相当，可以替代麦秸用于胃肠扩容。

③ 南方晚稻草的营养价值比麦秸低且含有硅酸盐和蜡质，每天用量要低。而早稻草与麦秸相当，可替代之。

④ 青绿饲料含水量高，粗纤维含量低，以现有饲喂设施上看，难以作为胃肠扩容饲料。

（4）粗纤维饲料的无霉变处理。因常规粗纤维饲料的价值较低，一般多在露天堆放；为了防霉败变质，要一边收获一边晾晒，并及时进行粉碎装袋入库。如有必要可按粗纤维饲料总量的0.1%加入丙酸钠，以防止霉败。

母猪胃肠扩容的时间安排

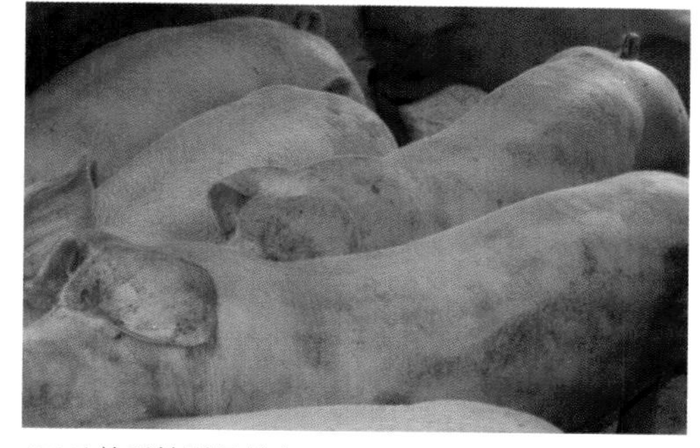
170日龄开始胃肠扩容

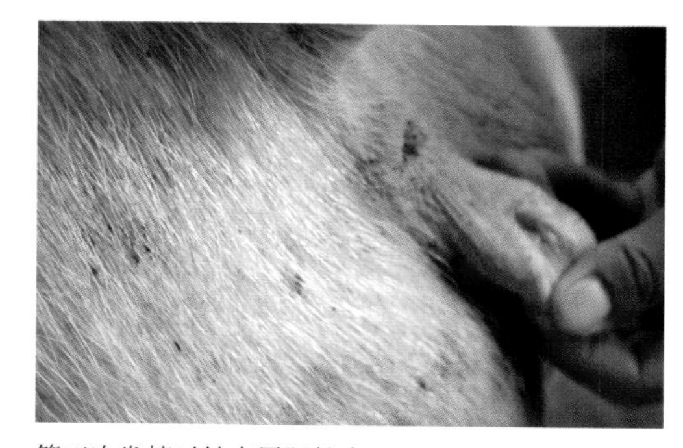
第三次发情时结束胃肠扩容

配后35天开始胃肠扩容

产前1周停止胃肠扩容

# 第三章 经产母猪的繁育管理

**内容提要**

经产母猪的繁育管理重点，一是建立猪场有效母猪群体的大势基础，二是细化母猪各阶段达标管理的执行过程。

## 第一节 建立猪场有效母猪群体的大势基础

### 一、知识链接“建立猪场有效母猪群体的目的与方法”

通过育种来提高母猪的繁殖性能，主要是外三元繁育体系中原种猪场和扩繁猪场的任务。而对绝大多数商品猪场来讲，饲养各阶段母猪群体的目的，是尽可能完成仔猪多生多活的任务。故商品猪场管理者的责任就是在猪场内完成建立有效母猪群体存栏的大势基础。为利于形成和保持这一有利态势，其必须抓住两大要点：其一是建立母猪群体合理的胎次结构，其二是尽量减少母猪非生产天数。对于前者，要以提高后备母猪育成率、主动淘汰无效母猪和加大母猪选择压进行保障。对于后者，要及时编制有可操作性的年度非生产天数控制计划和落实减少非生产天数的措施。

母猪多生多活的三大基础

哺乳母猪多生多活的图片

基础一：年度补充33%的后备母猪

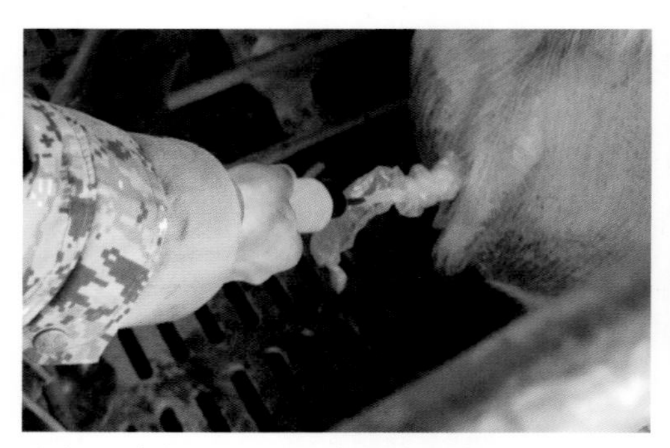

基础二：断奶后85%的母猪1周内配种

基础三：配种后95%的母猪产仔

## 二、建立母猪有效群体合理的胎次结构

### （一）知识链接

“母猪群体合理的胎次结构”。

商品猪场母猪群体合理的胎次结构应为：第一年为33%～35%，第二年为30%～32%，第三年为26%～28%，3年以上为5%～7%。经验证明，猪场如能具备上述胎次结构的母猪群体，则可发挥最大限度的繁殖性能。但是要达到上述胎次结构，需要在后备母猪的育成率上斤斤计较；需要在主动淘汰无效、少效母猪上斤斤计较；需要在加大母猪选择压上斤斤计较。唯此，才能实现预期目标。

### （二）建立合理胎次结构的四步法

1. 事前准备

（1）要从后备母猪培育成功率上保障母猪群体的合理胎次结构。

（2）要从贯彻无效、少效母猪主动淘汰上保障母猪群体的合理胎次结构。

（3）要从加大母猪选择压上保障母猪群体的合理胎次结构。

2. 事中操作

（1）后备母猪培育要留有余地。

① 一般后备母猪的妊娠受胎率为90%，而后备母猪妊娠分娩率也为90%。故此，后备母猪的配种分娩率为81%。

② 按母猪年更新率33%计算，后备母猪年选留应为33%÷81%≈41%。故此，从理论上讲，后备母猪年选留率为41%时，方可确保优质经产母猪的年存栏量。

注：上述数据为理论参考数。

建立合理胎次结构的基础（1）

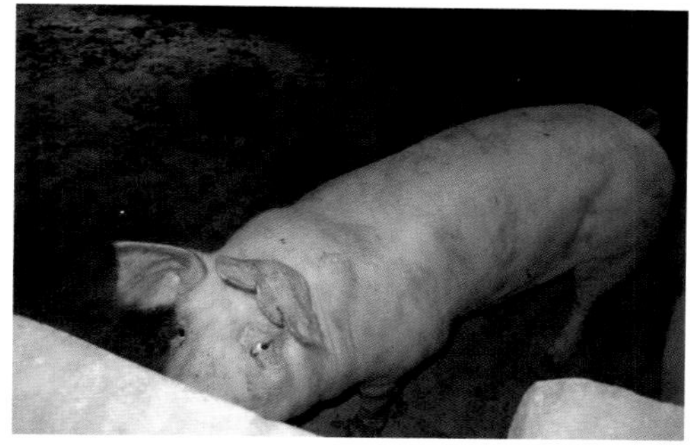

后备母猪的受胎率为90%

后备母猪妊娠产仔率为90%

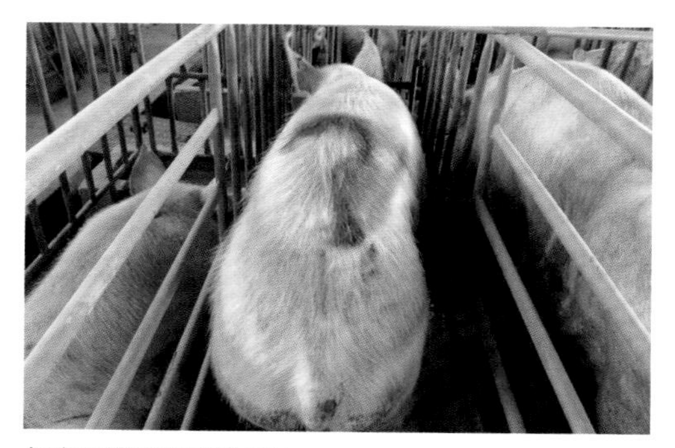

年度母猪更新率为33%

年度后备母猪选留率要大于33%

（2）要提倡无效母猪主动淘汰制。

① 要从承包政策上扶持无效母猪主动淘汰制，如初产母猪承包定额可规定为初产活仔数为8头，二产活仔数为9头等。

② 要从技术管理上对经产母猪窝产少于9头，或有死胎、流产的无效及少效母猪进行及时淘汰。

（3）要加大母猪选择压。

① 无论引进还是自留后备母猪，如果8个月龄尚未发情者，属于本身问题即应淘汰。

② 对一个情期不发情者，或屡配不孕的空怀母猪，属于本身问题即应淘汰。

③ 对母猪蹄腿有病者，对患有乳房炎者，在断奶空怀阶段都应及时淘汰。

3. 要点监控

（1）要确保后备母猪的数量。一旦因资金等原因，难以保障二元杂交后备母猪的数量，可以从商品猪中选择三元杂交母猪进行三元轮回杂交配种，以确保母猪群体的繁殖性能。

（2）对无效母猪个体要及时淘汰。要从承包定额上给予初产母猪、二产母猪的政策优惠，拉动员工淘汰无效母猪，特别是淘汰少效母猪的积极性，以此来提升整个母猪群体的繁殖性能。

（3）猪场尽量在9、10两月做好母猪群体整顿工作，中、小猪场更应如此。因为此月份引进后备母猪，其必然是4、5月份产的，因培育期为8个月，妊娠期为4个月，加起来为一年；故今年春季产的必然在明年春季产第一窝。而春季适宜的气候条件必然会减少初产母猪产仔、哺乳、带仔等的压力，而取得很好的生产成绩。

建立合理胎次结构的基础（2）

后备母猪8月龄尚未发情者，应主动淘汰

断奶后一个情期不发情者，应主动淘汰

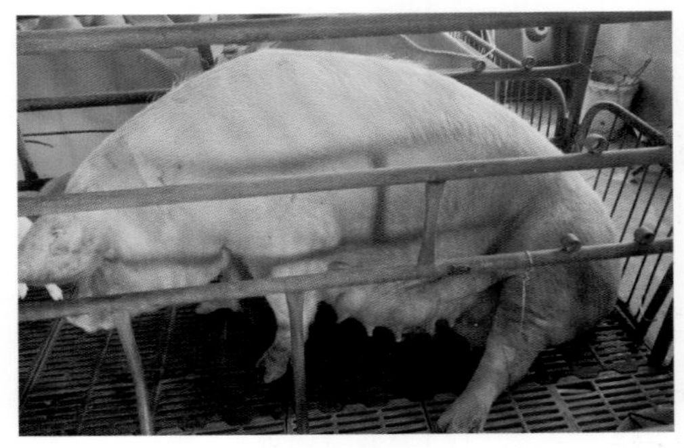

患有蹄腿病者，应主动淘汰

患有乳房炎者，应主动淘汰

4. 事后分析

（1）抓好空怀阶段无效或少效母猪的主动淘汰工作。经验证明，保育问题的根源在产房，产房问题的根源在妊娠，妊娠问题的根源在空怀。如果少效或无效母猪在断奶空怀阶段不能及时淘汰，则其不但影响母猪群体的繁殖成绩，而且也影响哺乳仔猪、保育仔猪及育肥猪的生产成绩。

（2）抓好后备母猪的选留与管理工作。

① 一般商品猪场多从原种场或扩繁场引进长白或大白纯种母猪，进行长大或大长二元母猪的繁育留种工作；而从扩繁场引进二元杂交母猪意义不大。

② 如因某种原因造成后备母猪不足，商品猪场可从三元商品猪场中选留后备母猪；采用三元轮回杂交的模式进行繁育生产，其经济效益往往要优于引进二元杂交母猪。

③ 中小猪场也可选择在9—10月进行猪群整顿，在集中淘汰无效、少效母猪的同时，引进或自留后备母猪。因此时留种，后备母猪多4—5月出生，按培育期为8个月，妊娠期为4个月进行计算，则这些后备母猪均在下年的4—5月产头窝，而在9—10月产二窝；春秋季节风和日丽，气候适宜，将大大减弱青年母猪的产仔、哺乳压力，并由此奠定一生的高产繁育性能。

④ 外引后备母猪除了要做好隔离同化管理工作之外，还要与自留后备母猪一样做好系统免疫接种、驱虫保健、限饲、补饲、胃肠扩容、反饲等基础工作。

**建立合理胎次结构的基础(3)**

商品猪场可选用三元杂交商品母猪留种

自留杜长大三元母猪可选用大白公猪配种

自留大杜长三元母猪可选用长白公猪配种

自留长大杜三元母猪可选用杜洛克公猪配种

## 三、减少母猪的非生产天数

### （一）知识链接

“非生产天数”。

任何一头母猪在没有妊娠和哺乳的空闲天数，都称为非生产天数。而其断奶至配种的10天间隔是必需的，也叫必需的非生产天数。除此之外，都是非必需的，都要尽量减少。

### （二）减少母猪非生产天数的四步法

1. 事前准备

（1）要及时编制现场具有可操作性的年度母猪群体非生产天数控制计划。

（2）要切实制定减少母猪群体非生产天数的措施。

2. 事中操作

（1）猪场年度母猪群体非生产天数控制计划的可行性分析。

① 普遍得到认可的猪场年度胎指数为2、3窝，现求其年度及每窝的非生产天数。

a. 求年度的非生产天数。

365-[2.3×（21+114）]= 54.5（天）

b. 求每窝的非生产天数。

54.5÷2.3 = 23.69 ≈ 24（天）

② 每窝非生产天数为24天时的可行性分析。

a. 断奶至发情的平均时间。

试验证明，哺乳母猪断奶失重为15千克时，断奶后7天前的发情率为80%；断奶后14天前的发情率为90%；断奶后28天前的发情率为98%。故此，一般断奶至发情的平均时间为80%×7天+10%×14天+8%×28天 = 9.24天≈10天

b. 母猪发情至最佳配种时间按2天

减少猪非生产天数的措施（1）

要控制母猪群体断奶至发情的时间为10天之内

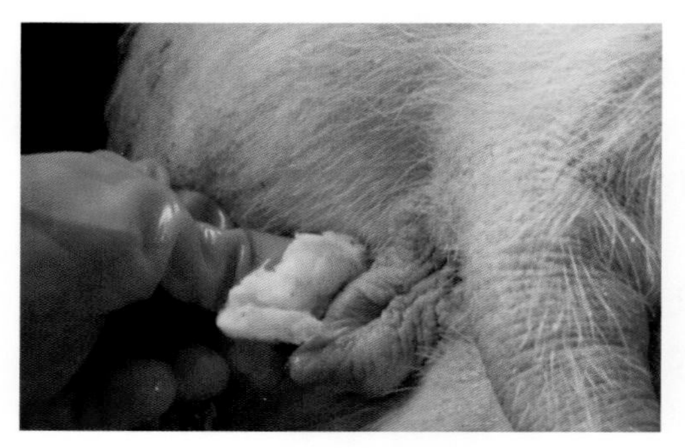

要控制母猪群体发情至配种时间为2天之内

要控制母猪群体死淘、流产所占时间为5天之内

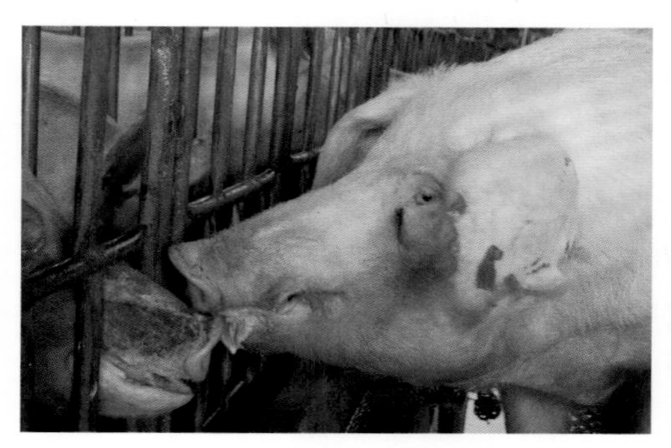

要控制母猪群体返情等所占时间为6天之内

计算。

c. 妊娠期正常流产率为2%以下，母猪死淘率为2%以下，故此，114天×4%≈5天。

d. 多种原因所致返情率按10%计算，则20天×10% =2天。

e. 断奶至发情备用期为5天。

综上：10天+2天+5天+2天+5天=24天

故每窝按24天为非生产天数编制计划是可行的。

（2）制定减少非生产天数的措施。

① 后备母猪的适时配种。外三元杂交母猪的初情期为190±10天，初配日龄为230±10天，为第三次发情。若错过了此次配种就人为地增加了21天的非生产天数。

② 维持好母猪哺乳期的膘情。研究证明，经产母猪断奶后的膘情与断奶至配种间隔天数呈正相关。这就要求加强哺乳母猪的膘情控制，尽量减少母猪哺乳期间的体重损失。一般讲，哺乳母猪七成膘或产后失重15千克以上（背膘厚低于20毫米）时就要考虑，增加母猪采食量或提前断奶事宜了。

③ 返情母猪及时复配。要引导公猪到妊娠舍刺激配后18~25天的母猪，及时确定返情母猪并准确补配。如错过了这个情期，就增加了一个21天的非生产天数，这在管理上是不允许的。

④ 尽早发现空怀母猪，促其发情。对那些未妊娠又没有如期发情的母猪，可借助妊娠诊断仪，在配种后25天左右将其查出，可淘汰或赶回空怀配种舍促其发情并及进配种。

减少非生产天数的措施（2）

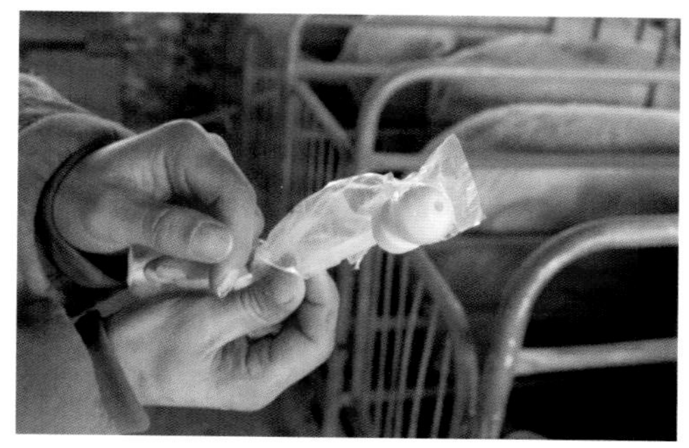
后备母猪在230日龄时要及时配种

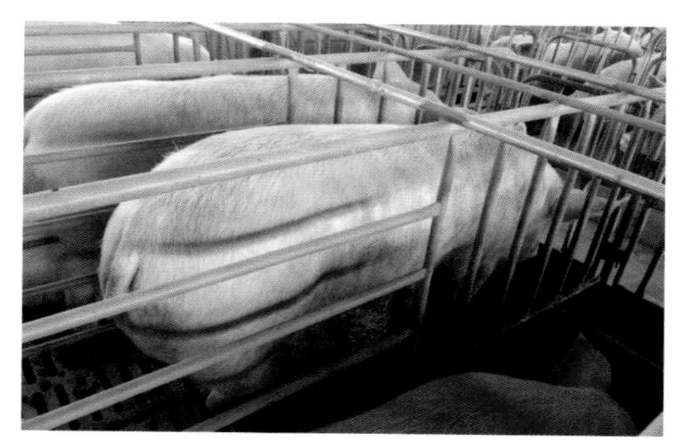
确保断奶母猪的7成膘情

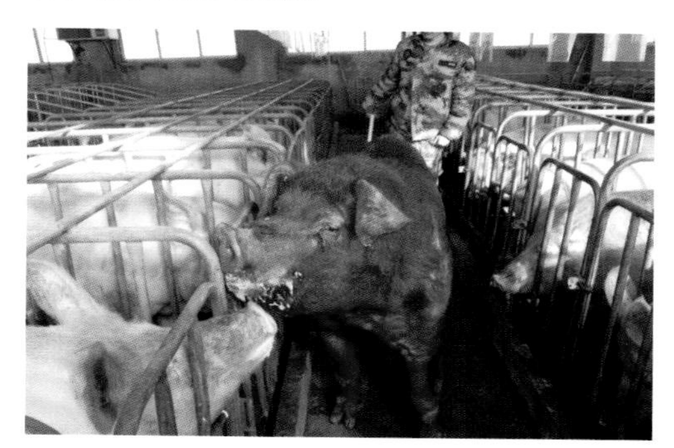
返情母猪要及时发现与复配

尽早发现空怀母猪并促其发情

减少非生产天数的措施(3)

3. 要点监控

(1) 要主动淘汰少效母猪。母猪越到妊娠后期，其流产、死胎造成的非生产天数就越多，损失就越大。故此，对胎龄老的、生产性能差的、有肢蹄病和繁殖障碍病的母猪在断奶时就应主动淘汰，不留后患。

(2) 认真做好后备母猪免疫接种工作。后备母猪只要感染繁殖障碍病就易造成死胎或流产，特别是对细小、乙脑、伪狂犬、猪瘟、圆环、蓝耳等疫病更为敏感。故此，做好上述疫病的免疫接种非常重要，以确保这一易感群体的安全无恙。

(3) 认真做好妊娠母猪的防暑降温工作，特别是配后1周和产前1周这一敏感阶段。只要舍温达30℃，马上就要启动降温程序，如能有湿帘降温设施则效果最好。也可采用滴水降温或喷雾降温等措施来减少死胎现象的发生。

4. 事后分析

(1) 编制具有可操作性的减少非生产天数计划，并据此控制各类猪群的非生产天数。只要把细节落到实处，就能有效地提高猪场的繁殖成绩。

(2) 严格控制死胎、流产现象的发生是减少非生产天数的重中之重。因为母猪越到妊娠后期，其死胎、流产造成的非生产天数就越多，损失就越大。故此要认真做好保胎、防流工作。

(3) 初产母猪是母猪群体发生繁殖障碍病的易感群体。故此，要认真做好后备母猪的初次免疫、加强免疫、产前反饲及保健用药工作，确保初产母猪群体的安全无恙。

严格控制妊娠后期的弱仔率、死胎率

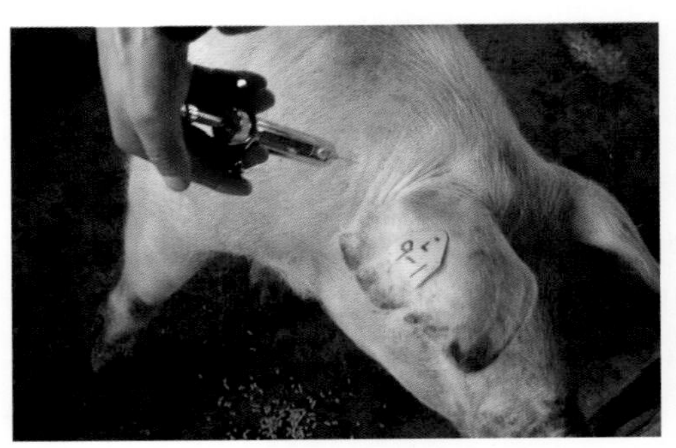

做好后备母猪的系统免疫工作

要做好妊娠前期的保胎工作

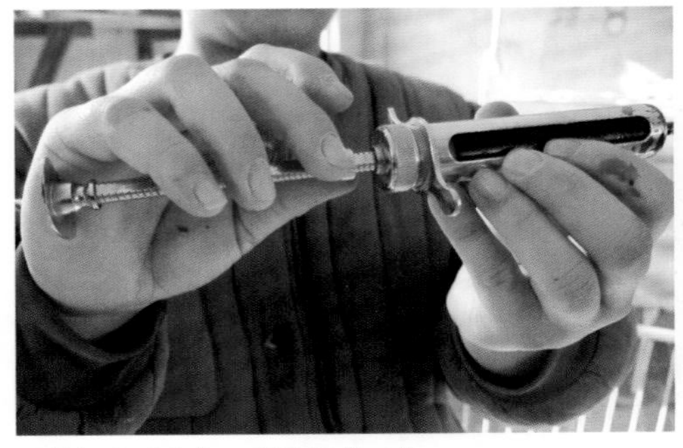

要做好全群普免、保健用药工作

## 第二节 细化母猪各阶段达标管理的执行过程

### 一、细化产房准备的四步法

#### （一）事前准备

（1）人员的准备。

（2）产房清洗、维修、消毒的准备。

（3）产房用具的准备。

（4）待产母猪进产房划区的准备。

（5）待产母猪消毒的准备。

（6）提供适宜环境条件的准备。

（7）母猪产前饲喂量调整的准备。

（8）母猪临产观察的准备。

#### （二）事中操作

1. 人员准备的实施

要选择责任心强、接产技术熟练的员工，最好是夫妻工，能长期住场。要组织产房人员进行学习培训，要实行承包责任制，工资分基本工资和奖励工资两种，奖励工资要有产可超，要尽量给猪场员工提供与家相似的生活条件。

2. 产房清洗、维修、消毒的实施

（1）按生产计划对每周空出的产房进行清扫、清洗工作。其程序为先上后下，先里后外；先扫后泡，高压冲洗；全面覆盖，不留死角；设施清洁，不留粪污。

（2）猪场的电工要对清洗晾干后的产房设施进行安装、维修，如为夏天重点考虑防暑降温设施的安装与维修；如为冬天，重点考虑保温供暖设施的安装与维修。

细化围产期的达标管理

做好围产期达标管理的技术培训

临产前的达标管理内容之一

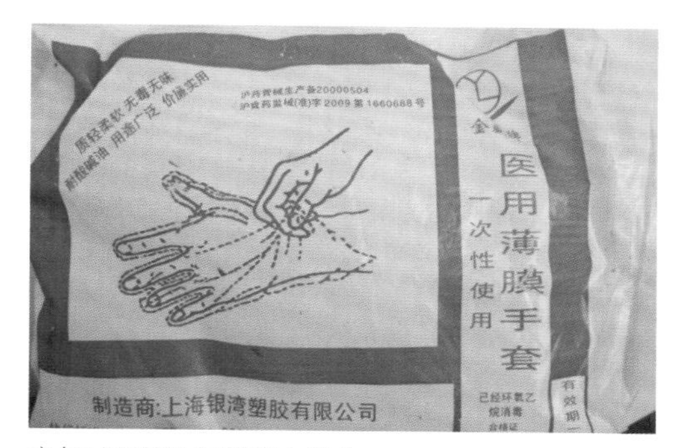


产仔过程的达标管理内容之一

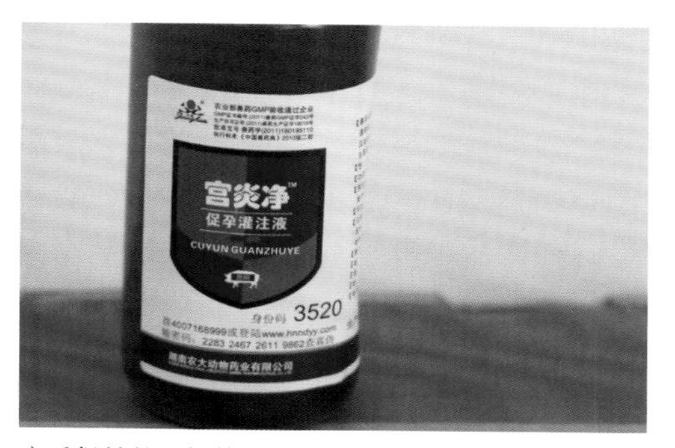


产后保健的达标管理内容之一

（3）维修后的产房要进行彻底消毒，墙壁与地面可用3%的火碱溶液消毒，产床可用戊二醛溶液消毒。最后选用臭氧熏蒸消毒，以彻底切断传播途径。

3. 产房用具准备的实施

（1）接产前应准备好消毒用的0.1%的高锰酸钾溶液、碘酒、剪刀、消毒后的毛巾、照明用灯、脐带结扎线等接产用品。

（2）接产前要调试保温箱，使其能达到32～35℃的取暖要求；同时舍内要达到18～20℃，以满足母仔对不同温度的需求。

（3）要准备好新生仔猪剪牙、断尾的工具，如剪牙钳和电热剪刀等。同时还要准备好耳号钳，以备种猪打耳缺之用。

（4）要准备好人工助产的必需器具和物品，如一次性塑胶长手套、润滑油、助产绳、特制铁钩及催产药品等。

（5）要准备好记时手机、记录本、笔等物品，一是做好正常的产仔记录；二是通过产仔记时，确定是否难产和是否需要人工助产。

4. 待产母猪进产房划区的实施

按照分娩时间的先后顺序，合理安排产床，以利于相同阶段哺乳母猪的喂料和仔猪补料。同时有利于同一批次仔猪的集中管理，如断奶、转群等全进全出工艺的开展。

5. 待产母猪消毒的实施

（1）产前一周，妊娠母猪要将全身冲洗干净，并用0.1%高锰酸钾溶液进行消毒，以保证产床上的清洁卫生，以减少围产期疾病的发生。

**产前准备的要点（1）**

产房人员的准备

产房清洗、维修、消毒的准备

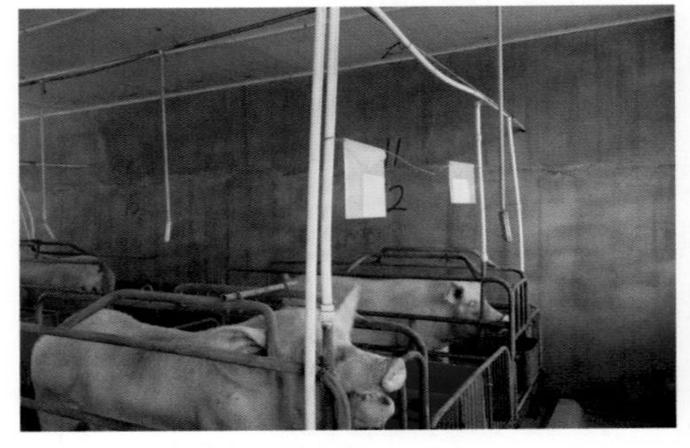

待产母猪进产房划区的准备

产房适宜环境的准备

（2）一旦母猪羊水流出，就要马上用0.1%高锰酸钾溶液擦洗乳房和母猪臀部及外阴，还要用沾有消毒液的抹布擦洗产床进行彻底消毒。

6. 防暑降温或保温供暖的实施

（1）夏季的测温为中午和午夜，如中午舍温超过30℃，则要马上启动降温设施；午夜的温度易忽视，夏季的午夜，不升温的保温箱内，新生仔猪多拥挤在一起取暖。

（2）冬季分娩舍舍温为18～20℃为宜，以满足母猪对舒适温度的需求。而保温箱内的温度要达到33～34℃为宜，以满足新生仔猪对舒适温度的需求。

7. 母猪产前饲喂量调整的实施

一般七成半膘的母猪，在配后90天时，可每日投喂3.0千克左右的日粮，见八成膘后可适量减料。至产前3天时，每天降0.5千克，产仔时给1千克湿料供其采食即可。

8. 待产母猪临产前观察的实施

（1）待产母猪前部乳房挤出清亮乳汁时，产仔近在2天之内；母猪中部乳房挤出清亮乳汁时，产仔近在24小时之内；后部乳房挤出清亮乳汁，产仔近在6小时之内；而后部乳房挤出黏稠黄白色乳汁时，就会马上临产。

（2）待产母猪临产前3～5天，外阴部开始红肿下垂，尾根两侧凹陷，这是骨盆开张的标志。此后待产母猪排泄粪尿次数明显增多。

（3）待产母猪临床前神经敏感，行动不安，起卧不定，采食不好，有时还做出叼草及拱土围窝的动作。护仔性强的母猪

**产前准备的要点（2）**

接产用具的准备

待产母猪消毒的准备

产前饲喂量调整的准备

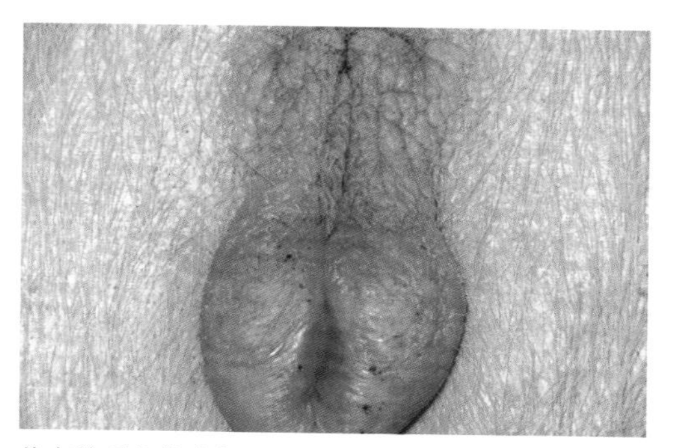

临产前观察的准备

暴躁不安，不允许人接近，需给予按摩乳房等亲情化处理，以缓解母猪焦虑的情绪。

（三）要点监控

1. 产房主管应是技术多面手

产房工作具有综合性质，包括卫生消毒、环境控制、水电小维修、设施使用、接产助产、免疫保健、母仔护理、饲养管理等多种工作内容。故此，产房主管应是猪场内享受多面手补贴的人才型员工，一个万头猪场至少应有3名以上这样现场人才贮备。

2. 消毒质量要达标

（1）首先是空舍消毒要彻底。要充分利用全进全出这一空舍的时机，对空出的产房进行认真的清扫、清洁、浸泡、冲洗、消毒等工作。

（2）其次是临产前的猪体消毒。妊娠母猪在临产前一周上产床前，要认真进行浸泡、冲洗、消毒的操作。当母猪在产床上出现临产症状时，要再一次对猪体和产床进行细致的消毒操作，以达切断传播途径的目的。

3. 做好待产母猪的保健用药工作

（1）常规的保健用药：

① 缓解母猪上产床的抗应激用药。

② 对乳腺发育不良者进行催乳用药。

③ 对产前便秘和乳房水肿的用药。

（2）对疑似肝胆损伤者的用药。如果待产母猪面部污秽、眼部下方有泪斑，则需服用扶正祛邪保肝肾的特效药。

（3）对疑似圆环、蓝耳病潜伏期的用药。对疑似者可在产前一周注射一疗程干扰素诱导剂，以保护新生仔猪哺乳期的

产前观察与产仔时间判定

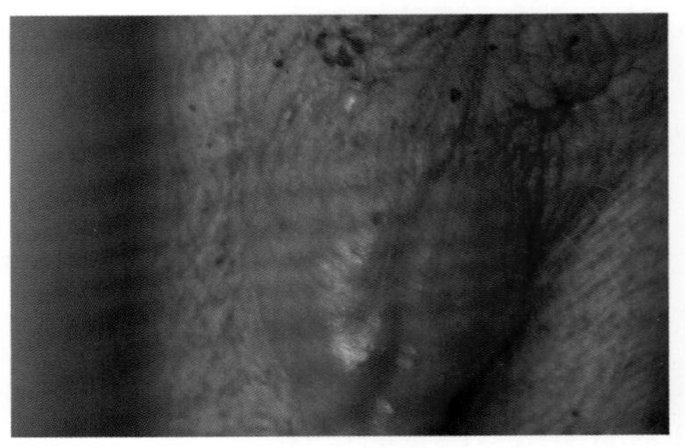

产前3～5天，外阴部红肿下垂

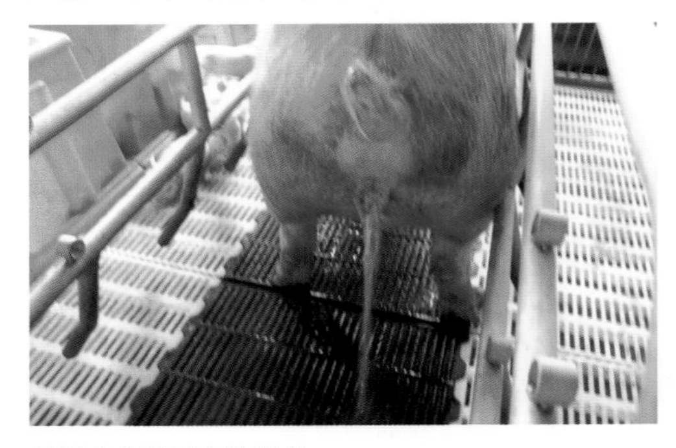

母猪产前排尿次数增多

母猪中部乳房可挤出乳汁为24小时内产仔

母猪后部乳房可挤出乳汁为马上开始产仔

健康。

4. 环境适宜、人畜亲和

（1）产房要安静，不得有吵杂噪音；空气要新鲜，不得有不良气体存在；产房温度要保持在18～21℃，保温箱内要保持在32～34℃，湿度在65%～75%；产房内无贼风或穿堂风等。

（2）产房人员在妊娠母猪上产床后，通过饲喂、擦拭、消毒、按摩乳房等环节，积极地进行人畜亲和的沟通、亲抚和调教工作；避免在产仔时拒绝人员接近等行为的发生。

## （四）事后分析

1. 围产期是养猪生产最关键的环节

母猪产仔是其整个繁殖周期最大的应激过程，顺产时尚有乘虚感染的可能，难产则轻者患子宫炎，重者将失去使用价值。故此，做好产房各项准备工作非常必要，可谓有备无患。

2. 产房生产成绩是猪场综合能力的体现

产房的生产成绩既有赖于产房员工的努力，也有赖于生物安全制度的实施，还有赖于配怀基础工作的支撑。总之，其是猪场综合能力的体现。

3. 对亚病态待产母猪的防治用药

（1）扶正祛邪的用药：对霉菌毒素所致慢性肝胆损伤者，要用“加减补中益气散”治疗用药一疗程。

（2）对疑似非猪瘟特定病的防治用药：可选用猪瘟灭活苗进行自身干扰素诱导，一般须3天2次进行注射治疗；必要时产后15天再进行一个疗程的诱导治疗。

**产前消毒与去除乳塞**

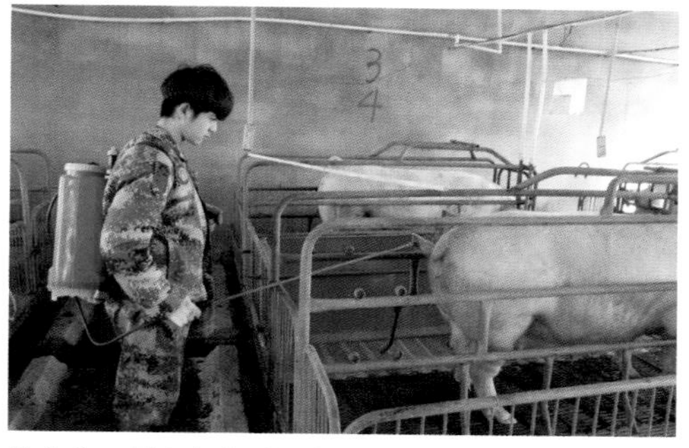

临产前一周上产床时的消毒

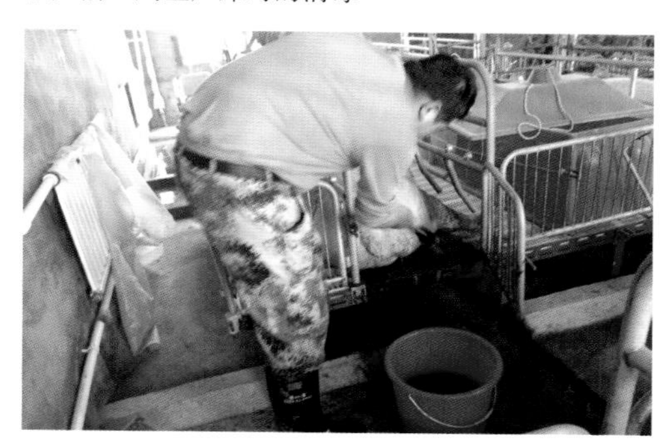

母猪出现羊水时猪体的消毒

母猪出现羊水时产床的消毒

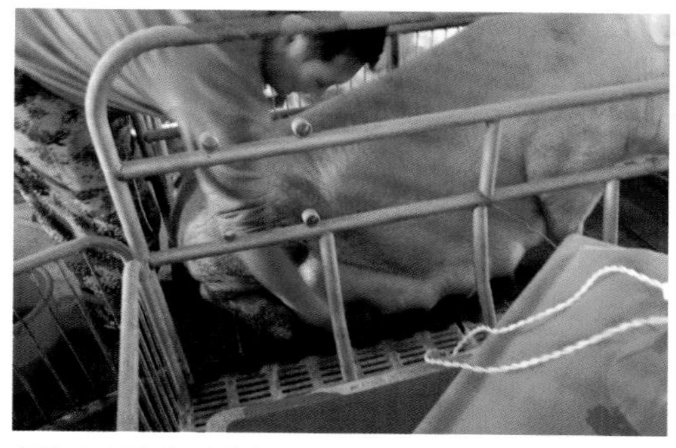

母猪出现羊水时乳塞的去除

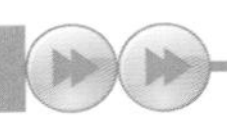

## 二、细化产程达标管理的四步法

### （一）事前准备

（1）做好顺产母猪分娩护理的准备工作。

（2）做好难产母猪分娩助产的准备工作。

### （二）事中操作

1. 母猪产程知识的培训

（1）母猪产仔时的状态。母猪产仔时多数侧卧，表现为：腹部阵痛、全身哆嗦、呼吸紧迫、用力努责，阴门流出羊水、两后腿直伸、尾巴上卷、产出仔猪。

（2）仔猪出生时的状态。胎儿进入产道时，脐带多数从胎盘上拉断，通过脐带供给仔猪氧气停止，只等出生后仔猪用肺呼吸。如果不能及时产出就有憋死的可能 。

（3）仔猪产出时的胎位。胎儿产出时，头部先出来的称头先位，约占产仔总数的60%；臀部先出来的称臀先位，约占产仔总数的40%。这两种均属于正常胎位。

（4）母猪分娩持续时间平均为3小时（1～5小时），超过8～10小时即可定为难产，就要采取人工助产措施了。

（5）仔猪出生间隔。两仔猪出生间隔平均为15分钟（5～30分钟），母猪安静产仔，即为顺产。相反母猪烦躁不安、不断努责，产仔间隔在45分钟以上，即为难产。

2. 母猪顺产的分娩护理

（1）临产前的消毒与检查。临产前要用0.1%高锰酸钾溶液擦洗母猪体表、乳

**产房管理集猪场的综合能力**

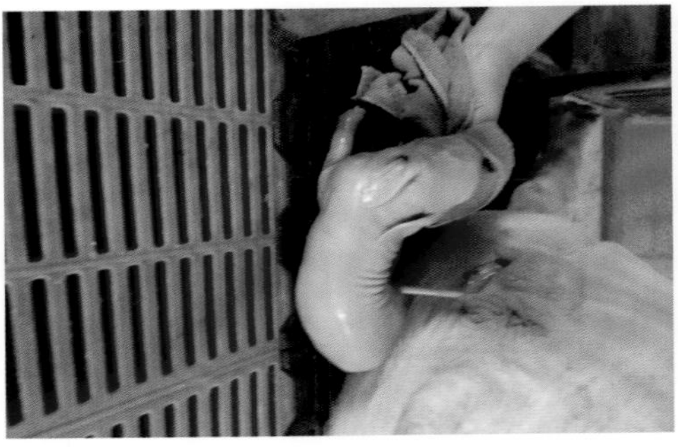

员工产房技术能力的培训

产房适宜的环境条件

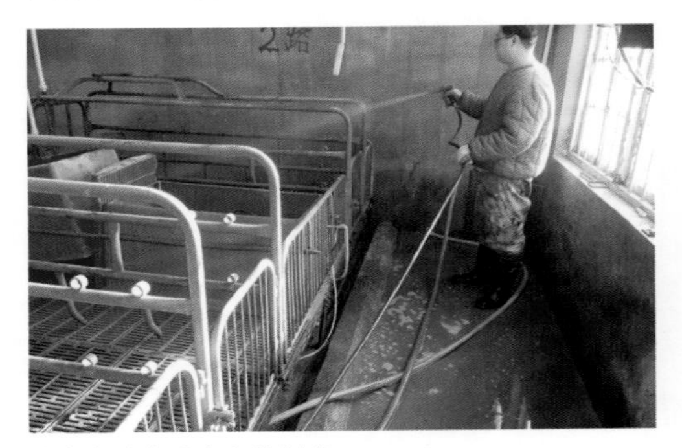

产房实施全进全出的制度

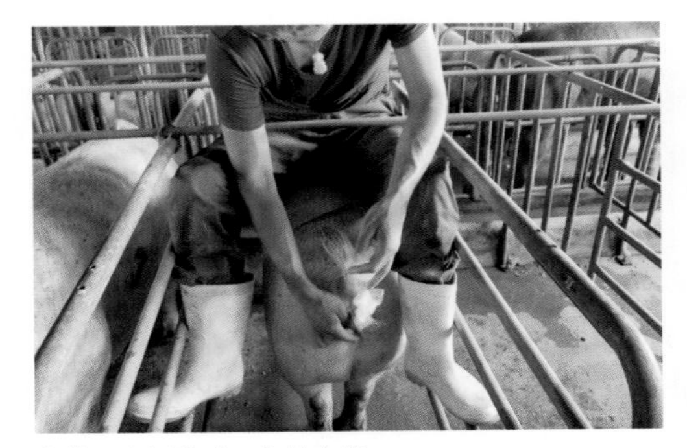

有赖于配怀基础工作的支撑

房、臀部、外阴及母猪躺卧处。同时要做好接产用具的检查工作。还要检查乳塞是否堵住乳头，同时将所有乳头中的头几滴乳挤掉。

（2）仔猪产出后的护理。仔猪生后立即将口、鼻黏液清除干净，然后用干毛巾或接生粉擦拭全身，放入保温箱中保温烘干。当仔猪裹在胎衣中，要尽快撕破胎衣以防止憋死仔猪。

（3）假死猪的急救。仔猪生后有心跳但不呼吸时，可首先擦干口鼻全身黏液；其次是倒提小猪两后腿，并拍打其胸背部，以促使黏液从肺中排出；最后是左手托拿仔猪臀部，右手托拿背部，两手使仔猪呈屈伸运动，频率为每分钟60次，帮助仔猪恢复呼吸。

（4）仔猪产后的断脐。其方法一般是先使仔猪躺卧在保温箱中，一手紧捏脐带末端，另一手自脐带末端向仔猪腹部捋动，每秒一次，不要间断，待脐动脉停止跳动后，距仔猪腹部4～5指处用拇指甲钝性掐断脐带，并在断端处涂上碘酒消毒。

（5）母猪产后的保健。待母猪分娩结束并排出胎衣后，要及时送入宫炎净100～200毫升于子宫中，如加入缩宫素则效果更好。同时还要用鱼腥草注射液配伍头孢类药物进行产后乳房保健。

### （三）要点监控

1. 母猪难产的判断

（1）首先要看其是否烦躁，是否紧张，是否剧烈努责和仔猪出生间隔是否已超过45分钟。

（2）其次要看母猪腹部饱满程度，还要根据其所产仔猪的数量来确定母猪分娩

母猪顺产的护理简介

母猪临产前的消毒

仔猪出生后用爽干粉清除黏液

仔猪出生后的断脐

仔猪出生后在保温箱内烘干全身

是否结束。

2. 正确助产

(1) 助产者要用0.1%高锰酸钾消毒液清洗母猪的阴户和周围部分，去掉有机物和污物。

(2) 助产者手臂要清洗、消毒，并涂以润滑剂。将手捏成锥形，当母猪不努责时手和胳膊才能进入。母猪左侧卧就用左手，反之就用右手。将手用力旋转伸入，慢慢通过阴道进入子宫颈。

(3) 手伸进子宫颈后，要根据胎位抓住仔猪的两个后肢、头或下巴，慢慢把仔猪拉出来，注意不要把胎盘和仔猪一起拉出。

(4) 如果两个仔猪交叉堵住，可将一只推回时，抓住另一只拖出。注意在推回另一只时防止子宫颈口、阴道及子宫的损伤。

(5) 如果胎儿过大，骨盆相对狭窄，用手不易拉出时，可用特制铁钩、助产绳等伸进仔猪口中或套住下巴帮助拉出。

(6) 如果产道检查无仔猪时，可能由于子宫收缩无力，胎儿尚在子宫角中，此时可注射催产素30 ~ 50单位；如果30分钟后尚未见效，可第二次注射催产素。

(7) 如果经二次注射催产素后，仔猪尚未产出，则可驱赶母猪在分娩舍附近活动，可使母猪产道复位以消除分娩障碍，使分娩得以正常进行。

(8) 经助产母猪分娩结束后，要选用青霉素、链霉素各3支，配以100毫升生理盐水，向子宫内局部送药，8小时一次，连用3 ~ 4次。同时饲料中拌入阿莫

**母猪难产的处置准备**

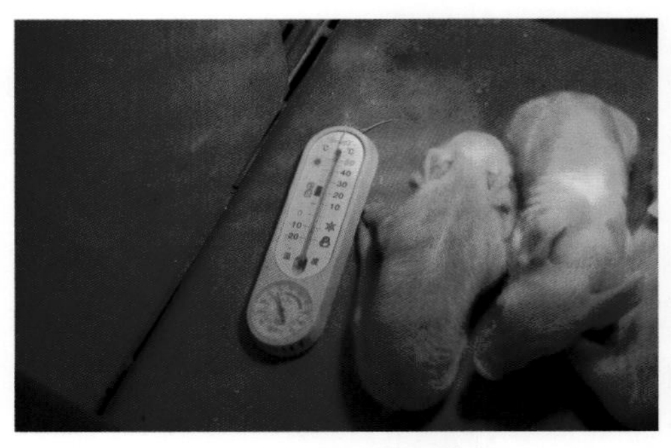

根据仔猪出生间隔时间，判断是否难产

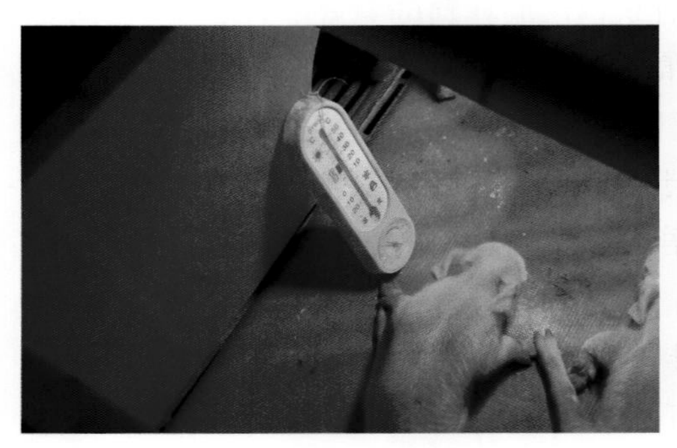

根据产出仔猪数，判断是否难产

助产前先要消毒其外阴等部位

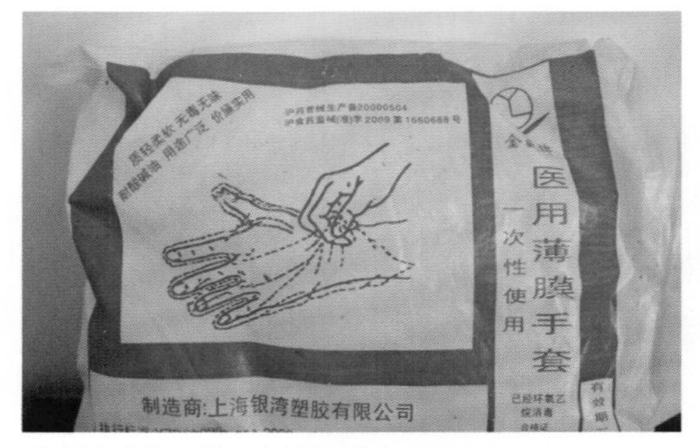


助产的手臂要带一次性长手套

西林、人工盐、酵母片等药物进行保健预防。

3. 合理使用催产素

（1）临床上使用催产素前，要熟知其适应症，不能滥用，更不能超量使用。否则不但不能有效催产，还会造成胎儿窒息死亡和母猪因子宫破裂导致的大出血死亡。

（2）仔猪已产出1～3头，估计产道没有狭窄问题，此时子宫收缩无力，产仔间隔超过45分钟，可以考虑使用催产素。

（3）在人工助产的情况下，胎儿存在于子宫角时，可考虑使用催产素，加强子宫平滑肌收缩，促进胎儿进入产道产出。

（4）一般母猪在产仔后1～3小时即可排出胎衣，若3小时后仍未排出，则为胎衣不下。可注射催产素，2小时后可再注射一次，促进胎衣排出。

### （四）事后分析

1. 要抓好多面手培训工作

任何一个猪场都要重视多面手培训工作，使其会发电、能维修、能接生、会助产、能配种、能防疫、能消毒等。有了这样3～4名骨干力量，猪场工作才能顺利进行。

2. 要从增强母猪体质上下功夫

因许多猪场采用母猪全程限位栏饲养的模式，故对母猪体质造成严重伤害，蹄腿病、产科病越来越多。对此，在配后36～107天改为大栏散养、半限饲、半漏缝地板、实体地热供暖及机械清粪等工艺非常必要。

母猪难产的处置简介

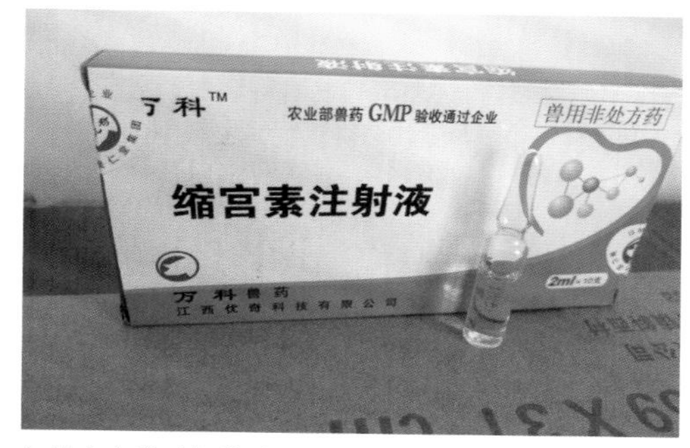

如检查产道无仔猪时，可考虑肌注催产素

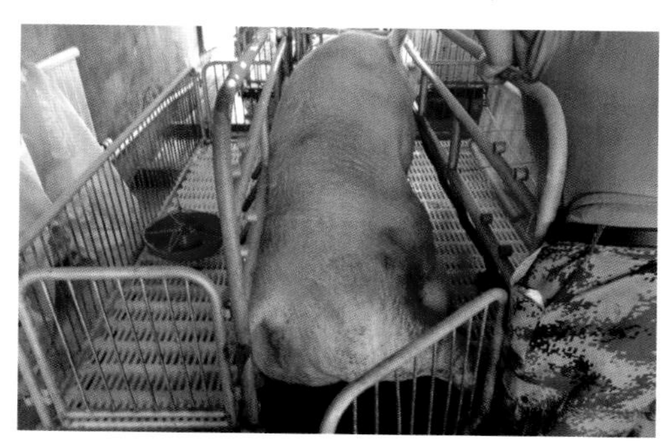
也可驱赶母猪下产床进行子宫复位

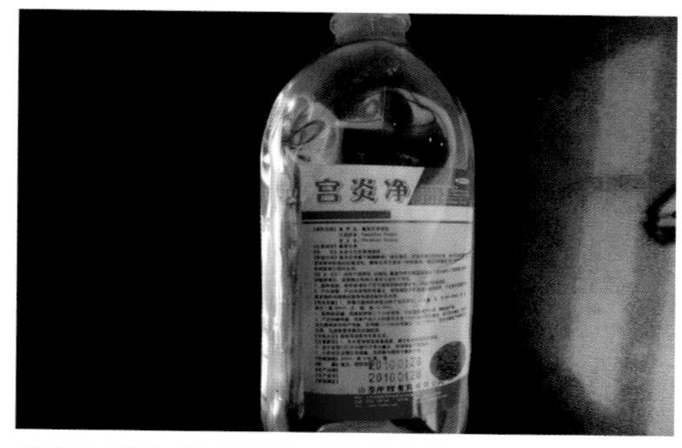

助产的母猪子宫必须及时局部用药

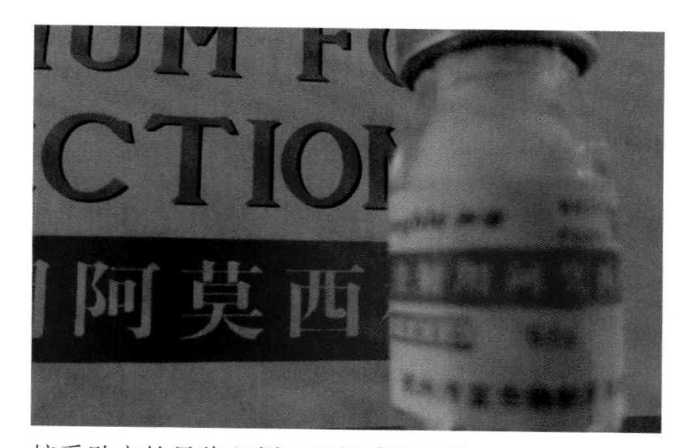
接受助产的母猪必须口服抗感染药物

## 三、细化泌乳力达标管理的四步法

### （一）事前准备

（1）理清产前影响泌乳力因素的准备。

① 消除管理性因素的准备。

② 消除物理性因素的准备。

③ 消除化学性因素的准备。

④ 消除营养性因素的准备。

⑤ 消除生物性因素的准备。

（2）理清产程影响泌乳力因素的准备。

① 加强产房管理的准备。

② 提高产房人员的助产能力。

③ 慎用同期分娩类药物。

（3）理清产后影响泌乳力因素的准备。

① 及时处理初产母猪产后恐惧症的准备。

② 母猪泌乳时严禁惊吓的准备。

③ 初产母猪尽量多奶过哺仔猪的准备。

④ 提高哺乳母猪健康水平的准备。

⑤ 供给哺乳母猪充足适温饮水的准备。

⑥ 防治哺乳期疾患的准备。

### （二）事中操作

1. 消除产前影响母猪泌乳力的因素。

（1）消除管理性因素。

① 对配后36～107天的妊娠母猪，采用半限饲、地暖供热、半漏缝板的大栏散养模式。由此克服全程限位栏饲养模式所致母猪体质下降、产程延长和泌乳力降低的弊端。

② 要根据免疫程序及周边地区的疫情，合理、适度地进行产前的免疫接种工

要做好产房多面手人员的培训工作

会接生

会免疫

会发电

会管理

作，以减少母猪因重复免疫接种应激而导致的无乳或少乳症的发生。

③ 要按照生产计划，合理安排产房的准备工作，以避免临产母猪上产床时间太迟而导致的应激反应和由此带来的泌乳力下降。

（2）消除物理性因素。

① 在冬季要采用无压锅炉或热风炉供暖的方式，保证妊娠舍13～18℃的适宜温度，避免冷应激所致母猪抵抗力下降和母猪过瘦所致泌乳力下降。

② 在夏季要采用喷雾降温等措施，保持妊娠舍的适宜温度，以防止夏季高温所致弱胎及泌乳力下降的现象出现。

③ 对不可避免的已知噪音，可利用猪对重复性噪音有适应性的特点，用锤子先制造低、中、高的噪音，以减轻突然高分贝噪音导致母猪惊吓炸群的应激损伤和泌乳力下降。

（3）消除化学性因素。

① 在空舍期间要认真修补水泥地面，以减少地面粗糙不平对母猪乳头造成的损伤。同时还利于及时消除粪污，防止其污染乳头和阴道而继发乳房炎或阴道炎。

② 要采用半漏缝地板机械清粪的粪尿分离技术和粪沟换气通风技术，尽量减少不良气体对妊娠母猪呼吸系统造成的损失和泌乳能力的下降。

③ 因霉变饲料中含有玉米赤霉烯酮和麦角等毒素，母猪中毒后可抑制乳腺的发育而引起无乳、死胎及弱仔等；故此，妊娠母猪严禁饲喂霉变饲料。

（4）消除营养性因素。

① 要根据母猪胎龄及体况，分别在

**消除产前影响泌乳力的因素（1）**

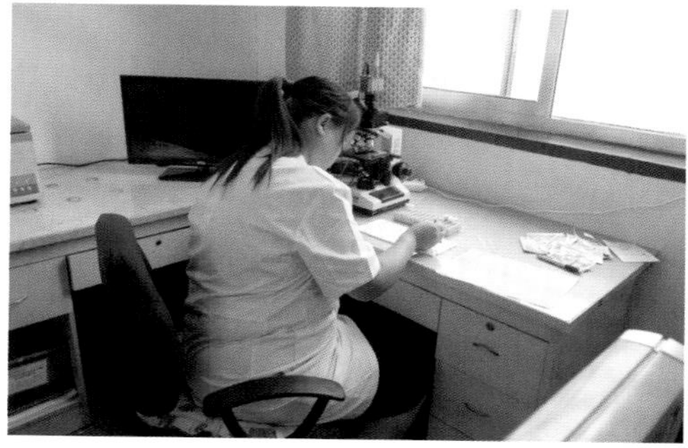

根据抗体检测，进行有效的免疫接种

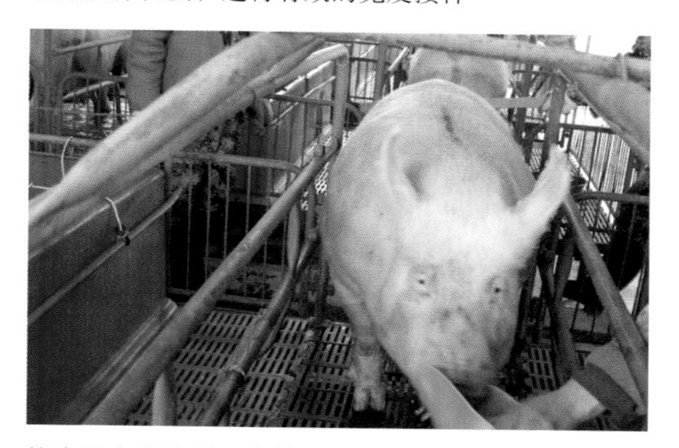

按全进全出流程，产前一周上产床

按母猪生理要求，做好防寒工作

按母猪生理要求，做好防暑工作

配后的1～3天、4～30天、31～74天、75～90天、91～107天、108～114天等各阶段对母猪进行不同饲喂量的限饲。其原则为看膘给量，即配种时为七成膘体况（$P_2$ ＝ 20毫米），上产床时为八成至八成半膘体况（$P_2$ ＝ 24毫米），以防止因母猪过肥而导致繁殖力和泌乳力的下降。

② 有多种原因可导致妊娠母猪过瘦，其必然会因营养储备不足而导致产后泌乳不足或停止。故此，要针对不同致瘦病因采用有效的处理手段。而对营养缺乏导致的母猪过瘦，须采用质地优良、营养全价的配合饲料，给予优饲，使其迅速恢复到七至八成膘（$P_2$ ＝ 20～24毫米）的繁殖体况，以应对产后泌乳期对母猪体况储备的要求。

③ 一般产房鸭嘴式饮水器的出水量为2 升/分，当饮水器出水量为0.5 升/分时，即可出现哺乳母猪因饮水不足而导致泌乳下降的问题。特别是冬季产床温度在5～10℃时，寒冷的饮水加重哺乳母猪饮水不足，其必然会导致乳汁分泌减少、便秘及停乳的现象出现。

（5）消除生物性因素。

① 对病毒性因子的消除，可在配后60～90天，根据免疫程序和场内疫病的抗体检测情况，对稳胎期的妊娠母猪进行免疫接种，以期在围产期具有抗特定病毒病的坚强抗体。

为了有效提高特异性免疫力，在免疫接种前一周，选用中药补中益气散来提高一般免疫力和解除免疫抑制是非常必要的。

② 对于体内外寄生虫、附红细胞体、弓形虫及各种细菌等病原微生物，可

消除产前影响泌乳力的因素（2）

每天猪舍都要二次清粪

要严防饲料霉败

母猪上产床时要有8成膘体况

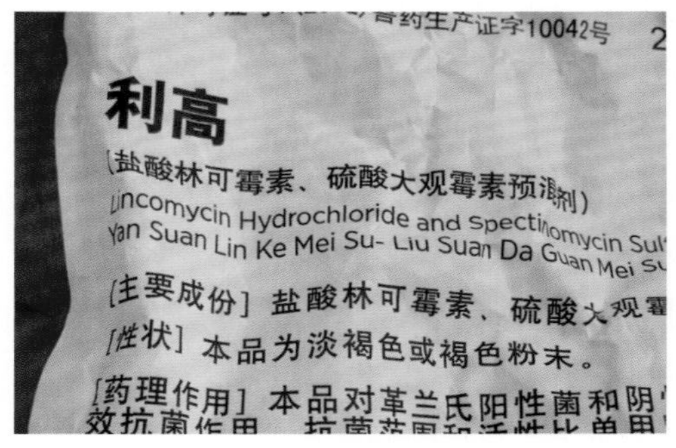


母猪产前要进行保健用药

在母猪免疫的间隔期或配后80～90天时，采用孕畜可用的伊维菌素及土霉素、磺胺、TMP复方制剂，连续用药一疗程，以期在重胎期到来前解决细菌、亚细菌、寄生虫等病原体的隐性感染问题。

③ 在临产前一周，根据猪场链球菌病、附红细胞体病等存在的情况，有针对性地选用阿莫西林粉剂、土霉素片、补中益气散等药物进行对因拌服用药一疗程，以防止无乳性链球菌、附红细胞体等病原微生物在母猪产后衰弱时的乘机感染。

（6）消除母猪自身因素。

① 在后备母猪选种时，没有及时把乳房发育不良个体进行淘汰；在断奶时，没有及时把患乳房炎的经产母猪个体淘汰。上述原因均可影响母猪哺乳期的泌乳能力。

② 后备母猪过早配种，其所产仔猪为6～7头。加之第二胎冬天产仔仅成活8头左右，这样就仅有8个乳头的乳腺组织在正常发育，其余尚未被吸吮的乳头就成了低产乳头，从而影响该母猪的终身泌乳能力。

③ 经产母猪年老体衰，胎次越高则泌乳力越差。对此，可在新生仔猪吃饱一天初乳后，及时过继给同时产仔的头胎、二胎母猪窝中。这样既增加青年母猪乳头的开发利用效率，又可及时淘汰无效年老母猪，提高了母猪群体的繁殖能力。

2. 消除产程影响母猪泌乳力的因素

（1）加强产房管理。严禁吵闹嘈杂。产仔时，多数母猪精神紧张、敏感，如产房内人来人往、吵闹嘈杂，则会加重其紧张状态，从而导致产程延长，进而继发无

消除产前影响泌乳力的因素（3）

要做好病毒病的免疫接种

要定期使用孕畜可用的驱杀体内外寄生虫药物

要定期使用孕畜可用的广谱抗感染药物

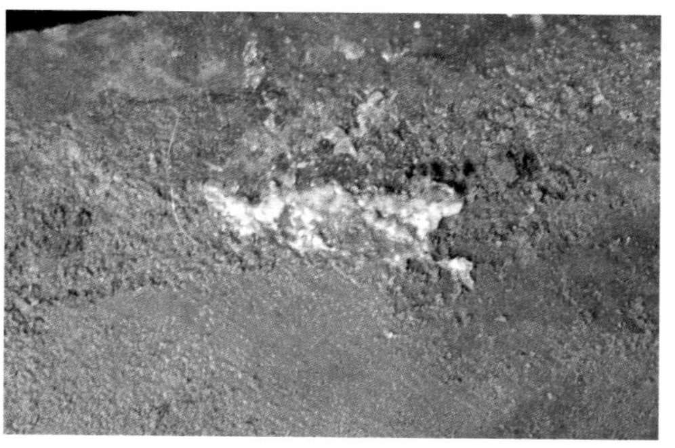

在空怀期就应将患子宫炎的无效母猪淘汰

乳症状。故此，要加强产房管理，严禁非产房人员进入并喧哗吵闹。

（2）提高产房员工的助产能力。要积极开展人工助产的技术培训工作，严禁粗暴助产、生拉硬拽，要合理使用催产素，尽量减少助产造成母猪身体或精神上的伤害，特别是避免导致泌乳能力的下降。

（3）慎用同期分娩类药物。为了便于产房管理，有时对间隔 1 ~ 3 天临产的母猪实行同期分娩的前列烯醇药物处理。但其缺点是母猪经二次注射后就可产生不同程度的药物依赖，一旦临产时失去药物处理，则会出现迟产、不产、弱仔增多和泌乳力下降等弊端。

3. 消除产后影响母猪泌乳力的因素

（1）及时处理。母猪的产后恐惧症。有些初产母猪产后焦躁不安，拒绝仔猪吸吮乳汁，甚至伤害仔猪。对此，可注射畜用镇静剂或灌服白酒，待母猪安静后，一边抚摸乳房，一边放上仔猪吸吮乳房。只要仔猪吸吮乳汁后，即可消除初产母猪恐惧症状。

（2）母猪泌乳时严禁惊吓。母猪在泌乳时受到惊吓刺激，可使其泌乳功能受到抑制，导致其发生心理性无乳症。故此，在饲养管理过程中要善待母猪，尤其是在母猪泌乳时，不准给母猪注射药物，也不准在此时进行仔猪断尾、免疫、去势等操作。

（3）初产母猪尽量多奶过继仔猪。母猪乳腺组织是在 2 岁左右发育起来的，仔猪出生后只习惯吸吮一个固定乳头；故此，在青年母猪 1 ~ 2 产时，尽量多奶过继

**消除产中影响泌乳力的因素**

产房要舒适安静

要做好接产的各种准备

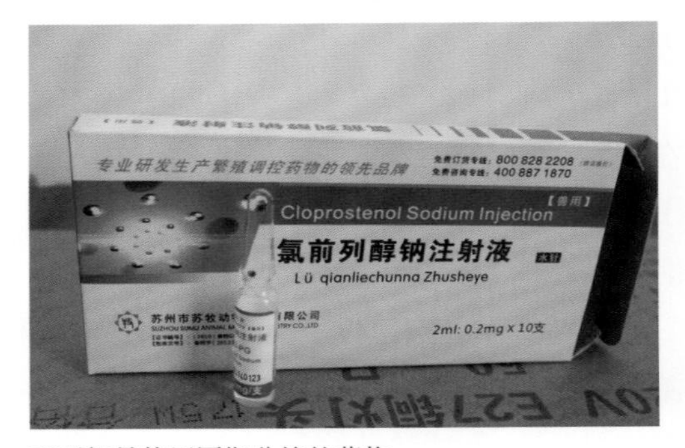


不要轻易使用同期分娩的药物

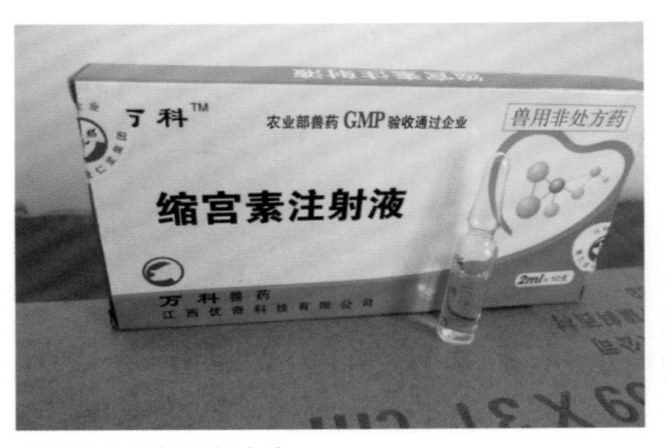


要视情合理使用催产素

仔猪，以促进母猪乳房组织的充分发育，以此提高母猪的终身泌乳能力。

（4）提高母猪的健康水平。母猪的放乳必须经过仔猪的拱乳刺激后，母猪脑垂体后叶才会分泌催乳素，然后才会放乳。故此，要提高母猪的健康水平，确保其新生仔猪多生都壮且吸吮能力强，从而提高母猪的泌乳量。

（5）供给母猪充足适温饮水。母猪在泌乳高峰期可采食6～7.5千克左右的日粮和20升左右饮水。但当冬季舍温为5～10℃时，其仅能饮少量的凉水，而采食的日粮则多为分解代谢取暖用。故此，冬季舍温低，必然带来泌乳力的下降和母猪体况的下降。

（6）积极防治母猪哺乳期疾患。母猪产后衰弱，不但许多隐性潜伏的病原体可乘机感染，而且外界的一些病原体也可通过乳头和阴道上行感染。故此，在产后1～4天要给予保健用药处理，特别是子宫炎、乳房炎的预防用药更为必要。

## （三）要点监控

1. 密切关注母猪哺乳期的失重

（1）母猪在哺乳期失重是正常现象，一般失重越多其泌乳量越高，仔猪发育也越好。而母猪哺乳期失重少往往泌乳力低，仔猪也多发育不良。

（2）对于泌乳力高的母猪，一方面应千方百计地增加全价配合料的采食量，以保证其七至八成膘的繁殖体况。另一方面是在母猪膘情为七成膘时（$P_2$ = 20毫米），就要考虑提前断乳的相应处理措施，以保障其繁殖性能不受损伤。

消除产后影响泌乳力的因素(1)

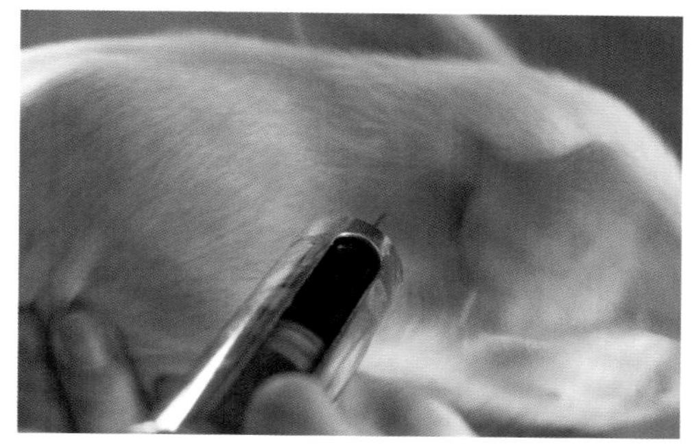

母猪泌乳时，严禁仔猪肌注药物

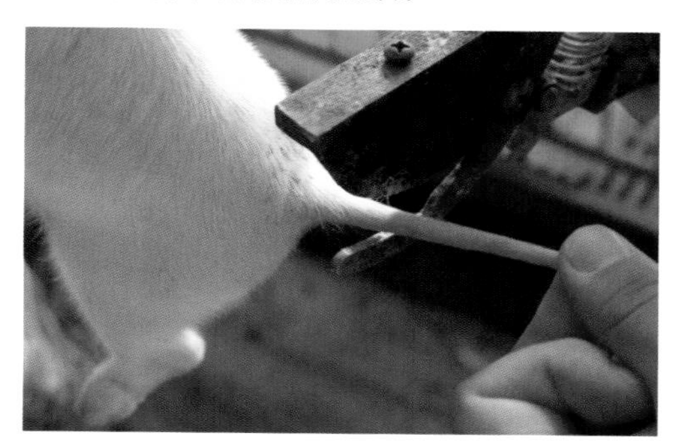

母猪泌乳时，严禁给仔猪断尾

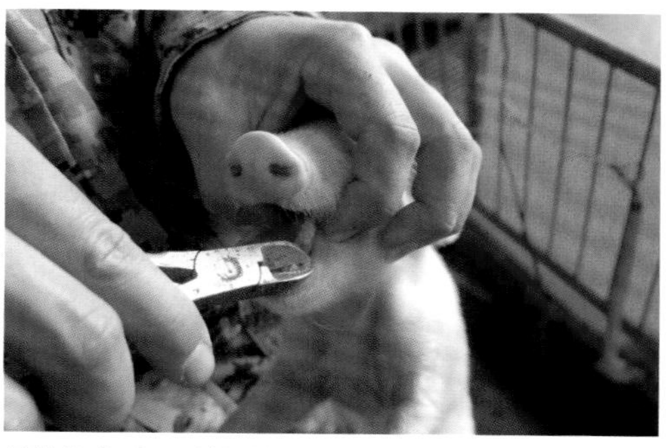

母猪泌乳时，严禁给仔猪剪牙

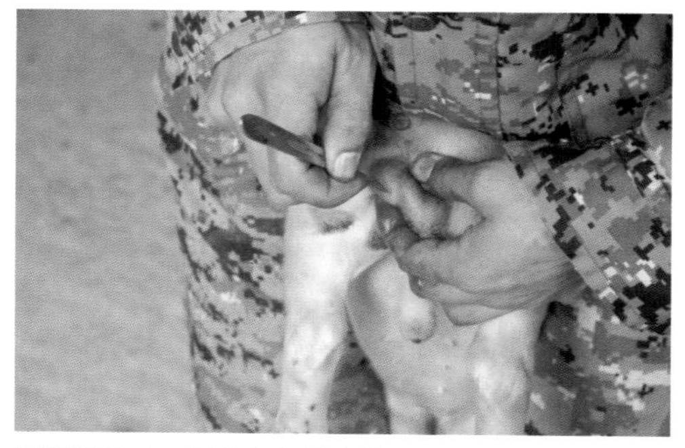

母猪泌乳时，严禁给仔猪去势

2. 哺乳母猪的科学饲养

（1）哺乳母猪的饲料调制。哺乳母猪的日粮要按其饲养标准进行调制，要选择多种优质原料，保证足够的营养水平。同时还要注意全价料的体积不能太大，适口性要好，这样才能增加采食量，保证七成膘体况的维持和泌乳能力的需求。

（2）哺乳母猪的日喂量。母猪分娩后体力消耗大，消化机能衰弱。故此，产后1～2天少量饲喂，产后3～4天逐渐增加；产后5～7天以后改为湿拌料，尽量增加每日采食量，日饮水量为15～20升。同时，新生仔猪在生后12天开始诱食，达到生后16天正式采食，以确保哺乳母猪在产后21天断奶。

3. 哺乳母猪的科学管理

（1）保持良好的环境条件。

① 要消除管理上的应激因素。这里的重点是抓好产房人员的技术培训和承包工作，达到懂技术、想干好的状态。

② 要消除物理上的应激因素。这里的重点是抓好冬季防寒保温和夏季防暑降温的硬件基础建设工作。

③ 要消除化学上的应激因素。这里的重点是要有效解决及时清粪、通风换气和防霉菌毒素慢性中毒等问题。

④ 要消除营养上的应激因素。这里的重点是根据母猪不同阶段的营养标准，给予合理均衡的营养供应。

⑤ 要消除生物上的应激因素。这里的重点是接产全过程的消毒处理和产后防上行感染的及时用药。

（2）要保护好母猪的乳房和乳头。

① 要及时消除乳房水肿状态，要及

消除产后影响泌乳力的因素（2）

要供给泌乳母猪充足的饮水

尽量让1～2产母猪多寄养仔猪

严防哺乳母猪患乳房炎

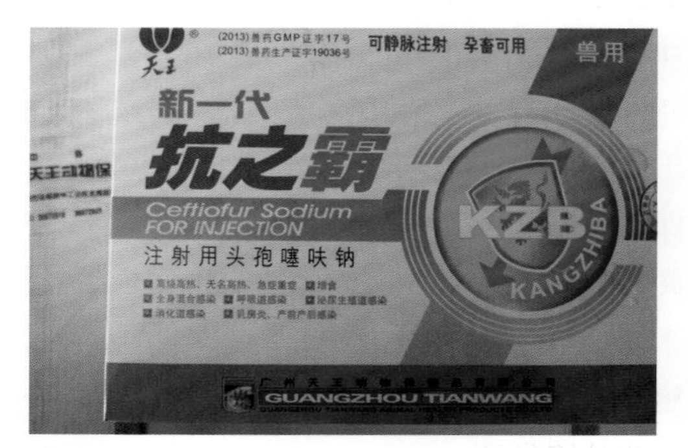


严防哺乳期患各种疾患

时采取热敷和喂服呋噻米药物，防止因水肿而影响泌乳量。

② 要及时消除肝经瘀滞而导致的乳房炎，产后即应注射疏通肝经的鱼腥草注射液，防止乳房炎的发生。

③ 要及时消除产后感染的各种因素，并及时给予阿莫西林或头孢类等抗产后感染的广谱抗菌药物进行预防。

④ 为防止仔猪咬伤母猪的乳头，可在生后即对仔猪进行正确的剪牙操作；有些专家对此提出异议，正确结论待议。

(3) 要做好哺乳期的保健用药工作。

① 要做好免疫保健工作。经产母猪产后的跟胎免疫已成为过去，全群普免在哺乳期的相关要求详见免疫章节。

② 要做好产后保健工作。其主要为产后抗感染的内容，鱼腥草、头孢、宫炎净等药物的合理使用为主要内容。

③ 要做好驱虫保健工作。其主要为驱血虫、驱弓形虫、驱体内外寄生虫的合理用药等内容。

### (四) 事后分析

1. 细化泌乳力达标的意义

哺乳母猪的乳汁是新生仔猪7日内的唯一食物，是21日内的主要食物。新生仔猪的断奶成活率和生长速度主要取决于哺乳母猪泌乳量和奶的质量。故此，细化哺乳母猪泌乳力的达标管理至关重要。

2. 做好各阶段的分解落实工作

(1) 做好产前、产中、产后各阶段的科学饲养和科学管理的分解落实工作。

(2) 将第六产以上的仔猪尽量过哺到初、二产母猪的窝中，以促进初、二产母猪的乳腺发育。

**保持优秀泌乳力和繁殖体况的要点**

要关注哺乳母猪的体况

在泌乳高峰期要让母猪尽量多吃料

12日龄后对仔猪进行开口诱食

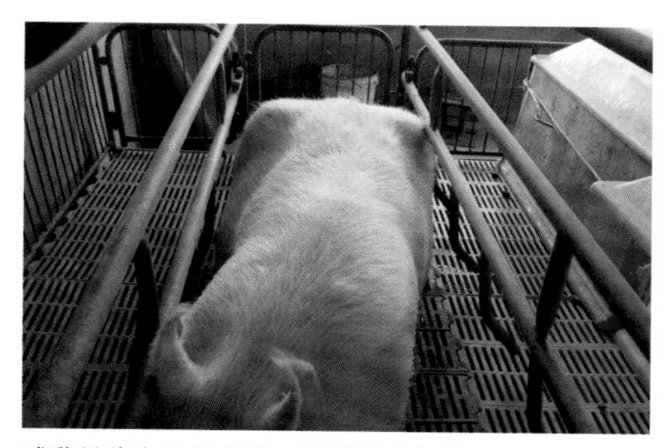

哺乳母猪失重过多时，可提前下产床

# 第四章 猪人工授精的七步操作法

**内容提要**

(1) 查情。
(2) 采精。
(3) 精液品质检查。
(4) 精液的稀释与分装。
(5) 精液的贮存与运输。
(6) 输精。
(7) 妊娠诊断。

## 第一节 查情

### 一、知识链接“查情前应掌握的基础知识”

(1) 母猪进入性成熟后就会定期发情，一般间隔21天左右发情一次，发情时分为发情前期、发情期和发情后期。

(2) 外三元后备母猪的初情期为190±10日龄，初配日龄为第三个发情期，一般为230日龄左右，体重为130千克左右。

### 二、查情的四步法

#### (一) 事前准备

(1) 查情时间、地点的准备。
(2) 查情种公猪的准备。
(3) 查情组合的准备。
(4) 查情判断方法的准备。

人工授精的部分环节

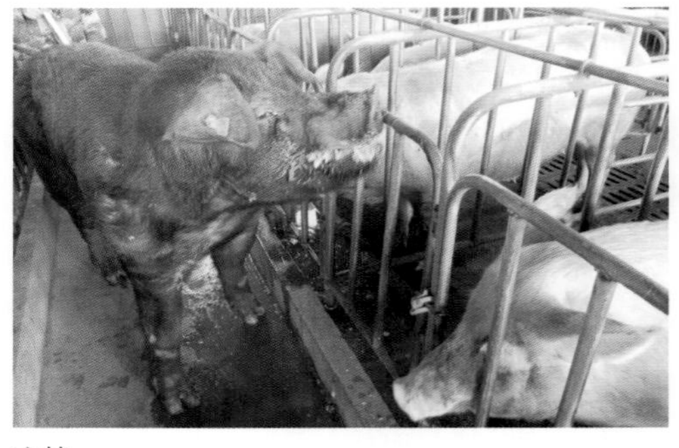

查情

采精

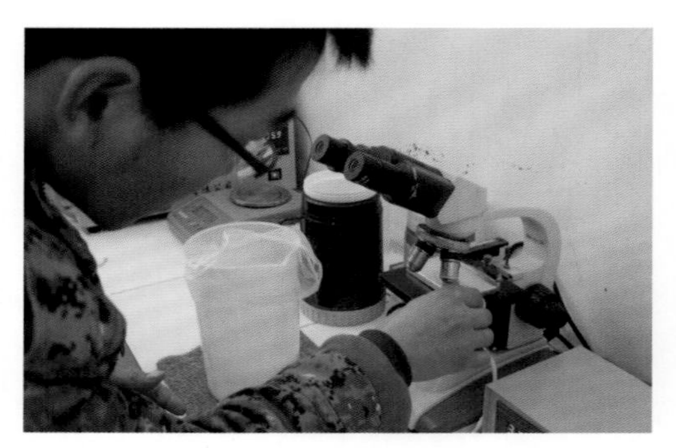

精液品质检查

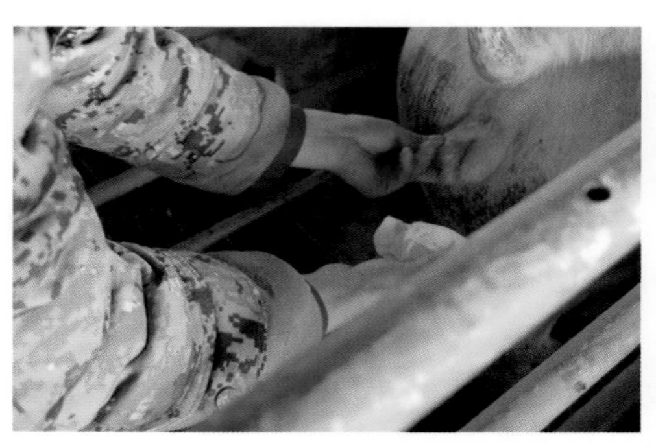

输精

（二）事中操作

1. 查情时间、地点的实施

一般每天在上午 7:30～9:30 和下午 4:00～5:30，在空怀、妊娠母猪舍及后备母猪舍进行二次查情。

2. 查情种公猪的实施

一般选用动作缓慢、泡沫丰富、猪语言表达能力强的老龄公猪作为试情公猪，以不同毛色和品种兼而有之为宜。

3. 查情组合的实施

一般三人为一个最佳查情组合，其中一人赶一头查情公猪在空怀、妊娠、后备母猪饲喂通道内慢慢通过，另外二人分别在限位栏的另一侧或栏圈内对主动接近种公猪的母猪进行背压查情。

4. 查情判断方法的实施

（1）当限位栏内的发情母猪闻到公猪气味和听到公猪声音后，就会主动接近通道栏杆处，愿意与公猪接触。如在大栏散养，可接受公猪的爬跨。

（2）此时一要及时翻开母猪的外阴部，观察阴道与黏液的性质；二要按压发情母猪的背部，观察其是否出现静立反应；三要按摩外阴、乳房等敏感部门，观察其是否出现臀部靠人和两耳内翻等反应。

（3）一般来讲，当母猪对按压背部及按摩敏感区，出现静立反射或两耳内翻等反应时，即可根据断奶后到达静立反射的时间来计算准确的输精配种时间。而后备母猪、断奶7天以上发情者和返情母猪再现上述反应后，则立即要安排配种。

（三）要点监控

技术人员在指导查情的过程中，可遵照“一问、二看、三压、四摸”的原则进

查情的四步操作

用泡沫丰富的试情公猪进行查情

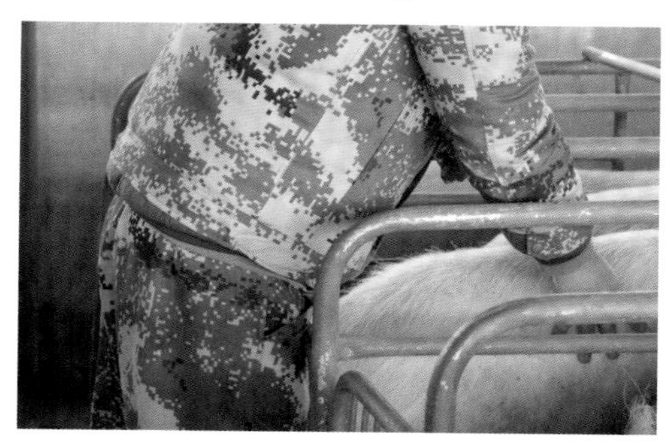

公猪查情时配合人工压背

密切注意母猪对诱情公猪的表现

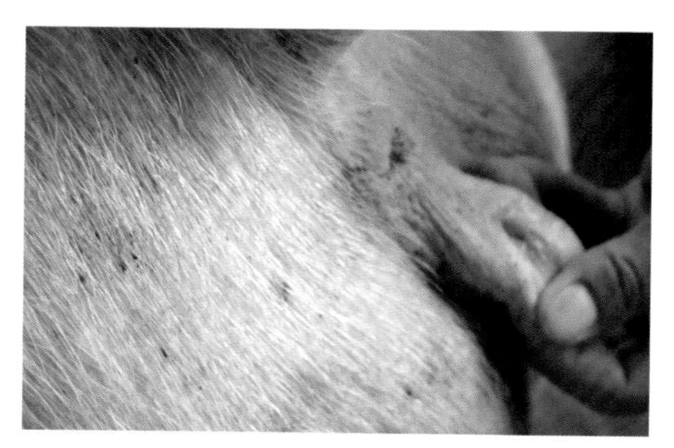

按摩母猪敏感部位时，观察其表现

行发情鉴定指导。

1. 问

因母猪在发情前期，一般外阴部肿胀最明显，特别是后备母猪多为肿胀如桃，而母猪在发情期时，外阴部肿胀处于消肿期。故此，要问饲养人员发情母猪的外阴部肿胀是否比昨天消退一些，由此来判定母猪是否进入发情期。

2. 看

因母猪在发情前期时，阴道黏膜为潮红色，黏液多而稀；而母猪在发情期时，阴道黏膜为粉白色，黏液少而稠，外阴唇口有消肿后留下的波浪形皱褶并沾有污渍。故此，要认真观察上述变化，以判定母猪是否进入发情期。

3. 压

通过上述问、看环节初步判定处于发情期母猪的同时，还要对背部进行按压；当此时出现静立反应者，即可判断该母猪进入发情期，并可据此对不同猪只计算确切输精配种时间。

4. 摸

当发情母猪出现静立反应后，用手抚摸其外阴、乳房及腹侧等敏感处，即可出现臀部靠人、后肢紧绷、两耳内翻等反应，由此进一步确定其已到配种火候，可根据母猪距离断奶的不同时间安排输精时间。

（四）事后分析

空怀经产母猪与适龄后备母猪的每日二次查情，是准确把握配种火候、适时采精与母猪输精等工作脉搏的关键措施，是猪场配怀工作走向成功的第一步，也是猪场日常工作的重要组成部分。故此，要求首战必捷。

查情的四个要点

一问

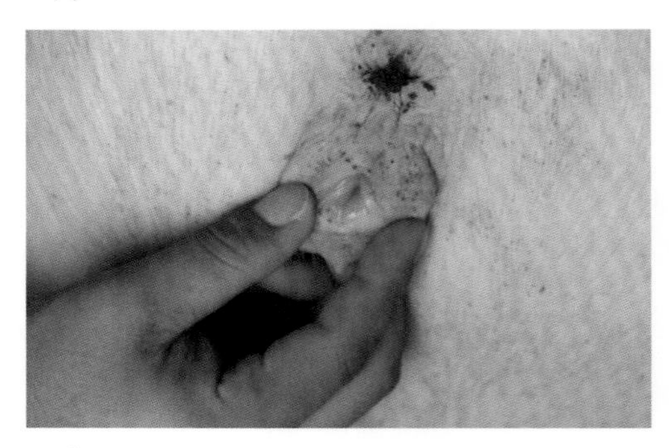

二看

三压

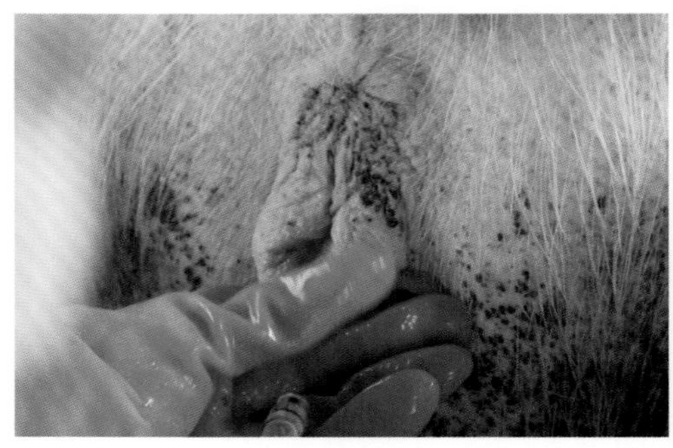

四摸

## 第二节　采精

### 一、知识链接“采精的基础知识”

1. 猪人工采精的方法

猪的人工采精法，有人工产道法、电刺激法、附睾精子回收法和手握法等。

2. 手握法采精技术简介

（1）其是一种刺激公猪性欲，使公猪爬上采精台之后，在阴茎伸出的瞬间用手握住并施加压力而达到射精目的的方法。

（2）此法所需设施简单，故而得到广泛应用。其缺点是在公猪的阴茎伸出后和抽动时，易碰到假母台上造成龟头损伤、擦伤阴茎黏膜和精液易污染。

### 二、采精的四步法

#### （一）事前准备

（1）采精室的准备。

（2）采精器材的准备。

（3）公猪调教的准备。

（4）手握法采精技术的准备。

#### （二）事中操作

1. 采精室准备的操作

（1）采精室一般建在紧靠精液检测室旁边，要保持环境安适。

（2）采精室的公猪过道为1米宽。

（3）假母台的位置要设在采精室的中间，其两边各为1.6米，前后为4～5米，一般要设两个独立的假母台间。

（4）假母台的尺寸，长为80～100厘米，宽为26～30厘米，高度可调节为前

采精室的布局

采精室紧靠精液检查室

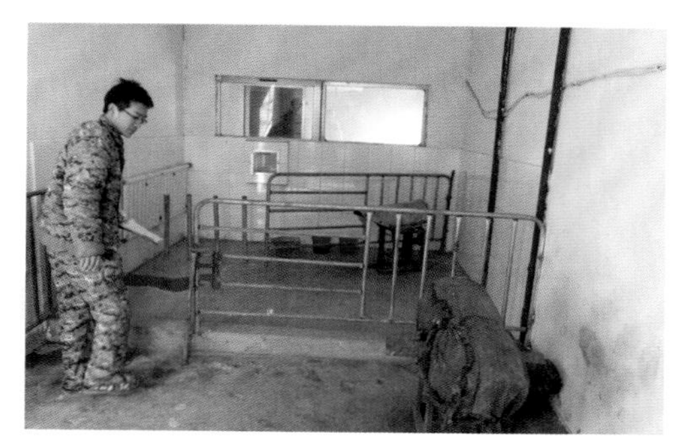

台猪要设在采精室的适当位置

台猪两侧要设有安全护栏

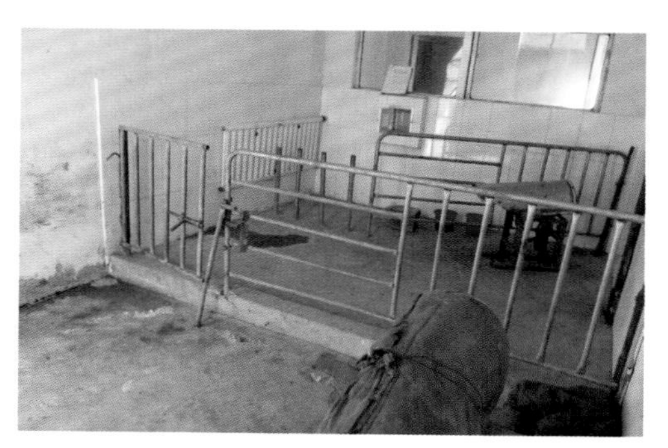

采精室要清洁卫生，避免阳光直射

高后低的60～70厘米。假母台要固定在地上，能承受500千克的压力。

（5）假母台的两旁有脚踏，便于公猪射精的顺利进行。靠假母台的后方有橡胶防滑垫，供公猪射精时两后肢脚踏用。

（6）距假母台两侧各1.6米处建隔栏，其栏高1米，直径8厘米，隔栏间距为30厘米，隔栏宽40厘米，以确保公猪攻击采精人员时，作为安全躲避场所。

（7）采精室与检测室相连的墙壁上设置递精窗口，作为采精后将精液迅速送入精液检测室的便捷安全通道。

（8）采精室应避免阳光直射，以便公猪集中精力；室内要卫生清洁，要保持恒温20℃左右。

2. 采精器材与采精准备的操作

（1）采精杯洗净灭菌后，要在杯内放入一个一次性专用集精袋，袋口翻向杯外，上盖过滤纸，用橡皮筋固定。然后用一张纸巾将过滤纸下压3～4厘米即可，以防公猪射精时精液外溢。

（2）采精前，要将上述准备好的采精杯打开盖放入38℃的恒温箱内预热，其杯体要用保温外壳包裹，以免精液受到外界温度变化的影响。

（3）要采精时，从保温箱中拿出盖好盖的采精杯，通过递精窗口把采精杯递出去，关上窗口。

（4）采精人员用赶猪板将公猪驱赶至采精室中，然后从递精窗口将采精杯取出放在适量的位置。

（5）采精人员先将采精用的手戴上橡胶手套，然后双手均戴上一次性聚乙烯手套，随后用剪刀定期剪去包皮附近的阴

**采精杯的准备**

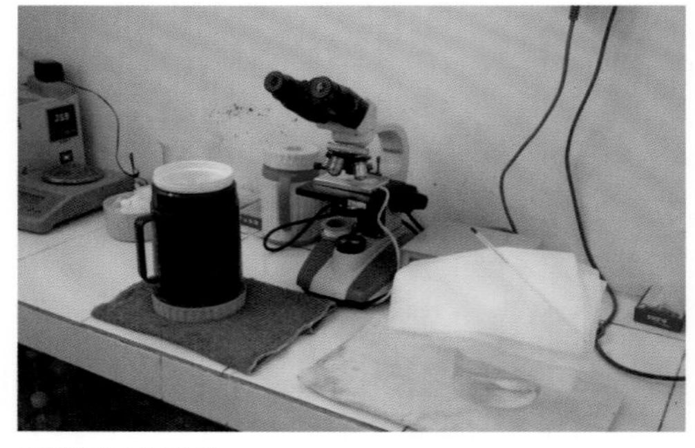

采精杯口的准备

采精杯预温的准备

采精杯放入递精窗口

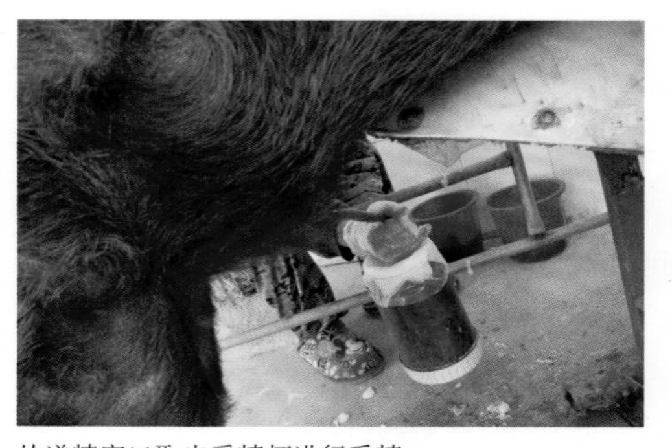

从递精窗口取出采精杯进行采精

毛，防止采精时污染精液及操作不便。

（6）待种公猪爬上假母台后，采精人员在挤出包皮内尿液后，要及时用消毒液擦洗包皮及腹部，并用毛巾擦干。

3. 公猪调教的操作

（1）公猪性成熟后即可调教，外三元后备公猪一般8～9月龄开始调教训练。

（2）训练后备公猪爬跨采精前，可先将其驱赶至采精栏，让其旁观成年公猪采精，激发其性冲动。经旁观2～3分钟成年公猪采精后，再调教其试爬假母台。

（3）调教或采精均要注意安全，采精人员要从后面接近公猪，一旦其出现攻击行为，采精人员要立即到安全区域躲避；此时不得打骂公猪，每次调教时间以15分钟为宜。

（4）调教用的假母台高度要适宜，以60厘米左右为宜。调教公猪前，先将其他公猪精液或发情母猪的尿液涂抹在假母台上，然后把待调教的公猪驱赶到调教栏，当其闻到气味后，会表现啃拱假母台，此时若能模仿发情母猪哼叫声，则更能刺激其性欲，一旦有较高的性欲，就会产生爬跨假母台的动作了。

（5）待调教公猪爬跨上假母台，并伸出阴茎后，采精人员用手握住螺旋阴茎龟头，有节奏刺激加压，则即可采下精液。如果有爬跨的欲望而没有爬跨，则最好第二天再接着调教，一般一周左右即可调教成功。

4. 手握法采精的操作

（1）采精人员将公猪赶至采精室，先让其啃拱假母台，然后用清水及0.1%高锰酸钾溶液，擦洗包皮及腹部；待其爬跨

**采精前的其他准备**

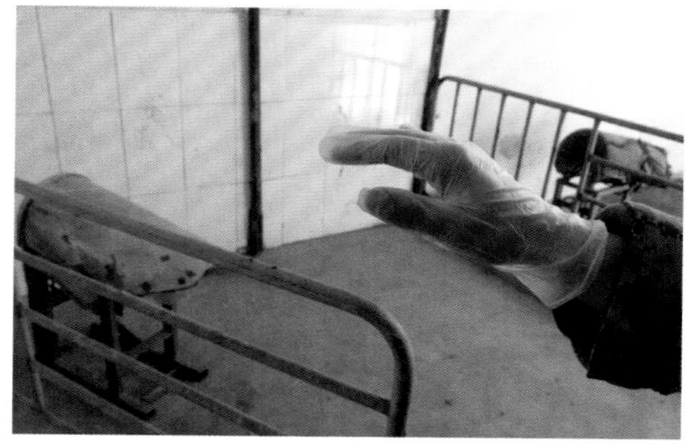

采精手先戴上乳胶手套

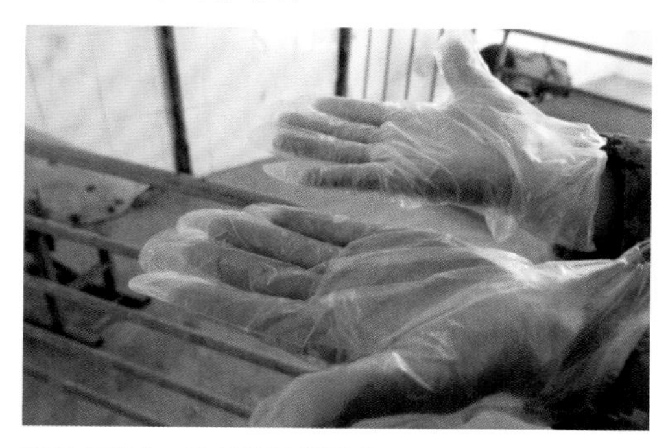

双手再戴上一次性聚乙烯手套

先挤出包皮内的尿液

再用清水、消毒液擦洗包皮部位

假母台后，若采精人员用右手采精时，则要蹲在公猪的左侧。待完成公猪包皮积尿清挤等各项准备后，摘下一层手套，右手虎口向上握住阴茎，待留出龟头1～1.5厘米后，用手紧握伸出的公猪阴茎螺旋状龟头，顺其向前冲力将阴茎的“S”状弯曲拉直，握紧阴茎龟头防止其旋转，公猪即可射精。

（2）用四层纱布过滤收集浓份精液于保温杯内的一次性食品袋内，最初和最后射出的少量精液含精子很少，可以不必接取。有些公猪分2～3个阶段将浓份精液射出，直到公猪射精完毕，射精过程历时5～7分钟。

（3）在公猪射精时，要注意观察种公猪的状态，如果阴茎勃起不够坚硬，要及时用无名指和小指像挤牛奶样增加压力以刺激阴茎的硬度。在整个射精的过程中，握住阴茎的手不但不能移动，就是压力减轻也会造成射精中断。如果公猪阴茎提前软缩，会有下假母台的动作，就要终止采精，改天再调教或尝试。每头公猪都各有自己的脾气，要耐心配合公猪，往往一个粗暴动作，即可能永远失去种公猪的信任。

（三）要点监控

1. 推行三固定采精法

每头公猪最好能在固定地点由一个固定采精人员，采用固定的手法和手握力度进行采精操作，以利于建立公猪正常的射精条件反射，利于采精工作的顺利进行。

2. 要注意人身安全

将公猪赶至采精室后，要诱导公猪头朝向假母台，采精人员要从公猪后部接

**公猪调教的准备**

每次公猪调教的时间以15分钟为宜

先让后备公猪观察成年公猪的采精过程

调教时，要注意从后面接近公猪

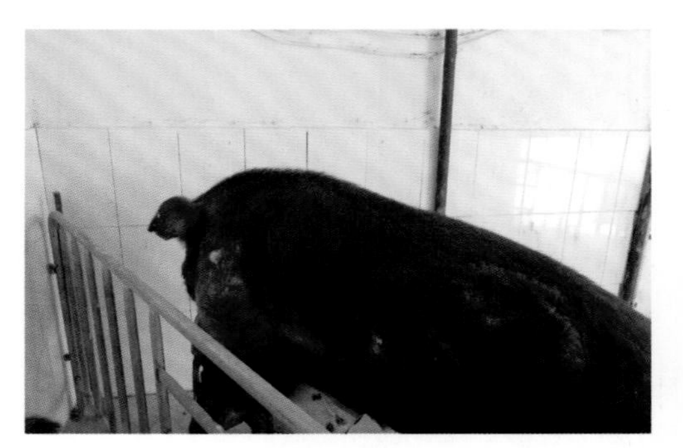

调教时，要先诱导其爬跨台猪

近。一旦其出现攻击行为，采精人员要立即到安全区域躲避，此时不得打骂公猪。

3. 要注意公猪安全

每次只能放出一头公猪，以防公猪之间咬架。在公猪爬上假母台后，阴茎伸出及抽动时，容易碰到假母台上，造成龟头及阴茎的损伤，故要及时握住阴茎进行保护。

4. 要注意精液防污染和冷应激

采精室要清洁卫生，要认真清洗消毒包皮及腹部，要定期剪掉包皮处的长毛，避免精液受到污染。另外，采精前后都要把保温杯放到38℃恒温箱内，避免冷应激刺激。

### （四）事后分析

1. 要做好与采精相关的准备工作

（1）采精室硬件设施的准备工作。

（2）采精室规章制度的准备工作。

（3）采精器材的准备工作。

（4）种公猪的采精调教。

（5）手握式采精技术的培训。

2. 要做好与采精相关的其他基础工作

（1）要做好种公猪的日常管理工作。其包括要做好运动、刷拭与修蹄、严防公猪咬架、防暑防寒等工作内容。

（2）要做好种公猪的营养供应工作。其包括要按照不同阶段饲养标准和饲喂量进行营养供应等工作内容。

（3）要做好种公猪的疫病防控工作。要严格执行种公猪免疫程序和驱虫保健程序，做好其疫病防控工作。

（4）要做好种公猪的环境控制工作。种公猪的生活环境要达到冬暖夏凉、清洁卫生、空气新鲜和舒适安静等标准。

手握法采精简介

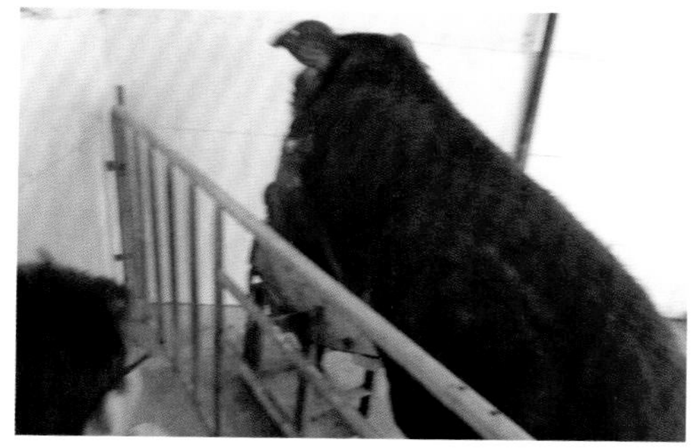

首先诱导其爬跨台猪

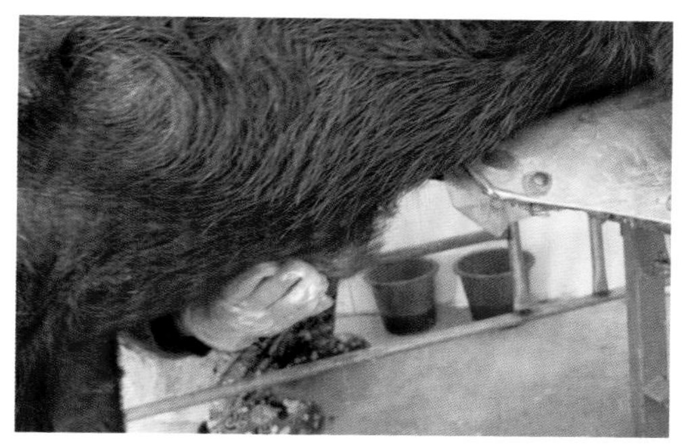

爬跨后挤出尿液和消毒包皮部

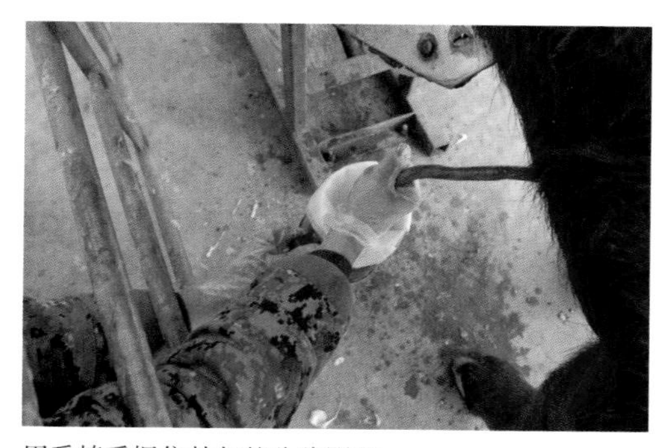

用采精手握住勃起的公猪阴茎

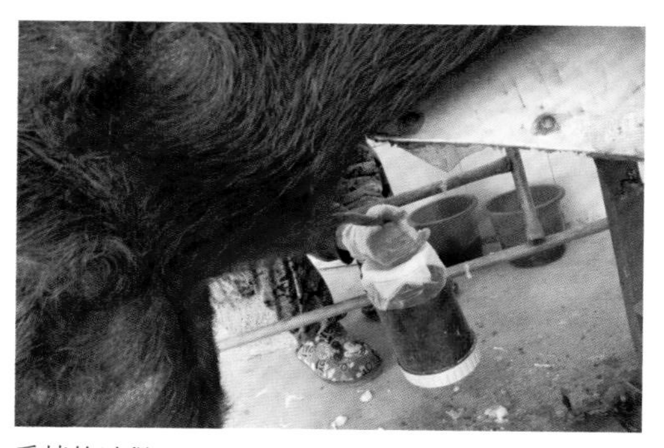

采精的过程

## 第三节 精液品质的检查

### 一、知识链接“精液品质检查的内容”

精液品质检查主要包括精液量、精液颜色、精子密度、精液气味、精子活力、精液的pH、精子的畸形率等。

#### （一）精液量

一般成年公猪的精液量可达200～300毫升，后备公猪可达150～200 毫升，个别种公猪可达600毫升左右。

#### （二）精液颜色

正常精液为乳白色，精子浓度越高，其颜色越浓；精子浓度越低，精液越透明。如混有尿液为黄白色，如混有血液为粉红色。

#### （三）精子密度

一般采用估算法，在显微视野下，根据精子稠密与稀疏的程度，划分为密、中、稀三级。每毫升精液中精子数在3亿以上为密，2亿左右为中，1亿左右为稀。

#### （四）精液气味

正常精液没有气味，如有恶臭味，则要怀疑有包皮内异物混入到精液中。

#### （五）精子活力

其是指直线运动的精子所占的比率。可采用0～1.0的评价方法，一般新鲜精液活力在0.7～0.8；精子活力在0.6以下为不合格精液，不能稀释使用。

采精四要点

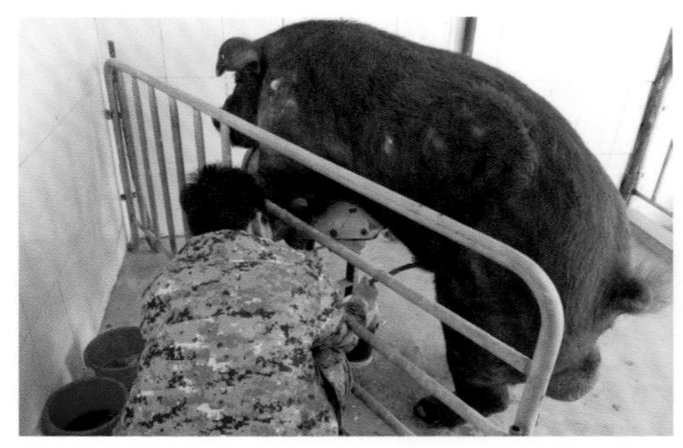

推广三固定采精法

要注意人身安全

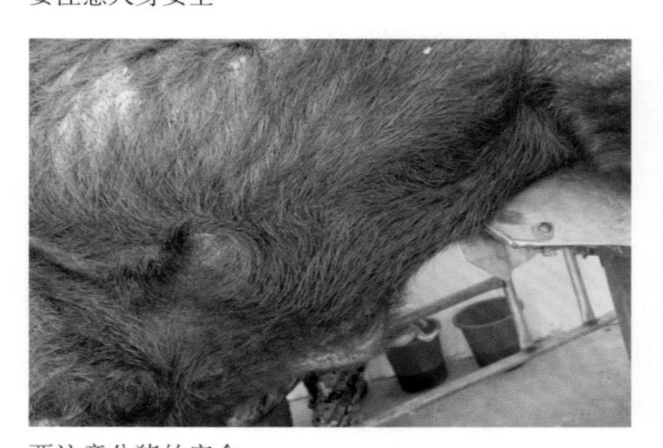

要注意公猪的安全

要注意精液的防污染和冷应激

（六）其他项目

一般新鲜精液的畸形率为10%以下。新鲜精液的pH值为7.5～7.9，呈现弱碱性。

## 二、精液品质检查的四步法

### （一）事前准备

（1）化验室20℃温度的准备。

（2）保温箱38℃温度的准备。

（3）显微镜上38℃加热板的开启准备。

（4）显微镜、精子密度仪等仪器的准备。

### （二）事中操作

1. 采精杯口的处理

采精人员将采好精液的采精杯放入递精窗口后，精液检测人员要马上打开检测室一侧的递精窗口，将采精杯取出并打开采精杯盖，然后将一张纸巾小心地盖在采精杯口过滤纸及副性腺上，连同滤纸、橡皮筋等一起取下，弃于纸篓内。

2. 目视精液检查

精液检测人员将集精袋从采精杯中取出，先嗅其味、观其颜色，然后放入采精杯内称其重量，并及时在记录本上记录上述检查内容。如精液气味、颜色、重量等均达标，即可进入显微精液检查环节。如不达标则弃之不用。

3. 显微精液检查

精液检测人员可提拉集精袋的两个角，以达混合精液的目的。然后用微量移液器，从集精袋中移取10微升精液，滴在38℃加热板上的载玻片上，盖上盖玻片，在100～400倍显微镜下进行显微镜

化验室中几种仪器的温度

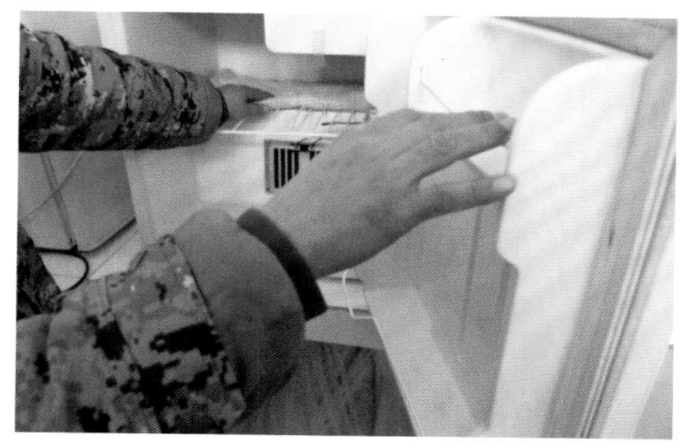

精液冷藏箱的温度为17°C

恒温箱的温度为38°C

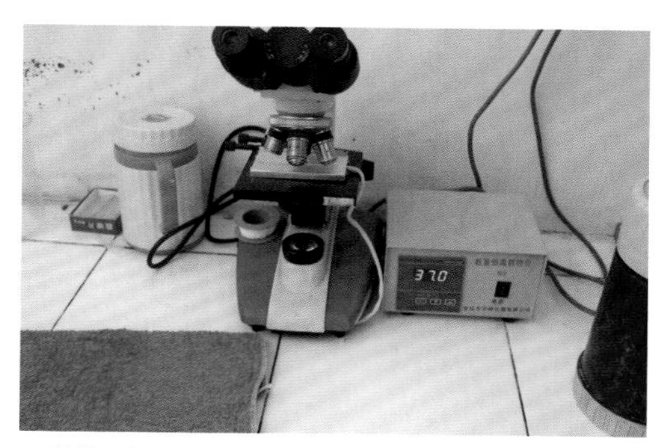

显微镜上加热板的温度为38°C

水浴锅的温度为35°C

检，每个载玻片至少要检查4～5处。

（三）要点监控

在猪场级别的精液检测室中，一般重点监测精子活力与精子密度项目。

1. 精子活力检测

其是指直线运动的精子所占比率的检测。

（1）精子活力在80%以上的状态。其是指温度恒定在38℃时，精子以很快的速度前进并旋转，很难分清单个精子的活动状态。

（2）精子活力在70%～80%的状态。其是指温度恒定在38℃时，精子有70%～80%很活泼地前进，运动速度很快超出视野范围。

（3）精子活力在60%左右的状态。其是指温度恒定在38℃时，精子有60%左右表现出较快的运动，此精液不可使用，要弃之。

2. 精子密度检测

其指每毫升精液中所含精子数的检测，是确定精液稀释倍数的重要指标。

（1）精子密度为2亿～3亿个/毫升的状态。精子密度为2亿～3亿个/毫升时，显微视野会呈现云雾状运动状态，几乎看不到精子间的间隙或间隙很小，精子成群上下翻卷或旋涡状运动。

（2）精子密度为1亿～2亿个/毫升的状态。精子密度为1亿～2亿个/毫升时，显微视野中精子云雾状运动较清晰，可明显看到精子间的空隙，个别精子的活动可清楚观察到。

（3）精子密度约为1亿个/毫升时，显微视野中看不到精子云雾状运动，精

精液检查的几种处理

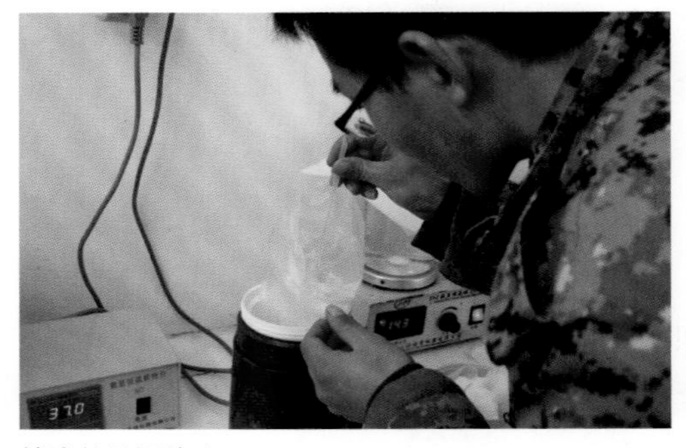

精液的目视检查

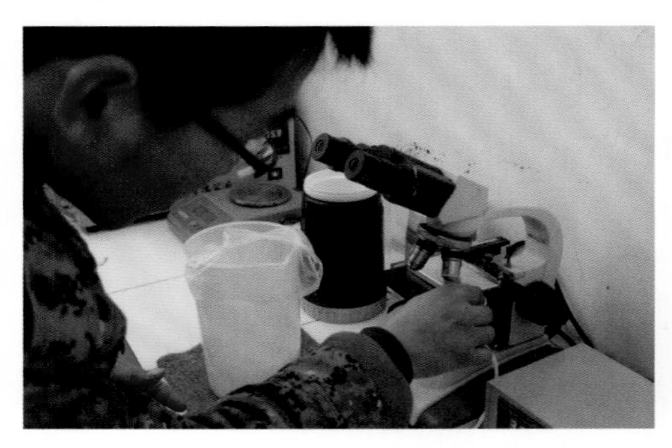

精液的首次显微镜检

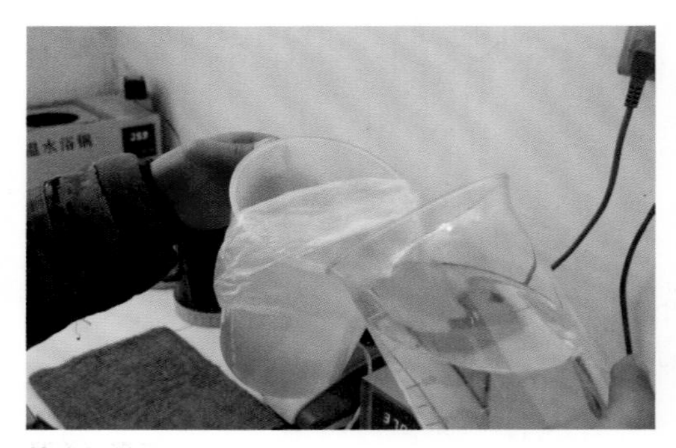

精液的稀释

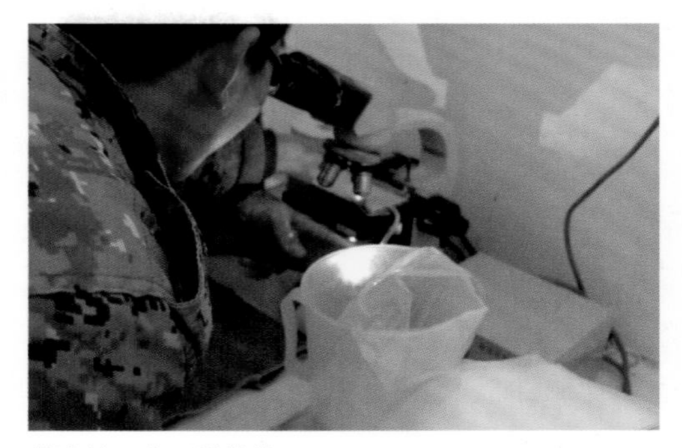

精液的二次显微镜检

子间的空隙超过一个精子的长度。此精液在38℃恒温下，精子活力在 0.6 时，即应弃之。

### （四）事后分析

1. 猪场必须建立精液检查室

猪场采用人工授精方式进行配种，必须要提前对精液进行检查；因此，精液检查室的建立是非常必要的。

2. 必须提前做好精液检查的准备

在公猪精液检查前，必须做好室温的准备、恒温箱的准备、显微镜加热板的准备、载玻片及盖玻片等物品的准备。

3. 显微镜检的操作

精液检查时，要做好采精杯口的处理，要做好目视检查的操作，要做好显微镜检的操作，总之，要熟练细致。

4. 精子密度的检查

其是精液检查的主要内容之一，一般要求精子密度为2亿个/毫升左右，精子密度低于1亿个/毫升时，则应弃之。

5. 精子活力的检查

其也是精液检查的主要内容之一，一般要求精子活力在70%以上；如果精子活力在60%时，则此精液应弃之。

6. 精液有问题时，要及时采血化验

如果公猪采精困难，或精子密度、精子活力均出现问题；就要马上采血进行化验，以便及时查出原因所在。

注：公猪的免疫接种要分批进行。因部分疫苗接种，可能会对精子生成产生抑制或伤害作用。故此，种公猪的免疫接种要分为两批进行，待免疫接种对试验公猪的精液质量无损伤时，方可对主力公猪进行免疫接种。

精液有问题时的处理规律

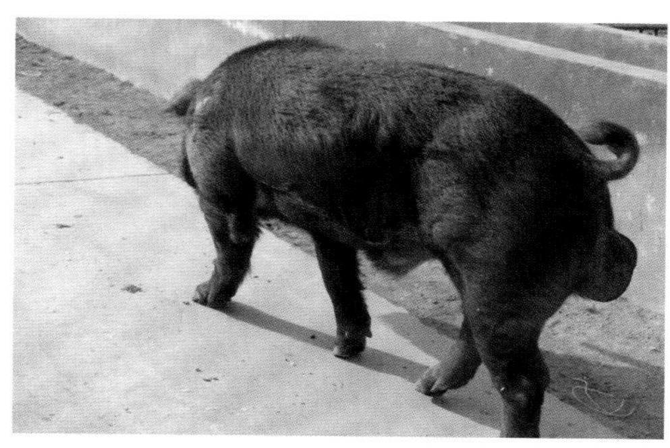

精子活力的问题，要查公猪的运动

精子密度的问题，要查公猪的营养

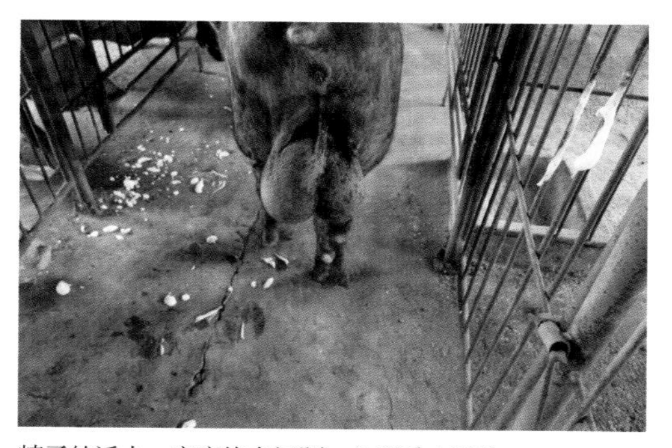

精子的活力、密度均有问题，立即采血送检

通过血清学检测，诊断公猪的疾病

## 第四节　精液的稀释与分装

### 一、知识链接“精液稀释与分装的作用”

（1）稀释液可增加精液的数量。

（2）稀释液可增加能量的来源。

（3）稀释液含有保护精子的柠檬酸盐。

（4）稀释液可保持精液的渗透压。

（5）稀释液具有可保持精子休眠的pH。

（6）稀释液内具有抗菌成分。

（7）稀释液可延长精子生存期3～5天。

（8）精液分装便于进行输精操作。

### 二、精液稀释与分装的四步法

#### （一）事前准备

（1）配制稀释液的相关准备。

（2）精液稀释与分装的相关准备。

#### （二）事中操作

1. 稀释液准备的操作

（1）剪开专业厂家生产的稀释粉袋口，按其产品说明书的标示量倒入湿热灭菌消毒后的洁净玻璃器皿中。一般为46克稀释粉加入1000毫升37℃的蒸馏水或纯净水，然后加入磁性搅拌器，用其搅拌到彻底溶解。

（2）刚配好的稀释液，其pH会出现明显的波动，这对精子的生存不利，但配制1小时后pH即可稳定。故此，稀释液要在稀释操作前1小时进行配制，然后放在35℃水浴锅内静置、保温备用。

采精前1小时应做的几项工作

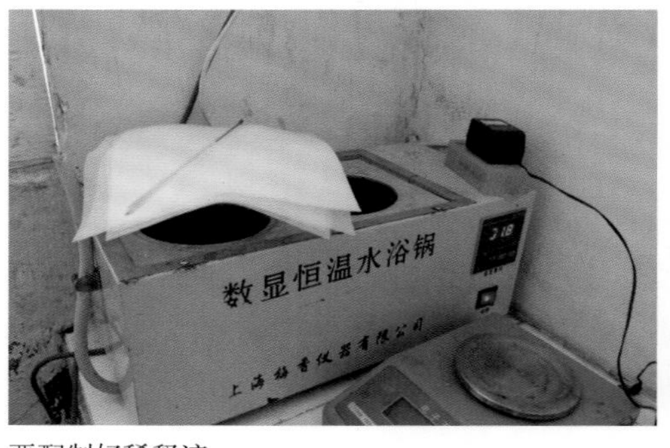


要配制好稀释液

稀释液要在水浴锅中静置1小时

要将采精杯和精液瓶放在恒温箱中预热1小时

采精前将采精杯放入递精窗口

2. 精液稀释与分装的操作

（1）精液稀释后的标准。新鲜精液如果不进行稀释，就很难在常温下进行保存。一般对符合稀释要求的精液进行稀释，要求达到的标准是：每瓶精液体积为80毫升左右，70%以上活率的有效精子为30亿个。据此即可计算出加入多少稀释液了。

（2）精液稀释的操作。

① 稀释前应测量精液的温度，此时的温度应为34℃左右，然后测量静置在35℃水浴锅中事先配制好的稀释液温度。确认精液与稀释液的温度不差1℃后，方可稀释。

② 将稀释液沿精液杯壁缓慢倒入到原精液中，先1∶1进行稀释，缓慢搅拌均匀，静置30秒后再检测一次。然后根据检测结果，再次稀释到要求达到的标准值。

（3）精液分装的操作。将稀释好的精液直接用量杯倒入容积为80毫升左右的精液瓶内，在精液装入80毫升后拧上盖子。注意在拧上瓶盖前挤出瓶内空气，防止精液保存、运输时，因颠簸而产生泡沫。

（三）要点监控

（1）配制稀释液须在稀释前1小时内完成方可，以求稀释液pH值的稳定。

（2）新鲜精液活率在0.7以上时，方可进行稀释，低于0.7时应弃之。

（3）消毒后的器具，在使用前要用稀释液冲洗后方可使用。

（4）采集后的新鲜精液要尽快稀释，原精液38℃保存时间不能超过30分钟。

（5）精液稀释过程宜在阴凉处进行，严禁在阳光直射条件下进行。

精液的稀释过程

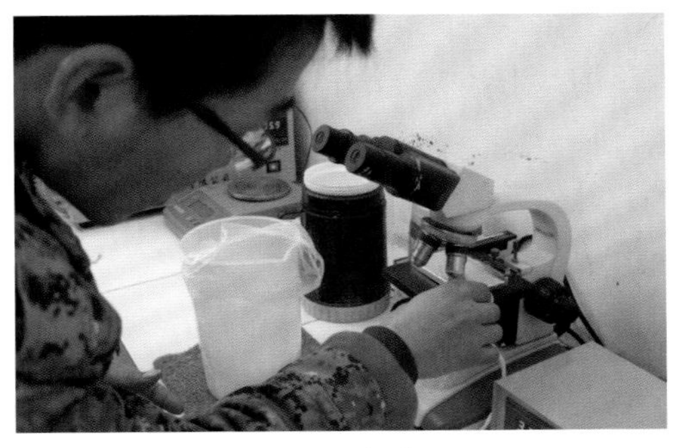

先对原精液的活力与密度进行检查

精液和稀释液温度均要求在34～35° C

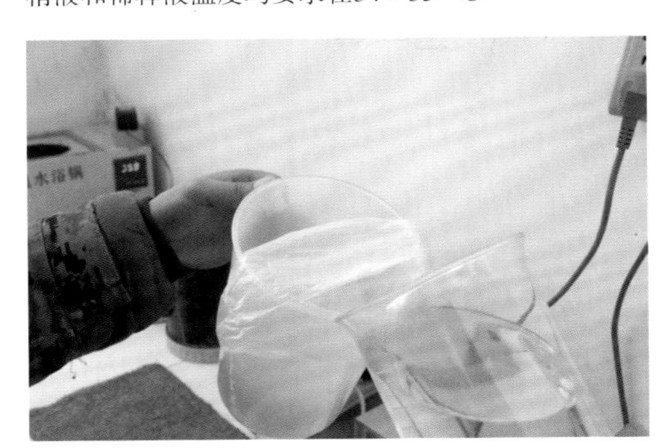

将稀释液沿精液杯壁缓缓倒入

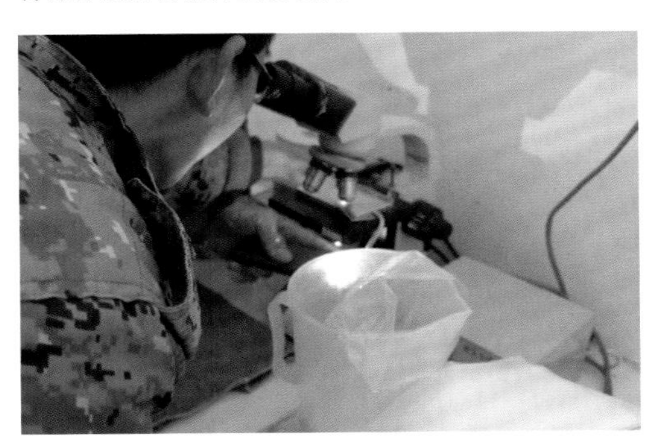

缓慢混均并静置30秒后，再次进行显微镜检

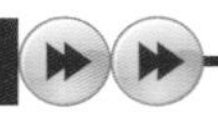

（6）稀释液要延精液杯壁缓慢加入精液中，并向一个方向缓缓搅均。

（7）先按1：1的倍数稀释，然后再逐步稀释；严防稀释打击现象发生。

（8）新鲜精液的稀释倍数要根据精液密度、输精量等进行计算。

（9）稀释后的精液要静置片刻，再做活率检测。

（10）稀释后的精液，其活率在0.7或与稀释前大致相同，方可使用。

（11）在稀释2～3分钟后再进行分装，以利检测、分装稳步进行。

（四）事后分析

（1）要认识到精液稀释与分装是猪人工授精工作的重要环节。

（2）精液的稀释与分装是猪场化验室应具备的工作能力。

（3）稀释粉与稀释用水要求质量可靠，集精袋与精液瓶均为一次性使用。

（4）检测室消毒采用紫外线法，玻璃器皿消毒采用湿热法。

（5）根据精子活率决定是否稀释，根据精子密度计算稀释倍数。

（6）稀释液要在稀释前一小时进行配制，以保证稀释液pH值的稳定。

（7）精液稀释前要达到70%活率的有效精子，方可稀释。

（8）稀释液与精液的温度应在34～35℃，不准超过1℃，方可稀释。

（9）稀释后静置30秒，再进行第2次镜检，当与稀释前的活力相当时方可使用。

**精液的分装过程**

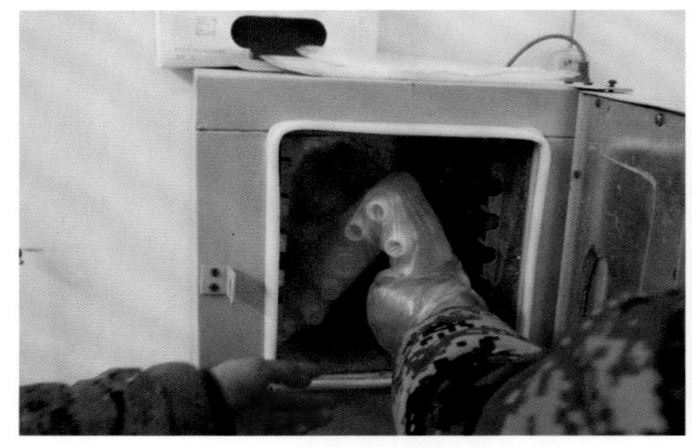

从38℃恒温箱中取出精液瓶进行分装

在分装台上铺设毛巾，防止精液受到冷应激

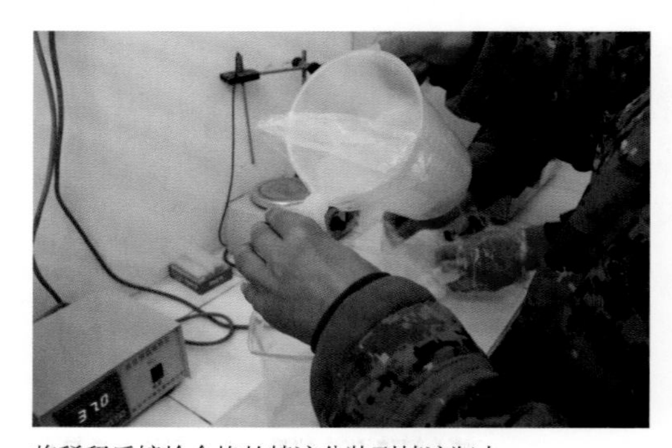

将稀释后镜检合格的精液分装到精液瓶中

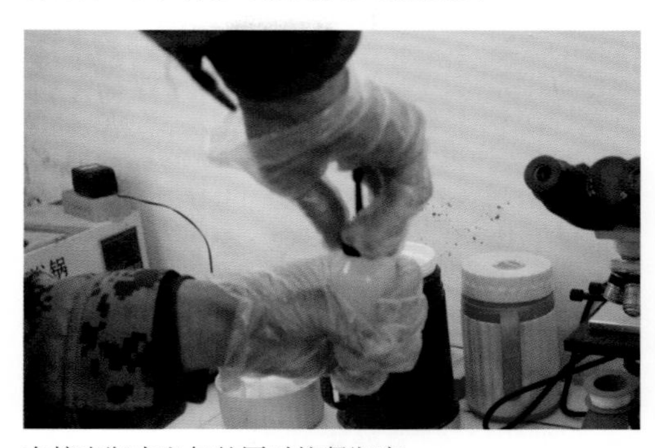

在挤出瓶内空气的同时拧紧瓶塞

## 第五节　精液的保存与运输

### 一、知识链接“适温贮存袋的简介”

现在有一个保温用的化工产品，其袋内装有少量粉末物；用时灌上水，几分钟后就会变成胶状物体。它的比热很高，能吸取很大的冷、热能量，然后慢慢地释放出来。在夏季将其放入5℃左右的冷藏箱内半小时后，即可在室温环境下保持10℃左右温度达6~8小时。在冬季将其放入35℃水浴锅中10分钟以上，即可保持20℃以上5~6小时。

在精液运输时，将精液瓶装入泡沫塑料盒内，上裹2层毛巾和软塑料隔断物。然后根据季节放入这种致冷冰袋或保温暖袋，盖上泡沫塑料盒盖，外面封好胶带，就可使精液运输盒保持15~18℃恒定温度10~12小时，这样就为通过公路运输开展远程精液供应提供了保障条件。

### 二、精液保存、运输的四步法

#### （一）事前准备

1. 精液保存的准备

（1）25℃左右的化验室或贮存室。

（2）17℃的精液冷藏恒温箱。

（3）80毫升瓶装的精液瓶若干。

（4）其他精液保存所需的物品。

2. 精液运输的准备

（1）运输精液的专车或托运车辆。

（2）车载恒温箱或泡沫塑料盒。

（3）5~7℃适温贮存袋、30℃左右的适温贮存袋、胶带、毛巾、软塑料隔层、

精液保存与运输所需的条件

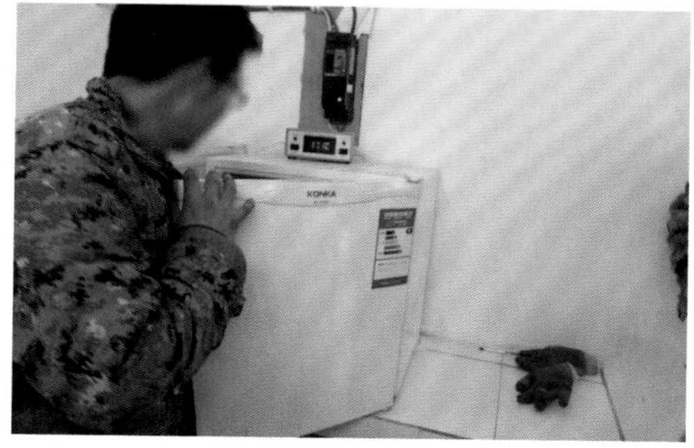

要有17°C左右的恒温箱

要有80毫升的精液瓶

要有车载恒温箱或泡沫箱

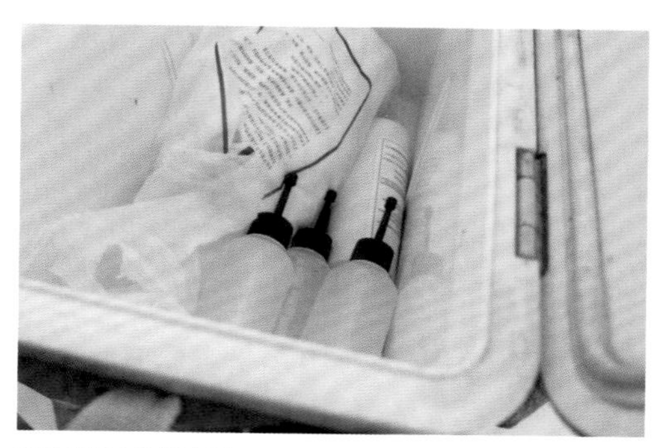

要有适温的储存袋

温度计等。

（二）事中操作

1. 精液保存的操作

（1） 如精液保存为 3 ~ 4 小时，在25℃精液检测室内，用80毫升精液瓶避光存放即可；如室温为20℃时，分装后的精液瓶上盖双层毛巾也可。

（2）如精液保存为6小时以上者，可将自然降温（25℃）的精液瓶外裹双层毛巾放入17℃冷藏恒温箱内保存。

（3）如精液保存期为3天，精液瓶在17℃恒温箱中保存时，要注意平放，增大接触面积。每隔8 ~ 10小时须180°轻轻转动一次，并要随时检测箱内温度变化。

2. 精液运输的操作

（1）精液运输时，精液瓶要用毛巾包裹，箱内要装满封严。精液瓶内不能有空气，防止运输颠簸造成精液瓶内形成泡沫。

（2）要根据外界温度在精液运输盒内放入保暖袋或降温袋，其与精液瓶要有两层毛巾和软塑料的隔层相隔断，既要达到15 ~ 18℃恒温保存效果，又要避免冷、热应激的发生。

（3）要尽可能地在短时间内将精液运输到目的地，并及时放入17℃精液冷藏恒温箱内，确保贮存3日的精液活率在0.6以上。

（三）要点监控

1. 精液保存的温度控制

外环境低于15℃，精子受冷应激刺激易出现休克和死亡；外环境高于18℃，精子开始缓慢复苏而处于运动状态，将消耗能量、缩短保存时间。故此，精子保存的

不同保存时间所需的条件

精液保存3 ~ 4小时，在25°C室内即可

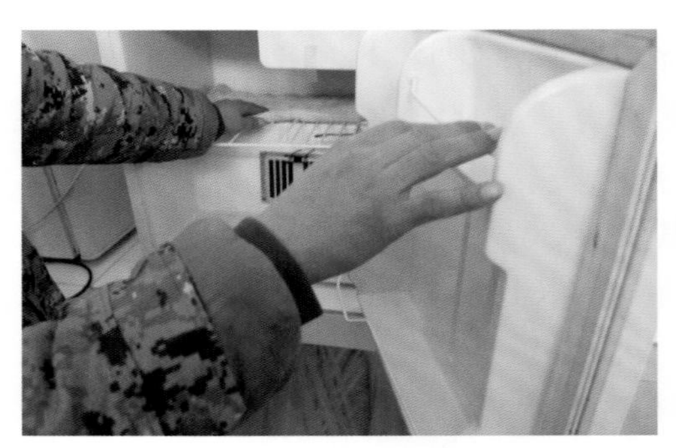

精液保存6小时以上，可放入17℃恒温箱内

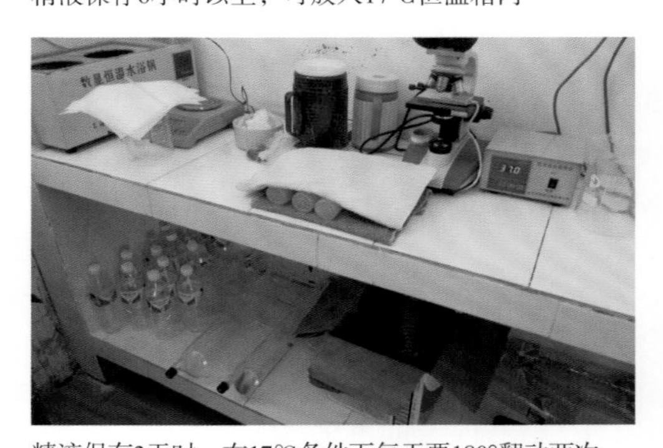

精液保存3天时，在17℃条件下每天要180°翻动两次

精液瓶内要挤净空气，防颠簸引起泡沫

温度要控制在17℃为宜。

2. 精液保存的其他控制

人工授精的各个环节，均要避免精液被阳光直射，因自然光照刺激可加速精子死亡。另外在人工授精的全过程要注意避免烟、酒及化妆品气味的刺激，以减少精子死亡的概率。

3. 精液运输的要点控制

（1）精液运输要尽可能短时间到达目的地。

（2）精液运输要尽量避免温度忽高忽低。

（3）精液运输要杜绝因车辆颠簸所致精液瓶内出现气泡。

（四）事后分析

1. 精液保存与运输的意义

（1）精液保存与运输是顺利开展人工授精的重要保障环节。

（2）常温运输可达12小时，可有效地增加精液的供应半径。

（3）17℃恒温保存，可使精子活率大于0.6达3天以上，可极大提高优良种猪的利用效率。

2. 要做好精液保存与运输的准备

（1）25℃的化验室、17℃的恒温箱、80毫升的精液瓶等所需物品的准备。

（2）车载恒温箱或泡沫塑料盒，5～7℃或30℃左右的贮存袋、毛巾等物品的准备。

3. 精液保存与运输的注意事项

（1）精液的不同保存时间，其所需温度、条件及处理细节也不同。

（2）要尽可能地在短时间内将精液运输到目的地，将其放入17℃恒温箱内。

精液保存与运输的要点

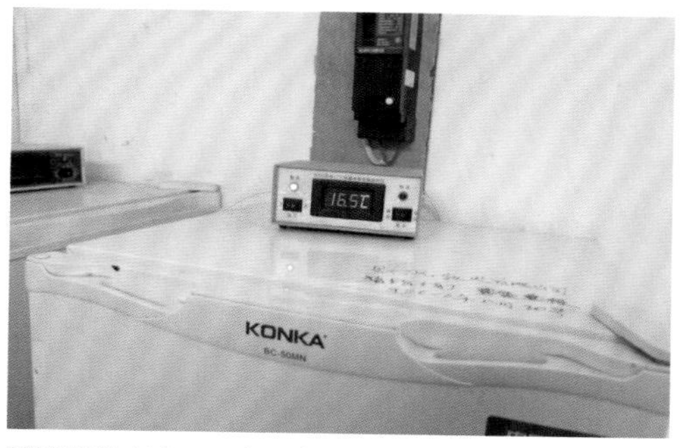

精液要保存在17℃恒温箱内

要装入箱内防阳光直射

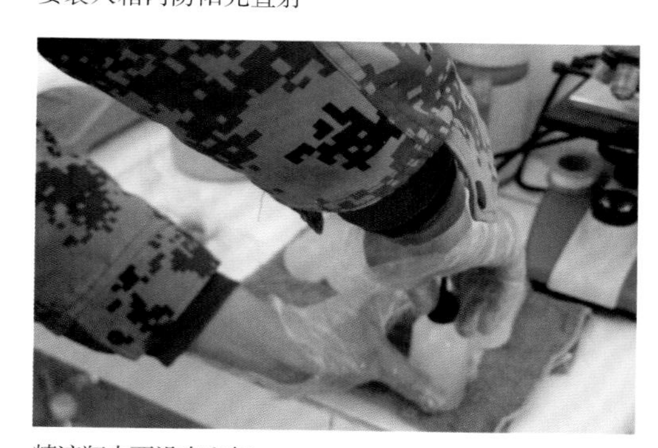
精液瓶内要没有空气

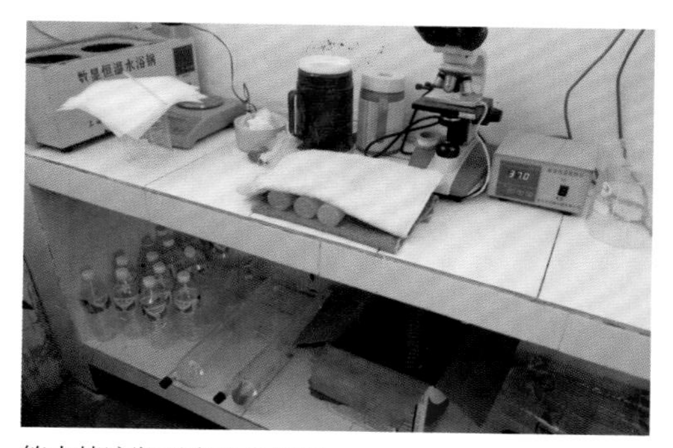
箱内精液瓶要有毛巾包裹

## 第六节 输精

### 一、 知识链接“最佳配种火候一览表”

#### （一）母猪出现静立反应后的不同排卵时间

母猪出现静立反应后，一般为12～36小时排卵。其中断奶后3～4天发情者为32～36小时后排卵；断奶后5～6天发情者为20～24小时后排卵；断奶7天后发情者，包括后备母猪和返情母猪为12～18小时后排卵。

#### （二）不同保存时间精子的不同受精能力

因精子进入子宫后需8小时的获能时间；故第一天的精子在子宫内存活时间为36小时，而实际具有受精能力的时间为28小时；第二天的精子在子宫内存活时间为24小时，而实际具有受精能力的时间为16小时；第三天的精子在子宫内存活时间为18小时，而实际具有受精能力的时间为10小时。

#### （三）最佳配种火候一览表

因上述因素所致，不同保存时间的精液与断奶后不同发情、静立反应的时间及适时配种火侯见表4－1。

表4－1　最佳配种火候一览表（仅供参考）

| 精液保存时间 | 母猪断奶后3～4天发情，并出现静立反应 | 母猪断奶后5～6天发情，并出现静立反应 | 母猪断奶7天以后发情并出现静立反应 |
|---|---|---|---|
| 第一天 | 首配时间为静立反应24小时后配种。二配时间为首配24小时后配种 | 首配时间为静立反应后8～10小时配种。二配时间为首配24小时后配种 | 首配时间为出现静立反应后即应配种。二配时间为首配24小时后配种 |
| 第二天 | 首配时间为静立反应24小时后配种。二配时间为首配16小时后配种 | 首配时间为静立反应后8～10小时配种。二配时间为首配16小时后配种 | 首配时间为出现静立反应后即应配种。二配时间为首配16小时后配种 |
| 第三天 | 首配时间为静立反应24小时后配种。二配时间为首配10小时后配种 | 首配时间为静立反应后8～10小时配种。二配时间为首配10小时后配种 | 首配时间为出现静立反应后即应配种。二配时间为首配10小时后配种 |

## 二、输精的四步法

输精方法前四项

输精前，要用压背法判断发情火候

### （一）事前准备

（1）母猪外阴部清洗消毒的准备。

（2）输精器材的准备。

（3）精液的准备。

（4）最佳配种火候判定的准备。

（5）试情公猪的准备。

### （二）事中操作

1. 清洗、消毒的操作

用0.1%高锰酸钾水溶液清洁母猪外阴、尾部及臀部周围，再用温水浸湿毛巾，擦干外阴部。或用清水清洗母猪外阴、尾部和臀部周围，再用酒精棉球对外阴和尾部进行消毒（注意不要对阴户内部进行消毒）。

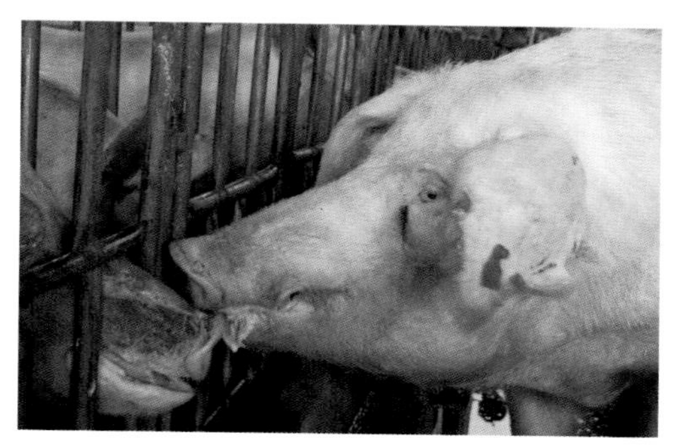

输精时，最好有试情公猪在场

2. 润滑输精管泡沫头的操作

先将输精管密封袋的泡沫头处撕开，然后用精液或人工授精润滑液润滑，以利于输精管插入时的滑利畅通，此时避免泡沫头和输精管上2/3处与手和其他物品接触。

要对母猪外阴部进行认真地清洗和消毒

3. 插入输精管的操作

用手将母猪阴唇分开，将输精管呈45°角顺时针旋转斜上插入母猪生殖道内；当插入25～30厘米（后备母猪15～20厘米）时，会感到有一点阻力，此时输精管已顶到了子宫颈口。用手再将输精管左右旋转，稍一用力，顶部则进入子宫颈第2～3皱褶处。发情好的母猪便会将输精管锁定，回拉时则会感到有阻力，此时即可进行输精。

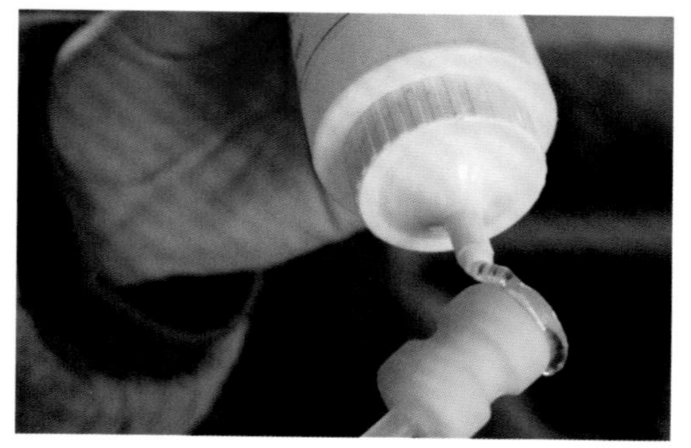

要用润滑剂润滑输精管头

4. 输精操作

（1）输精员给母猪输精的方式有3种。一种是骑跨式，一种是压背式，一种是臂跨式，可因猪因地因人而异地采用某一种。输精时，输精人员右手将输精瓶提高，精液瓶底扎上一个针头，尽量让母猪自然吸纳。输精时间一般在5～7分钟。

（2）输精时可压背后抚摸阴蒂和腹部等敏感部位，使受刺激的母猪因子宫收缩而产生负压，将精液吸纳。并赶一头试情公猪在母猪栏外，其与母猪头对头进行交流，刺激母猪性欲的提高，促进精液的吸收。

5. 输精结束的操作

输完精后，不要急于拔出输精管；而将输精瓶（袋）取下，可将输精管打折，插入去盖的输精瓶（袋）中，这样就可以防止空气的进入和防止精液的外流。

（三）要点监控

（1）配种前要认真清洗母猪外阴、尾部及臀部周围，并用一次性纸巾清洁擦干外阴部。

（2）小心处置输精管，严防手和粪便污染泡沫头和输精管的上2/3处。

（3）输精过程中要有一头试情公猪在场，输精时间最好为5～7分钟。

（4）整个输精过程中，要做好阴蒂、乳房和腹部等敏感部位的按摩工作。

（5）以断奶后不同时间出现静立反应为依据，准确判断最佳配种火候。

（6）以输精泡沫头被锁住为依据，判定其插入生殖道部位的正确与否。

**输精方法后四项**

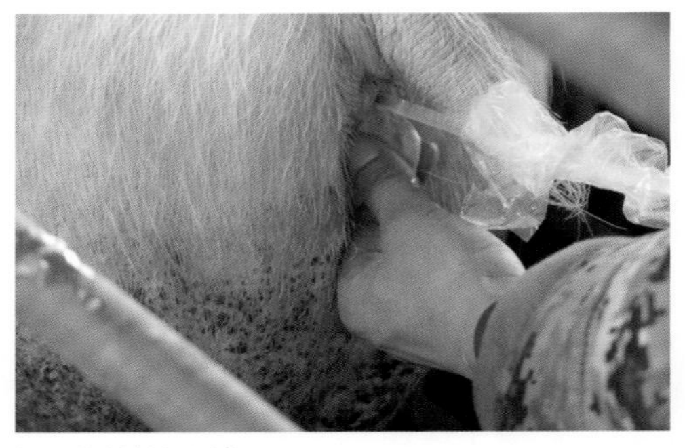

插入输精管的图片

接上精液瓶的图片

压背式输精的图片

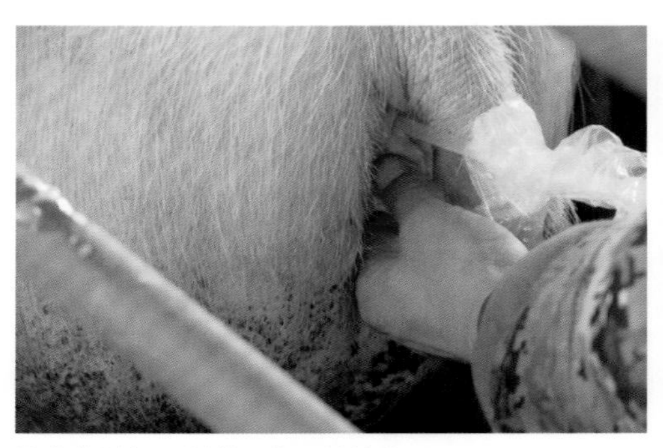

按摩外阴部，刺激子宫吸纳精液

（四）事后分析

1. 一般推荐采用的输精方法

目前普遍采用的方法是：用大直径泡沫头输精管插入至子宫颈前，刺激子宫收缩而导致泡沫头被子宫颈前皱褶锁定。然后接上输精瓶，将输精管后端向上弯45°角使瓶底向上。因子宫运动产生的负压吸入和精液自重所致而流入子宫内。输精时可压背后抚摸阴蒂和腹部等敏感部位，使受刺激的母猪因子宫收缩而产生负压，将精液吸纳。正常输精时间为5～7分钟，输精时切勿图快而将精液挤入生殖道内。输完精后，不要急于拔出输精管，而是将输精瓶（袋）取下，再将输精管打折，插入去盖的输精瓶（袋）中。待30分钟后方可拔出输精管，此时精液已完全流入子宫角深部。

2. 要切实做好输精前的准备工作

（1）输精前母猪外阴部的清洗消毒。要做好浸泡、清洗、消毒等准备。

（2）输精器材的准备。精液瓶、输精管、润滑剂都要备好。

（3）精液的准备。是指经过镜检确认合格的精液。

（4）最佳配种火候判定的准备。这是提高配种受胎率的关键点所在。

3. 输精操作关键点的把握

（1）准确判定输精时间。这与配种火候、精子保存时间相关。

（2）母猪清洗消毒与输精管防污染。这些都是必须做好的技术动作。

（3）输精管插入位置与输精时的按摩。其插入位置要准确，输精时要按摩。

清洗、消毒外阴部四法

首先，用清水湿润5～10分钟

其次，是洗净后，用一次性纸巾擦净

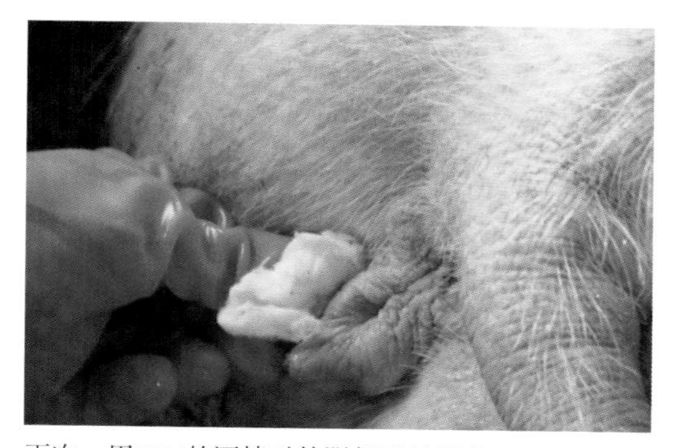

再次，用75%的酒精对外阴部进行消毒

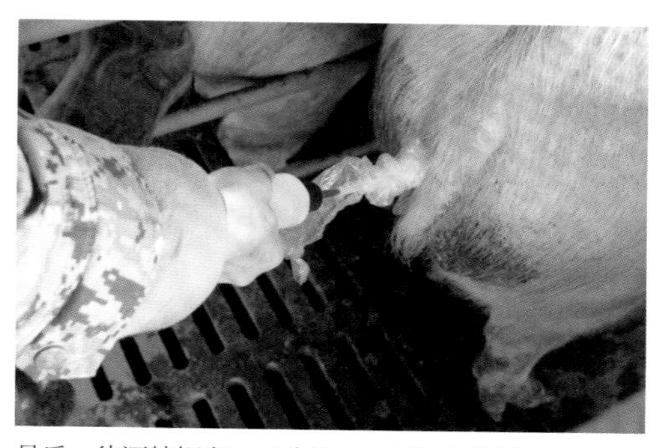

最后，待酒精挥发3～5分钟后，再进行输精

## 第七节　妊娠诊断

### 一、知识链接“受精过程与胚胎前期发育”

（1）正常人工授精以后，30亿个精子大军在子宫角内大多数被子宫角黏膜腺体中的白细胞所吞噬。到达子宫角和输卵管连接部位时，仅剩下100余万个活力强的精子。

（2）上述精子经过15～30分钟的激烈竞争，只有1万～2万个精子越过子宫角与输卵管连接处这第二道关口，向输卵管进发。

（3）因输卵管括约肌的有力收缩，其大部分精子被阻挡在壶峡连接部，而仅有1000余个最强壮的精子进入输卵管的壶腹部。

（4）这1000余个精子奋力与运行至壶腹部的10～20个卵子结合，每当一个精子穿透卵子，就会减少一个机会。最终仅有10～20个精子在输精后24小时内成为最后的胜利者。

（5）卵子受精后，通过输卵管括约肌的收缩，而被运送至宫管连接处。2～3天后，通过子宫括约肌的作用，将受精卵均匀地分布在两侧子宫角内，完成占位过程。

（6）受精卵占位后，其可在子宫内自由漂浮10～17天，任何刺激都会对受精卵造成损伤。故此，此期间不准转群、不准免疫、不准用药、不得粗暴对待母猪。即便如此，妊娠初期少于5个受精卵，母猪

妊娠诊断的准备

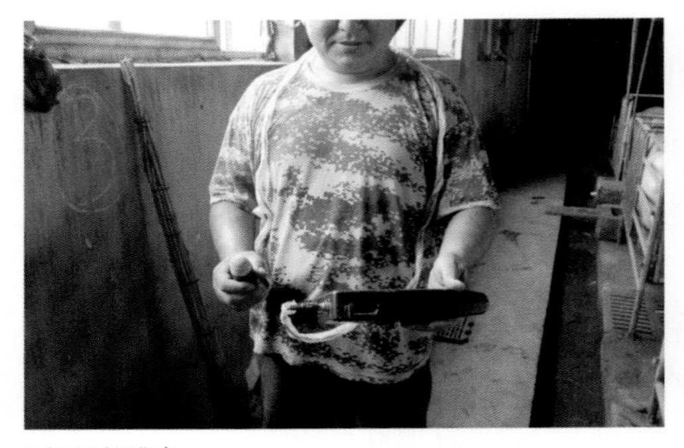

B超机的准备

试情公猪的准备

目测妊娠诊断技术的准备

配后25天方可进行B超检查

还是要终止妊娠。

（7）受精卵经过15～25天的发育，其外部包裹一层黏膜，亦即以后的胎衣。其腹部与子宫黏膜同化形成脐带，最终完成受精卵着床过程。

（8）采用超声波诊断技术，即用B超机可以最早在胚胎发育到20天时观察到胎囊发育的影像；而在配种27天后其诊断准确率几近100%。

## 二、妊娠诊断的四步法

### （一）事前准备

（1）B超机的准备。

（2）试情公猪的准备。

（3）目测妊娠诊断技术的准备。

### （二）事中操作

1. 配后17～20天妊娠诊断的操作

此期间采用妊娠诊断的方法是：公猪试情、压背检查和目测观查，此期间出现的返情母猪数为总返情数的80%，属正常返情范畴之内。

（1）妊娠母猪的判定标准与处理。在配种后17～20天期间，母猪表现疲倦、贪睡、食量增多、性情温顺、行为稳重。对试情公猪不予理睬或厌烦者，即可初步判定为已妊娠。可在其限位栏上方翻牌、挂牌或标记处理，如要转群，须在配种35天后进行。

（2）返情母猪的判定标准与处理。在配种后17～20天，母猪有行为不安，外阴肿胀，有黏液分泌，食欲下降等症状。当将试情公猪赶至返情母猪栏附近时，其表现出强烈的交配欲。此时压背检查可出现静立反应，并可见双耳向后竖

妊娠与返情的目测方法

配后17 ～20天，贪睡、温顺、行为稳重者为妊娠

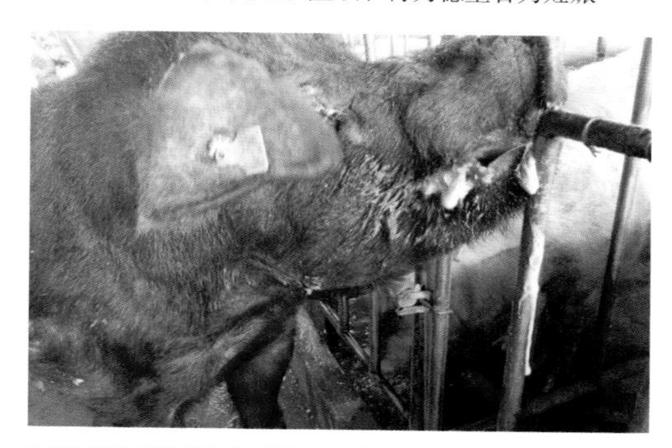

对试情公猪厌烦或不予理睬者为妊娠

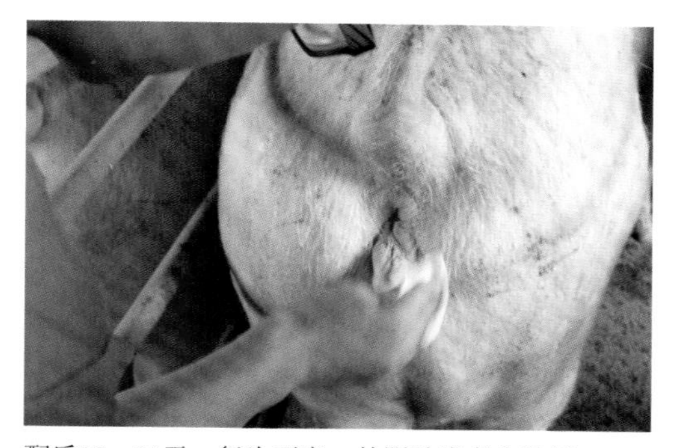

配后17～20天，行为不安、外阴肿胀者为返情

对试情公猪表现出强烈的交配欲者为返情

起、后肢紧绷等症状。对此返情母猪要立即安排配种，并在10~12小时后配第二次。

（3）疑似返情母猪的判定标准与处理。在配种后17~20天，对虽有轻微的发情症状，但不允许公猪爬跨和压背检查时不呈现静立反应者，不可给予再次配种的处理；须待配种28天后用B超机进行妊娠确诊后再行处理。

2. 配后28~35天妊娠诊断的操作。此期间采用妊娠诊断的方法是：公猪试情和B超检查。此期间出现返情母猪数占总返情数的15%左右，主要为上次遗留未孕母猪，不正常返情和早期流产的母猪。

（1）妊娠母猪的判定标准与处理。

① 在配种后28~35天，母猪表现疲倦、贪睡、性情温顺、行为稳重及对试情公猪厌烦者，可初步判定为已妊娠。其处理同前。

② 因此期间用B超机进行妊娠诊断的准确率几近100%。故此，可令其站立进行B超检查。检查者将B超机探头上涂以专用显影剂后，其一手持B超主机，一手持探头，开机进行检查。在将探头抵在被检母猪倒数第二个乳房根部上方2厘米处进行不同方位的探查时，以主机屏幕上是否出现特殊的胎囊图像为准，判断该母猪是否妊娠。

（2）返情母猪的判定标准与处理。因配后28~35天，采用B超进行妊娠诊断的准确率几近100%，故此，对公猪试情判定为返情母猪和疑似返情母猪，均可采用B超法进行妊娠诊断。处理方法同1，略。

配后25天以上，B超诊断的四步法

开机调试

探头涂抹润滑剂

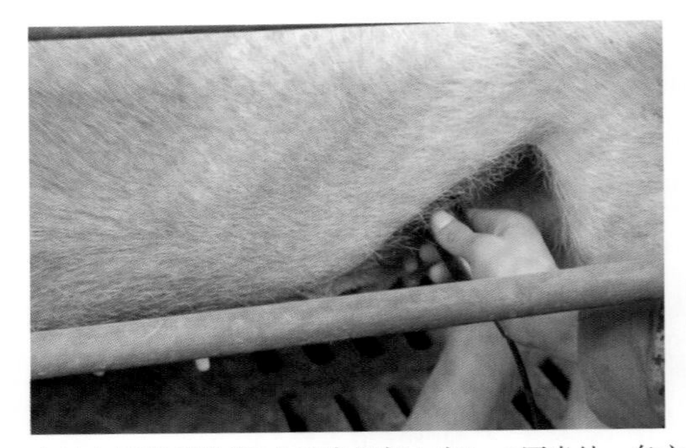

在站立母猪倒数第2个乳房根部上方1~2厘米处，各方位探查

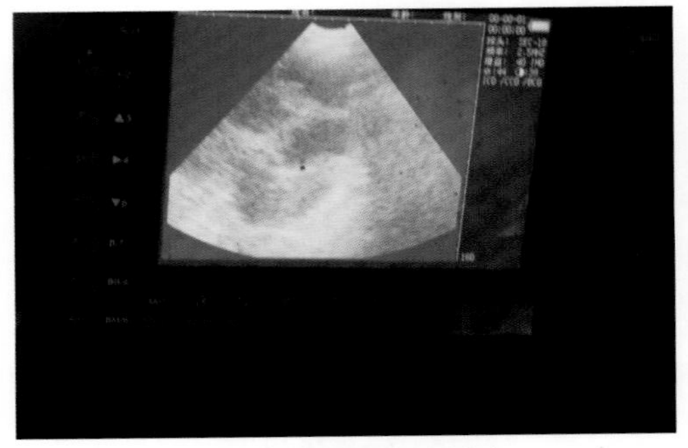

在显示屏上出现特有的胎囊图像即为妊娠

3. 配后60～70天妊娠诊断的操作

此期间出现返情母猪数占总返情数的5%，主要为上次未孕母猪、不正常返情和流产母猪范畴之内。

（1）因此期间妊娠母猪已属显怀阶段，一般采用目视和B超检查即可确诊。

（2）对于返情母猪，可采用B超诊断、目视检查即可确诊。

（三）要点监控

在配种后例行的妊娠诊断过程中，技术人员要及时地采用其他化验检测手段，从未孕、返情或流产母猪中去发现其他问题。

（1）是否为精液问题？

（2）是否为配种火候问题？

（3）是否为输精技术问题？

（4）是否为保胎期管理问题？

（5）是否为母猪体况问题？

（6）是否为繁殖障碍病问题？

（7）是常态偶发，还是感染初起？

（四）事后分析

（1）早期妊娠诊断的目的，是及时发现未孕、返情和流产母猪，以便采用及早补配或主动淘汰等措施，达到减少母猪非生产天数和由此带来的经济损失。

（2）未孕、返情和流产的重灾户为初配母猪，其是猪场母猪群体防控繁殖障碍病的信号猪。故此，对初配母猪的妊娠诊断和疫病检测要给予充分重视。

（3）定期或不定期的抗体检测、健康检查及相关的消毒、免疫及保健用药程序的执行，都是必要的。

对返情母猪的检测与检讨

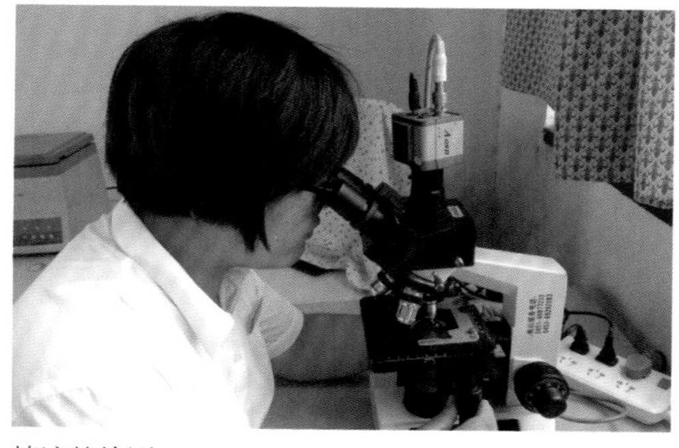

精液的检测

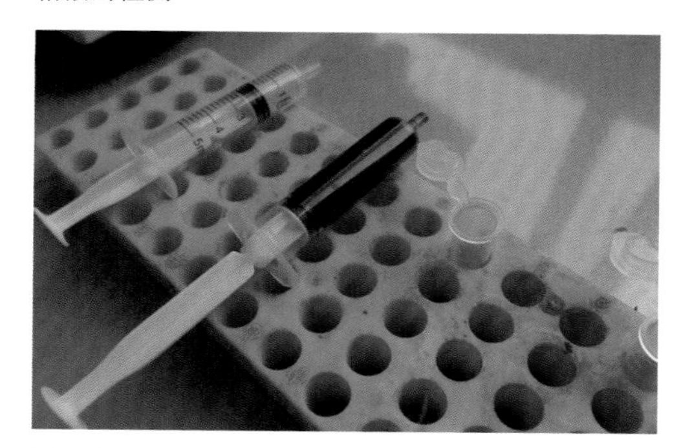

疑为繁殖障碍病的检测

输精技术的检讨

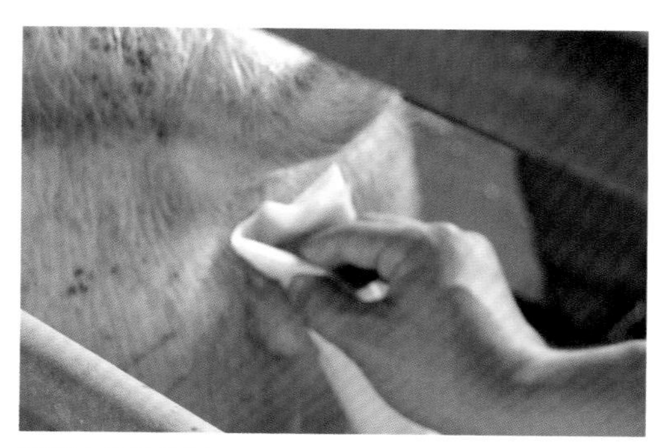

输精火候的检讨

# 下篇

## 切实增强五大支撑系统的适宜度

物竞天择，适者生存。在规模化养猪生产中，管理、物理、化学、营养、生物类等外环境刺激因素无处不在地影响猪群的生长、繁衍过程；其有引导物种进化的积极面，而更重要的是强烈、长期或重叠的应激反应，可给猪群带来负面影响、死亡淘汰和经济损失。对此，在五大支撑系统上调控上述各种外环境刺激因素的“适宜度”是非常重要的，这也是本篇内容的宗旨。

**本篇大致包括如下内容：**

(1) 在饲养管理上求适。

(2) 在生产管理上求适。

(3) 在环境控制上求适。

(4) 在营养供应上求适。

(5) 在免疫接种上求适。

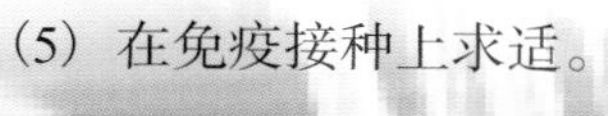

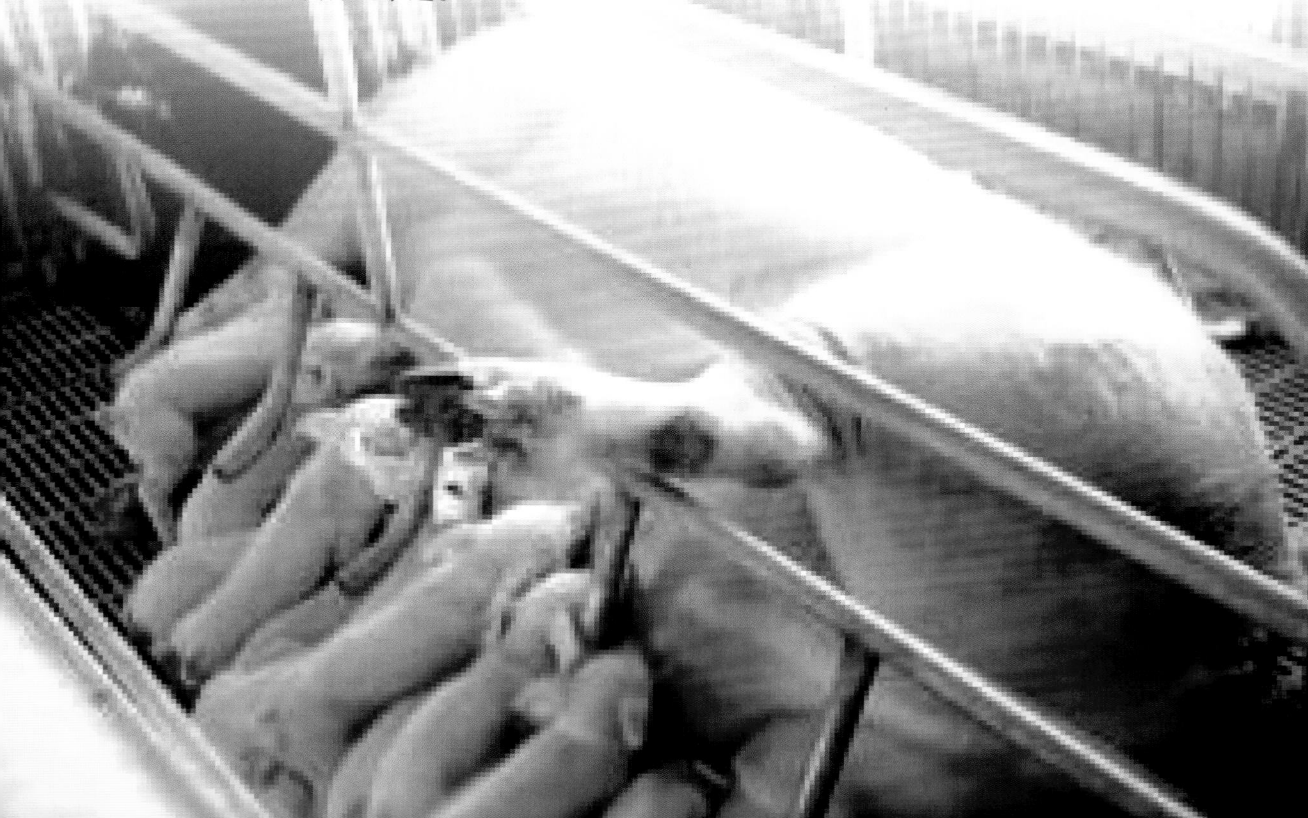

# 第一章 在饲养管理上求适

**内容提要**

(1) 在种公猪饲养管理上求适。
(2) 在后备种公猪饲养管理上求适。
(3) 在后备母猪饲养管理上求适。
(4) 在空怀母猪饲养管理上求适。
(5) 在妊娠母猪饲养管理上求适。
(6) 在哺乳母猪饲养管理上求适。
(7) 在哺乳仔猪饲养管理上求适。
(8) 在保育仔猪饲养管理上求适。
(9) 在育成育肥猪饲养管理上求适。

## 第一节 在种公猪饲养管理上求适

### 一、知识链接“要顺应种公猪的行为习性”

要想做好在种公猪饲养管理上的求适工作，首先要研究其行为习性，在顺应种公猪行为习性的前提下，进行相应的饲养管理，则必将会取得事半功倍的效果。

例如，猪有后效行为，可以经过不断的训练某一动作，而使其产生条件反射。在人工授精工作中，在固定的地点，用固定的人员，用固定的手法进行采精训练而产生的射精反射，就是充分利用猪后效行为的例子。

种公猪的四固定

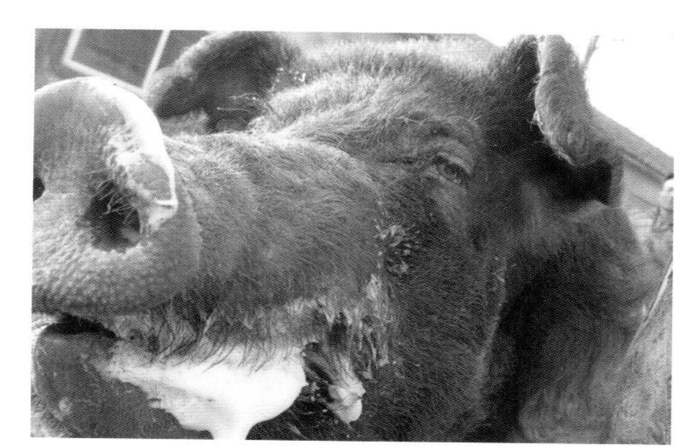

固定诱情公猪

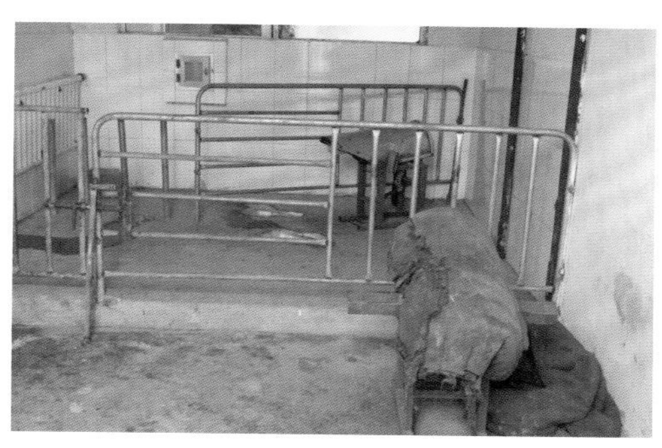

固定采精地点

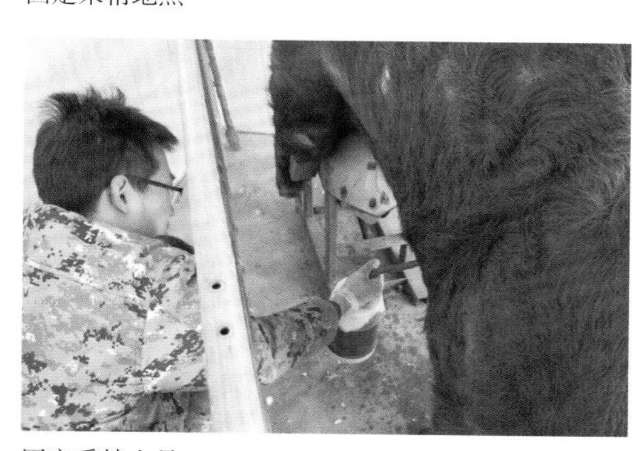

固定采精人员

固定手法和力度

## 二、在种公猪饲养管理上求适的四步法

### （一）事前准备

（1）种公猪科学饲养的准备。

（2）种公猪科学管理的准备。

### （二）事中操作

1. 种公猪科学饲养的操作

（1）种公猪配种期的饲养标准。外三元公猪配种期的部分饲养标准为：每千克配合日粮可消化能为12.97兆焦，含粗蛋白质为15%，日喂量为2.5～3.0千克。必要时，可添加其他优质动物蛋白，如鸡蛋或奶粉等，使种公猪在配种期保持旺盛的性欲和良好的精液品质。

（2）种公猪非配种期的饲养标准。外三元公猪非配种期的部分饲养标准为：每千克配合日粮含可消化能为12.55兆焦，含粗蛋白质为14%，日喂量为2.0～2.5千克。

（3）种公猪日粮的质量要求。

① 严禁种公猪日粮发霉变质或有破坏精子生成的药物加入日粮中。

② 种公猪日粮要有良好的适口性，要保持每天的进食量。

③ 不能过大，防止公猪腹围过大而影响配种。

④ 以湿拌料进行饲喂，日喂2次为宜。

2. 种公猪科学管理的操作

（1）建立良好的生活制度。

① 配种或采精宜在上午7:30以后或下午4:00以前进行。

② 配种或采精前，要对种公猪包皮及腹部等处进行洗浴和消毒。

种公猪的饲养与采精

种公猪专用饲料

饲料的适口性要好

采精前的消毒

公猪采精的操作

③ 除配种时间外，主力公猪尽量听不到母猪声音，看不到母猪样，嗅不到母猪味。而试情公猪一般不做配种用。

④ 上述各项操作要求在固定时间内进行，利用条件反射养成规律性的生活习惯，以便于管理。

(2) 加强种公猪驱赶运动。要每天对种公猪进行驱赶运动，上午、下午各一次，每次行程2千米左右；夏天在早、晚凉爽时进行，冬天改在中午进行。

(3) 刷拭与清洗。

① 每天驱赶运动后，要用刷子对猪体进行刷拭，结合洗浴以保持皮肤清洁卫生，促进血液循环。

② 在刷拭及清洗过程中，对种公猪进行调教，使其听从管教，以便于采精和查情工作的开展。

(4) 定期检查精液。

① 实行人工授精的种公猪每次采精后都要及时检查精液，以利精液稀释、保存环节的正常进行。

② 实行本交配种，也要每2周检查一次精液。

③ 公猪从非配种期转入配种期前要检查2次精液品质。

(5) 严防公猪之间咬架。公猪好斗，如偶尔相遇就会咬架。故此，公猪采精、查情及运动时，一定要仅放出一头为妥，严防咬伤事故发生。

(6) 防寒防暑。

① 公猪最适温度为18～20℃，故冬季的种公猪舍要给予供暖，采用地热与热风炉结合的供暖方式为最佳。

② 夏季舍温超过28℃，就要给予降

种公猪的管理

单个公猪的运动

公猪的刷拭与调教

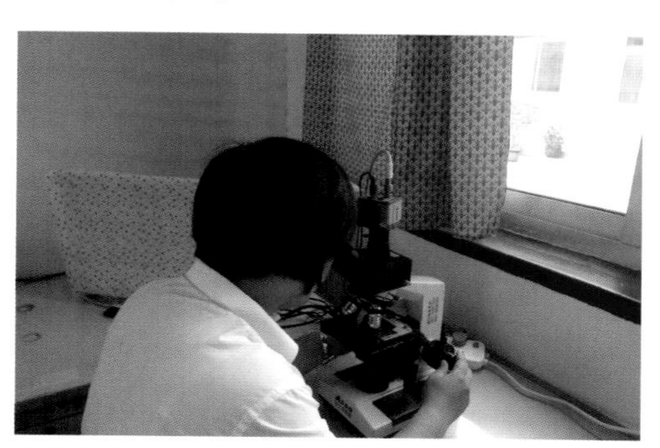

公猪精液的检查

公猪舍的环境控制

温，可采用通风、喷雾、洗澡等多种方式进行降温。

（7）后备公猪参加配种的年龄。

① 外国引进或培养品种不早于9月龄，体重不低于120千克。

② 北方地方品种后备公猪不早于8月龄，体重不低于100千克。

③ 南方地方品种后备公猪不早于7月龄，体重不低于70千克；其他早熟品种如香猪等，另参照其育种标准执行。

（8）种公猪的配种强度。

① 本交配种：成年公猪高强度配种，每天1次，连配6天休息1天；成年公猪中强度配种，每天1次，连配3天休息1天。青年公猪高强度配种，每天配种1次，连配2～3天休息1天；青年公猪中强度配种，每2天配种1次。

② 人工授精：成年公猪高强度利用，可每天采精一次，连采6天休息一天；成年公猪中强度利用，每2天采精1次。青年公猪高强度利用可2天采精1次；青年公猪中强度利用，可3天采精1次。

（三）要点监控

1. 密切注意精液质量

（1）通过显微镜检，监测种公猪的精液质量；一般来讲精子活力有问题要从公猪运动上找原因；精子密度有问题，要从蛋白供应上找原因。

（2）当采精困难或精液质量有问题时，要及时采血化验，检测各种繁殖障碍病的免疫抗体情况，以利将疫病控制在萌芽状态。

人工输精与检测

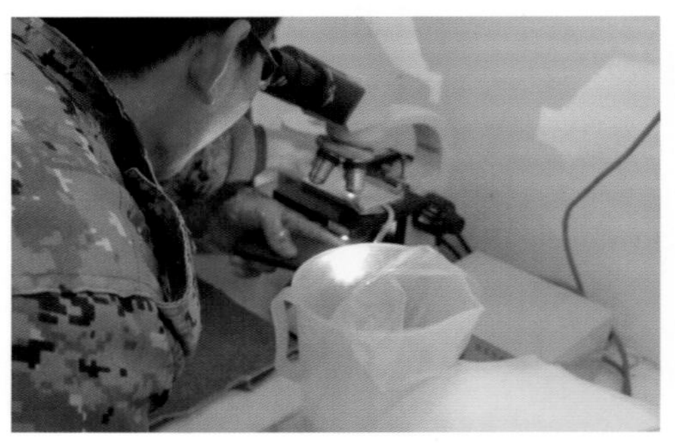

配前精液品质检查

人工输精的操作

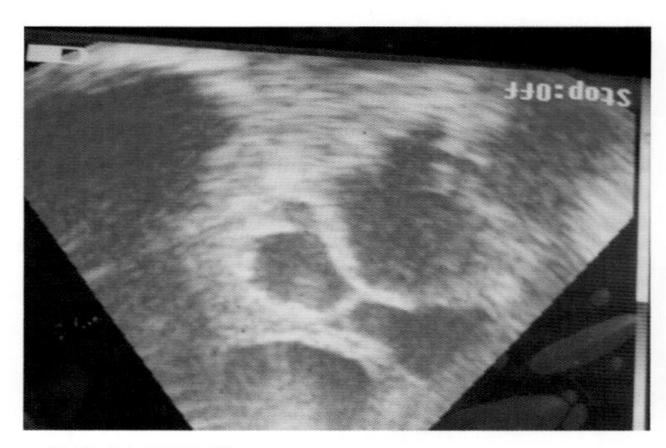

B超检查妊娠诊断

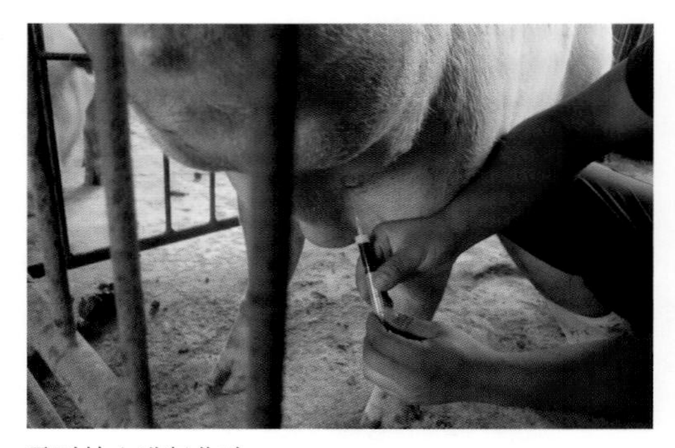

及时抽血进行化验

2. 做好人畜亲和、安全防护工作

（1）加强人畜亲和管理。

① 任何时间不得对种公猪有粗暴的举止言行。

② 通过运动、刷拭和清洗过程来建立人畜亲和关系。

（2）加强安全防范管理。

① 种公猪单圈饲养，每次只准一头公猪赶出圈栏外进行采精、试情、运动、刷拭等活动；严防公猪之间咬架。

② 公猪饲养人员在试情、采精、运动、刷拭时，只准从后面接近种公猪；以防被其咬伤。

（四）事后分析

俗话说“公猪好，好一坡；母猪好，好一窝”。由此可见种公猪在猪场的地位。只有在顺应种公猪行为习性的基础上，减少饲养管理方面对种公猪的不良刺激，才能完成种公猪饲养管理上求适的任务。具体讲，要做好5件工作。

（1）要细化种公猪的营养供应。其包括种公猪配种期及非配种期饲养标准的执行与落实。

（2）要确保日粮的质量与饲喂量。种公猪的日粮要有良好的口感和质量，要确保每日采食量达标。

（3）要建立种公猪的正常生活秩序。在固定的时间、地点进行洗浴、消毒、运动等工作，以建立正常生活秩序。

（4）要做好精液检查工作。要定期检查精液，提高与配母猪的受胎率，提高群体繁殖率。

（5）要注意保护公猪和使用强度。防止其咬人或互咬，并要注意使用强度。

安全操作与引种

人畜亲和与调教

只准公猪单独运动

要从后面接近公猪

及时引进现代版公猪

## 第二节　在后备种公猪饲养管理上求适

参见种公猪的相关内容，略。

## 第三节　在后备母猪饲养管理上求适

### 一、知识链接“后备母猪的培育”

育成猪阶段结束到初次配种前是后备母猪的培育阶段。培育后备母猪的任务是获得体格健壮、发育良好、具有本品种典型特征和高度使用价值的种用母猪。

为了使猪场生产保持理想、均衡的繁殖水平，每年必须选留和培育出占基础母猪群33%的后备母猪，用其来补充、替代年老体弱、繁衍性能降低的基础母猪。

只有使基础母猪群保持合理的胎次结构，才能保持并逐年提高猪场的生产水平和经济效益。可见，抓好后备母猪的饲养管理，其既是猪场的基础工作，又是未来的希望所在，不可忽视。

外引后备母猪最少做好如下8件事：

（1）三抗二免。

（2）隔离观察。

（3）系统免疫。

（4）呼吸道适应或同化。

（5）消化道适应或同化。

（6）生殖道适应或同化。

（7）催情查情。

（8）配前补饲。

后备母猪的培育

培育后备母猪的任务要明确

后备母猪的引种比率要清楚

母猪群体的胎次比例要合理

后备母猪的专用日粮要备好

## 二、在后备母猪饲养管理上求适的四步法

后备母猪的饲养与催情

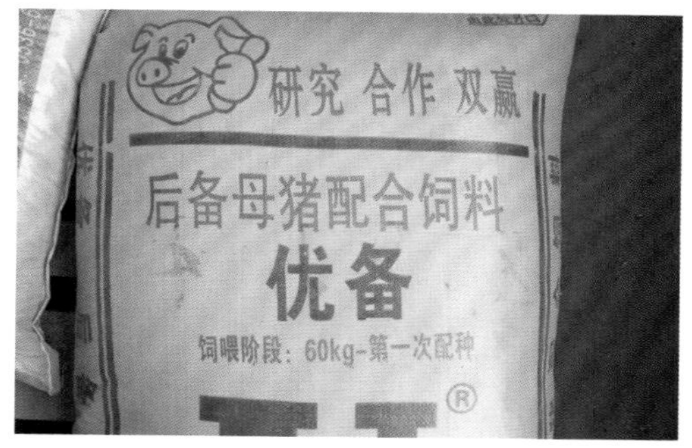


配种前两周的催情补饲

### （一）事前准备

（1）后备母猪科学饲养的准备。

（2）后备母猪科学管理的准备。

### （二）事中操作

1. 后备母猪科学饲养的操作

（1）限制饲养。后备母猪达140日龄时，体重要达85千克左右；此时要转入小群限饲舍内进行限制饲养，防止过肥。日粮为中等能量水平（13.2兆焦/千克）、高蛋白质（16%），特别是钙、磷含量要比育肥猪高出0.1%，日喂量为2.3～2.8千克。

后备母猪宜采用平养限饲法

（2）催情补饲。后备母猪在第三次发情前2周要开展催情补饲工作，其饲养标准的主要变化为各种维生素含量增加，特别是钙、磷含量分别增加至1.5%和1%，日喂量增加到3.8～4.0千克，也可改用自由采食方式，以利于排卵数的增加。

2. 后备母猪科学管理的操作

（1）小群限饲。后备母猪达140日龄后，即转入小群限饲栏内，每栏4～6头，栏内自由运动，采食单栏限饲。一般要饲养至第2次发情左右才转入配种舍的单体限位栏中。

后备母猪发情时互相爬跨

（2）促进运动。后备母猪在小群饲养时，当有的母猪发情后，可相互爬跨和追逐。既促进运动，又诱导其他母猪的发情，而群养舍内面积也给这种运动提供了基本条件。

（3）发情鉴定。外三元后备母猪一般在6月龄以后开始第一次发情，此时要做好发情鉴定和记录，在第2个情期到来前

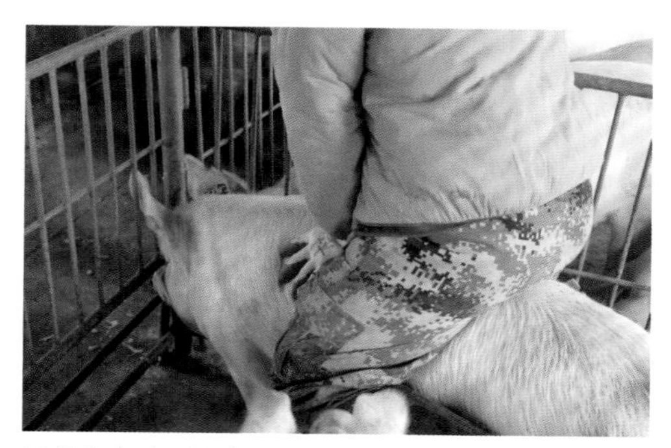

压背检查时，母猪两耳内翻

按操作规程进行查情，准确记录第二次发情时间，并及时转入配种舍，待第三次发情时配种。

（4）诱导发情。

① 合群饲养：把不发情的后备母猪放在一栏，通过发情母猪的爬跨、追逐、咬斗，增加运动，促进发情。

② 公猪刺激：可把不发情的母猪集中在一栏，用试情公猪诱导发情，每次追逐、爬跨刺激15分钟，每天1～2次。

③ 药物催情：可在饲喂时加入鱼肝油和维生素E胶囊，1天2次，每次各6丸，连用7天左右，促其发情。

（5）保健用药。

① 驱杀四虫用药：后备母猪在140日龄转舍后，要立即进行驱杀附红细胞体（血虫）、弓形虫、疥螨、肠道寄生虫的工作。

② 解除免疫抑制用药：后备母猪在145日龄时，要用电解多维、黄芪多糖或补中益气散等药物提高一般性免疫力。

③ 配前系统免疫接种用药：后备母猪在155～200日龄期间，要做好各种繁殖障碍病及特定病的免疫接种工作。

（三）要点监控

1. 要维护后备母猪阶段正常的神经内分泌功能

后备母猪阶段正常的神经内分泌功能是由下丘脑垂体分泌促卵泡激素，由此启动和促进卵巢上的卵泡发育。在外观性状上表现为性成熟阶段所具有的阶段性发情症状。这是后备母猪阶段存在的生殖生理现象，也是需要加以维护的。

**后备母猪的催情与保健**

公猪的试情与诱情

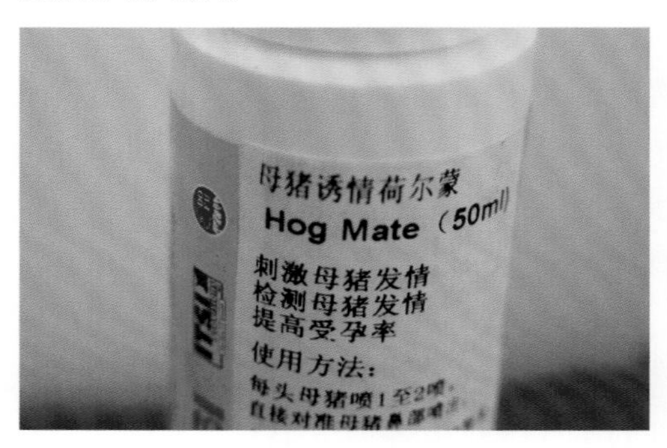


必要时可采用药物催情

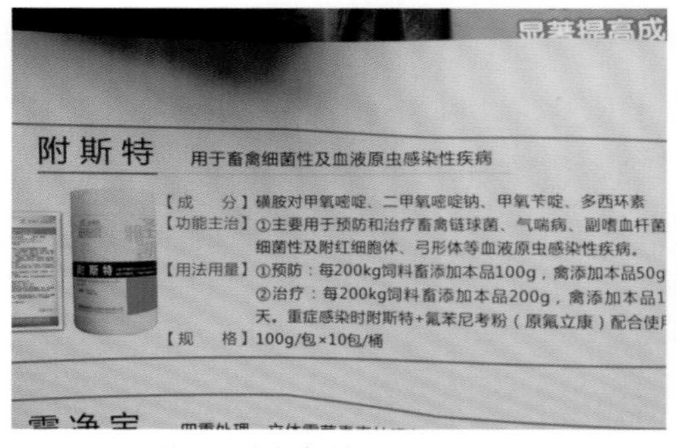


140～150日龄的驱虫与保健

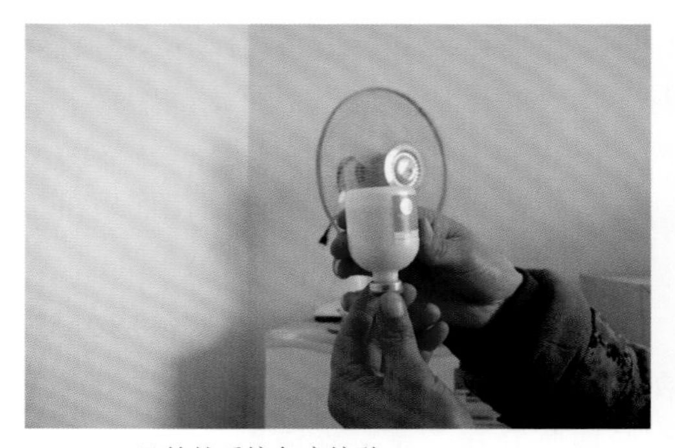

150～200日龄的系统免疫接种

2. 缓解各种应激因子对后备母猪阶段的叠加性损伤

后备母猪阶段，特别外购后备母猪，最易受到管理、环境、营养、生物类应激因子的叠加性损伤，产生病理性的交感神经兴奋和肾上腺皮质激素分泌增加。由此带来卵泡发育停止和性冷淡症状的发生。如果不能及时缓解和纠正，严重时可导致终生不育。

3. 后备母猪阶段正常生殖生理的保健处理

（1）在150日龄时，在缓解应激刺激的同时，每头每天要投喂500克胡萝卜，连用7天即可。

（2）在170日龄时，在缓解应激刺激的同时，每头每天投喂鱼肝油、维生素E胶囊各6丸，1天2次，连用5天即可。

（3）在190日龄时，在缓解应激刺激的同时，每头每天投饲催情散60～70克，1天1次，连用3天即可。

注：上述3次神经内分泌功能药物的微调处理，对已缓解应激的母猪机体，即可达到矫正其重返正常生殖生理轨道上来的目的。

（四）事分后析

1. 做好后备母猪培育这一基础工作

要按基础母猪周转计划，编制后备母猪引种计划；要做好后备母猪的隔离、适应工作，为淘汰无效母猪提供后备种源和保持合理的胎次结构。

2. 做好后备母猪疫病防控工作

后备母猪是猪场繁殖障碍病的易感群体；对此，在缓解各种应激因子重叠的同时，要做好特定病的健康检查、免疫接种

后备母猪各阶段的体况

后备母猪130天的繁殖体况

后备母猪160天的繁殖体况

后备母猪190天的繁殖体况

后备母猪220天的繁殖体况

和药物保健等工作，为培养达标后备母猪奠定基础。

## 第四节　在空怀母猪饲养管理上求适

### 一、知识链接“母猪空怀期的概念与任务”

母猪空怀期是指经产母猪断奶后至下一个发情期前的这一阶段。

母猪空怀期的任务有二：一是自身七成膘（$P_2$=20毫米）繁殖体况的恢复；二是为下一个发情期供应足够优质的卵细胞。故此，母猪空怀期的饲养管理质量，对下一个繁殖周期的多生多活至关重要，要引起充分重视。

### 二、在空怀母猪饲养管理上求适的四步法

#### （一）事前准备

(1) 空怀母猪科学饲养的准备。

(2) 空怀母猪科学管理的准备。

#### （二）事中操作

1. 空怀母猪科学饲养的操作

(1) 对断奶为七成膘（$P_2$=20毫米）以上，尚能分泌多量乳汁的母猪，为防止其在断奶时患乳房炎，要在断奶前后各3天减去2/3的哺乳料，不足部分用青粗饲料去充饥，促其尽快干乳。干乳后，可供给妊娠后期的饲料产品和相对应的饲喂量，以促进其卵泡保质保量生长发育，为提高下一个情期的受胎率和产仔数奠定基础。

(2) 对于哺乳后期低于七成膘的母

空怀母猪的四种体况

低于7成膘的要给予优饲

7成膘为繁殖体况

7.5-8.0成膘的要给予限饲

8成膘以上的要给予淘汰

猪，特别是泌乳力好的母猪减重更多，这些母猪体况瘦弱、奶量已不多，估计断奶不会发生乳房炎。故此，断奶后可不减料或少减料，干乳后要适当增量，为每日4～5千克饲料，以尽快恢复体况，及时发情配种。

（3）对于哺乳后期膘情尚在八成以上者（$P_2$ = 24毫米），这类母猪多数为泌乳力差或哺乳期带仔头数少所致，且多半为贪吃贪睡，内分泌紊乱，发情不正常。对此类母猪断奶前后均要少喂配合饲料，多喂青粗饲料。还要加强运动，使其尽快恢复至繁殖体况，尽早发情排卵。

2. 空怀母猪科学管理的操作

（1）抓住时机，淘汰残次母猪。要利用母猪断奶的时机，将产仔少、奶不好、有乳房炎、有蹄腿病以及年老体衰的低效母猪及时主动淘汰，以提高基础母猪群体的繁殖效率，特别是因死胎或难产导致子宫感染的母猪更应及早淘汰。

（2）改进空怀母猪的饲养方式。现在倡导空怀母猪采用小群限饲的饲养方式，其在栏内可自由活动，进而增加体质；并且可通过爬跨和外激素刺激，诱导其他母猪发情。另外，也便于观察空怀母猪发情及试情公猪查情。

（3）促进空怀母猪发情。

① 公猪诱导法。每天上午、下午两次，将试情公猪赶入栏圈内进行查情，每次10～15分钟为宜；通过外激素味及接触刺激，诱导母猪发情与排卵。

② 按摩乳房法。每天早、晚饲喂后，可用手掌对乳房表层按摩10分钟，以促进其发情。而配种当天要深层按摩10分

及时淘汰的四种空怀母猪

高于8成膘的要及时淘汰

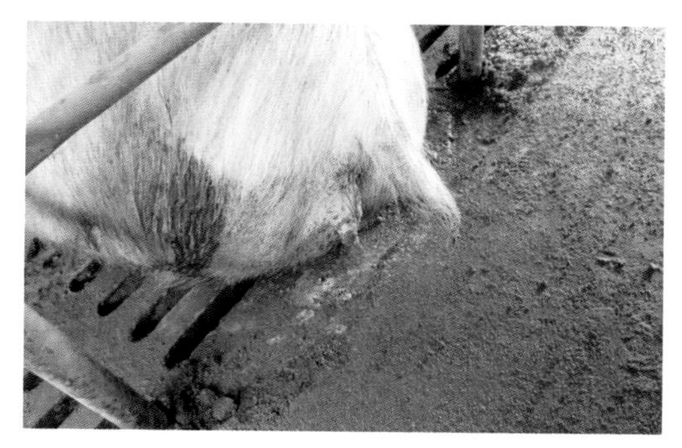

患子宫炎的要及时淘汰

有蹄腿病的要及时淘汰

患繁殖障碍病的要及时淘汰

钟以促进排卵。

③ 加强运动法。对不发情母猪可进行驱赶运动，通过促进新陈代谢，改善繁殖体况的措施来促进其发情排卵。此法如结合放牧，则效果更好。

④ 药物催情法。对不发情母猪可用中药催情散来催情；一般一次拌料喂服50克左右，1天2次，连用3天即可发情，而配种则在下一个情期进行为宜。

(4) 发情鉴定与适时配种。

① 空怀母猪的发情鉴定，一般采用公猪查情、压背检查和目测判定等综合鉴定法。当母猪出现交配欲，允许公猪爬跨，压背出现静立反应时，即可根据距离断奶的时间确定配种时间。

② 此时宜将发情母猪及时转入限位栏饲养方式的配种妊娠舍，以便于配种操作和妊娠早期的保胎处理。

(三) 要点监控

1. 要确保空怀母猪的繁殖体况

七成膘（$P_2$ = 20毫米）以上的空怀母猪应该是理想的体况，低于七成膘要从产房管理查起，产房人员应懂得降至七成膘以下的哺乳母猪要提前下产床，而断奶时膘情仍为八成以上的母猪（$P_2 \geq 24$毫米），则不是奶不好，就是产仔少，应划为主动淘汰范围之内。

2. 要抓好配怀的承包工作

要抓好配怀的承包工作，如果猪场的繁殖成绩与相关人员挂钩，而且经过努力又有产可超，就会调动员工的积极主动性，采用各种方法促进空怀母猪尽快发情。

空怀母猪的查情与配种

要用公猪一天2次进行查情

有条件的可采用运动催情

用压背法判断配种火候

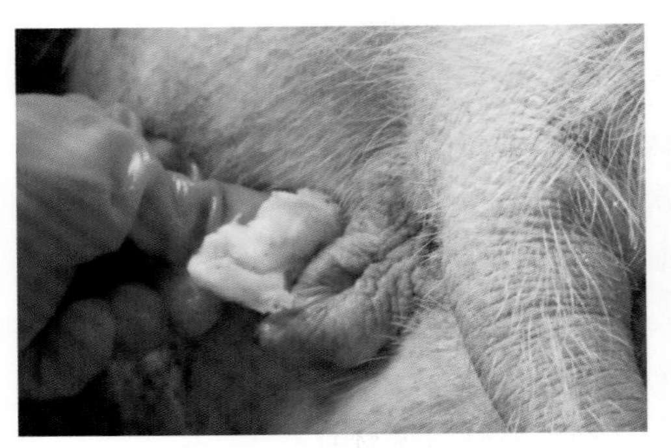

适时进行人工输精

（四）事后分析

母猪断奶进入空怀期阶段，其是下一个情期的第一步，其追求的目标就是外在的繁殖体况达标和由此带来内在的卵泡健康发育。因此阶段是下一胎产仔数多少的准备期，故其必然会成为猪场配怀管理的重中之重；也即首战必须告捷。另外，要做好如下工作。

1. 空怀母猪的营养调控

（1）空怀母猪7成膘以下的营养调控。其低于7成膘，一是泌乳能力强，二是营养供应不足；要及时给予补饲。

（2）空怀母猪8成膘的营养调控。其为8成膘，一是产仔少，二是泌乳能力差；对此要增强限饲力度。

2. 空怀母猪的管理调控

（1）空怀阶段的猪群整顿。要在空怀期对乳房炎、子宫炎、腿病等无效或少效母猪进行主动淘汰。

（2）空怀阶段的群养限饲。群养可增加运动，可促进发情；而半限喂拦的设置，又可进行营养调控。

3. 空怀母猪舍的硬件建设

（1）空怀母猪饲养在有运动场地的猪舍。空怀母猪断奶后在有运动场地的猪舍饲养3天，其发情率会显著提高。

（2）空怀母猪饲养在群养限饲舍。没有运动场地时，断奶母猪要饲养在群养限饲舍内，发情后再转入配种舍。

4. 空怀母猪舍的软件建设

（1）空怀舍承包责任制的落实。空怀舍是猪场配怀工作的重要一环，要落实承包责任制，以提高员工积极性。

（2）空怀舍配怀技术的培训。要认真

加强空怀母猪的管理

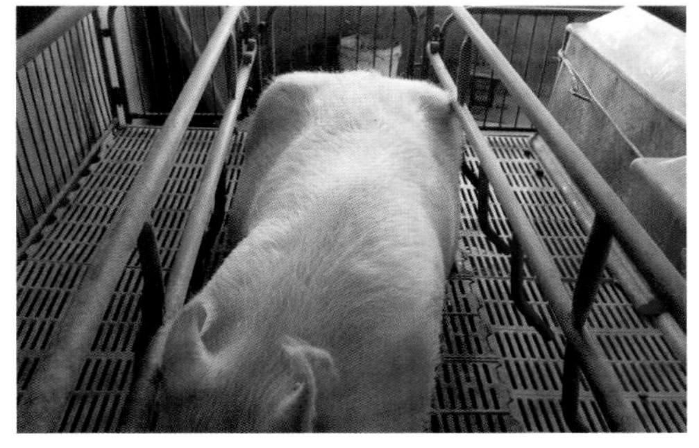

低于7成膘的空怀母猪要提前下产床

8成膘空怀母猪要及时淘汰

用承包调动员工配怀的积极性

7成膘是空怀母猪体况的理想标准

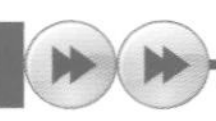

组织员工学习最新配怀技术，以提高配怀成绩和全进全出生产能力。

## 第五节 在妊娠母猪饲养管理上求适

### 一、知识链接“胚胎发育的三阶段”

1. 保胎期阶段（配后0～35天）

（1）卵细胞在输卵管壶腹部完成受精过程后，在3天左右到达子宫角；其最初在子宫角内呈浮游状态，从第13～14胎龄开始松散地着床，这个过程到25～30胎龄才能完成。

（2）在母猪妊娠达30天时，每个胚胎重量仅为2克，由于着床前没有胎衣和脐带的保护，其对外界刺激非常敏感，胚胎很容易死亡。故此，妊娠第一个月的重点就是抓好保胎工作。

2. 稳胎期阶段（配后36～90天）

（1）母猪妊娠36～90天期间，由于有胚胎屏障的保护作用，胚胎相对安全，故为妊娠母猪的稳胎期。胚胎发育至90天时，重量为550克左右。

（2）在配后50～80天，有针对性采用一些易感疫病的疫苗进行加强免疫，或采集某些病料进行反饲；在配后81～90天，有针对性驱虫和保健用药；不但可确保胚胎在重胎期时减少疫病的干扰，也为初生仔猪从初乳中获得抗体打下了基础。

3. 重胎期阶段（配后91～107天）

（1）母猪妊娠90天至分娩的24天，每个胎的体重增加800克左右，占初生仔猪体重的60%左右，可见妊娠后期24天是胎儿体重增长的关键时期。也可以说初生仔猪大与小，是最后一个月决定的。

妊娠母猪三阶段的要点简述

保胎期应在个体限位栏中饲养

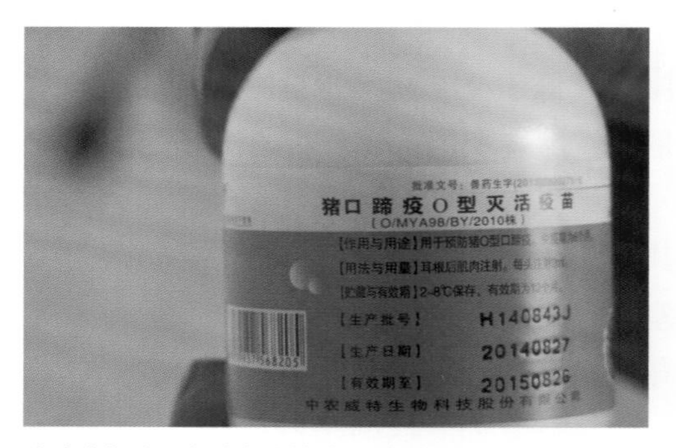


稳胎中期应根据疫情做好加强免疫

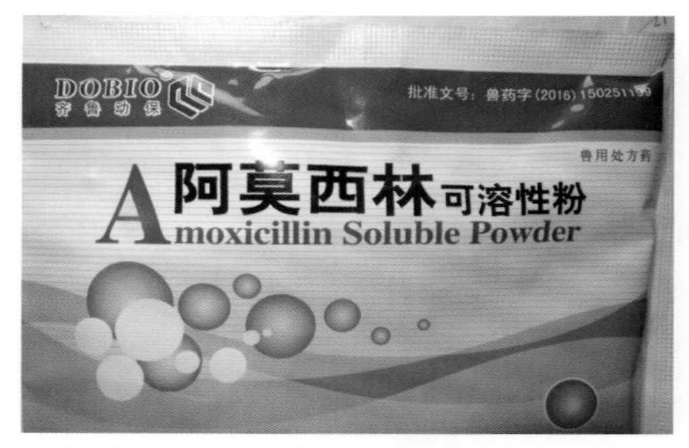


稳胎后期应根据检测做好药物保健

重胎期要使用哺乳料满足胎儿生长需求

（2）母猪在重胎期时，饲喂量和营养标准要适当提高。其一是满足胎儿快速生长的营养需求，其二是为哺乳期做好营养贮备（$P_2$≥24毫米）。

## 二、在妊娠母猪饲养管理上求适的四步法

### （一）保胎期求适的四步法

1. 事前准备

（1）保胎期科学饲养的准备。

（2）保胎期科学管理的准备。

2. 事中操作

（1）保胎期科学饲养的操作。

① 实施先低后高的饲喂体制。当经产母猪的膘情为七成（$P_2$ = 20毫米）以上时，配后0～3天饲喂妊娠前期料为1.75千克/日；配后4～35天，饲喂妊娠前期料2.0～2.2千克/日。

② 实施高低高的饲喂体制。膘情低于七成（$P_2$ = 20毫米）的经产母猪和初产母猪执行此饲喂体制。即配后改为妊娠前期料，0～3天时，日喂1.85千克；4～35天时，日喂2.3～2.5千克；以尽快使经产母猪达七成膘和保证初产母猪机体继续发育的需要。

（2）保胎期科学管理的操作。

① 预产期推算。母猪配后进行预产期推算，可形成猪场管理的基础数据，对免疫计划、消毒计划、保健计划、转舍计划等生产环节的准备和实施有指导意义。一般采用查表法最为准确。

② 早期妊娠诊断。配后20天左右进行妊娠诊断，可减少母猪的非生产天数，提高母猪群体的繁殖效率。一般多采用公

保胎期的饲养管理

经产母猪在保胎期的饲喂

青年母猪在保胎期的饲喂

保胎期的分区管理

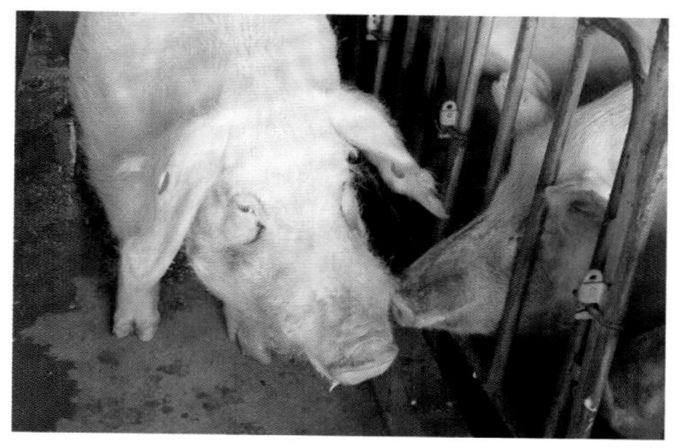
保胎期的公猪查情

猪查情、人工压背、目测观察等方法。而配后25～30天用B超进行的妊娠诊断，准确率几近100%。

③ 保胎期采用限位栏饲养方式。母猪发情后，即应转入个体限位栏中进行饲养，其利于发情火候的观察、人工授精的操作及妊娠前期的保胎，特别是保胎期限饲量的准确性得以保证。

3. 要点监控

（1）配种后0～3天，减料的监控。因体液中孕激素的含量是受精卵得以生存的重要因素，特别是配后最初几天，减少日粮饲喂量可使子宫乳中孕激素含量达标。故此，配后0～3天限饲1.5～1.8千克/日是必要的。

（2）减少保胎期的应激强度。配种后前两周，受精卵呈漂浮状态存在于子宫角内，其对外界各种刺激非常敏感。故此，此期间不准免疫，不准用药、不准野蛮粗暴、不准饲喂霉败饲料，以防止受精卵死亡。特别是严防高温中暑等恶性应激导致妊娠终止。

4. 事后分析

农事播种的俗话讲："见苗三分喜"，也即苗出齐了即有三分丰收的希望和喜悦；母猪妊娠的第一个月也是如此。当在配后28天左右，在B超的显示屏上显示左右子宫角均有足够的胎囊时，则即为本繁殖期的满怀多生奠定了可喜的基础。故此，要充分重视配种后妊娠初期的保胎工作，把影响胚胎初期存活的各种应激因素减至最低，并在具体细节上体现出保胎的意旨。

保胎期的妊娠诊断

配后20天的压背妊娠诊断

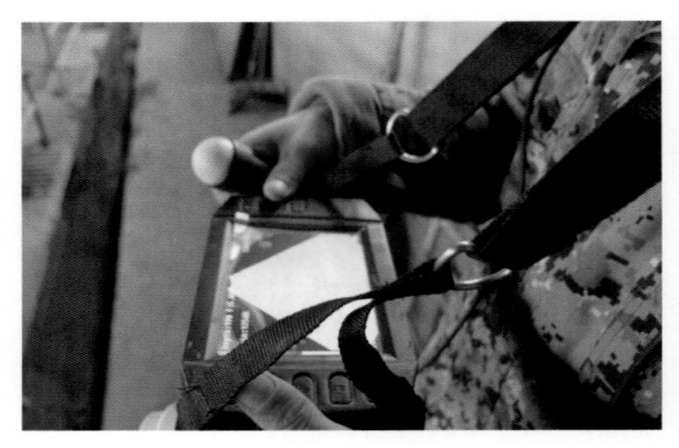

配后25天的B超妊娠诊断

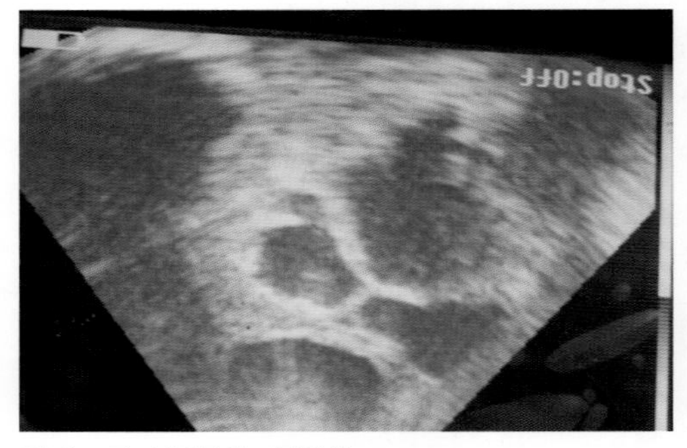

配后25天已妊娠的B超图像

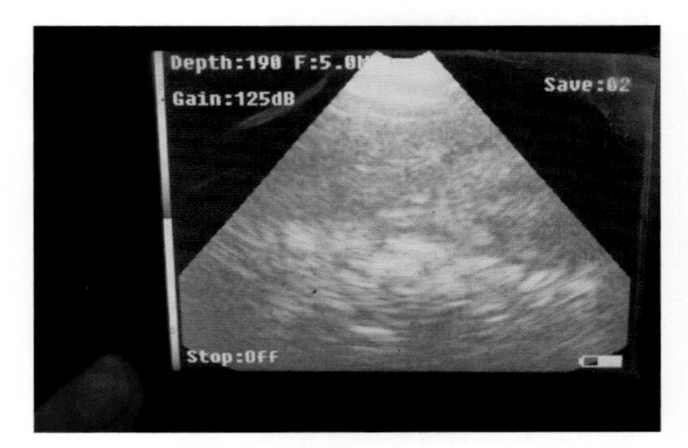


配后25天未妊娠的B超图像

## （二）稳胎期求适的四步法

1. 事前准备

（1）稳胎期科学饲养的准备。

（2）稳胎期科学管理的准备。

2. 事中操作

（1）稳胎期科学饲养的操作。

① 前低后高饲喂体制的操作。七成膘（$P_2$ = 20毫米）经产母猪在保胎期饲喂妊娠前期料2.0～2.2千克/日；在配后的36～75天，可饲喂妊娠前期料2.2～2.4千克/日；在配后的75～90天，如体况超过七成半膘（$P_2$ = 22毫米）可每日减喂0.2千克/日。

② 高低高饲喂体制的操作。低于七成膘（$P_2$ = 20毫米）的瘦母猪和初产母猪，在配后的36～75天，饲喂妊娠前期料2.3～2.5千克/日；如体况超过七成半膘（$P_2$ = 22毫米）时，可每日减喂0.2～0.4千克/日。

（2）稳胎期科学管理的操作。

① 实施群养限饲的饲养方式。待保胎期结束，可将配后36天进入稳胎期的母猪转入群养限饲的栏圈中饲养，直至产前一周。这种饲养方式既满足了限制饲喂，看膘给量的技术要求，又解决了母猪孕后逍遥运动的自身行为要求。

② 乳腺发育期的日粮调控。妊娠母猪配后的75～90天为乳腺发育期，此期间过多的能量供给极易造成乳腺细胞内脂肪沉积，并由此影响泌乳量。故此，在配后75～90天时，只要超过七成半膘（$P_2$ = 22毫米），就要给予限饲处理，一般减量为0.2～0.4千克/日为宜。

保胎期的环控和稳胎期的饲养

夏季保胎期的喷雾降温

冬季保胎期的防寒保暖

7成膘母猪在稳胎期的饲喂

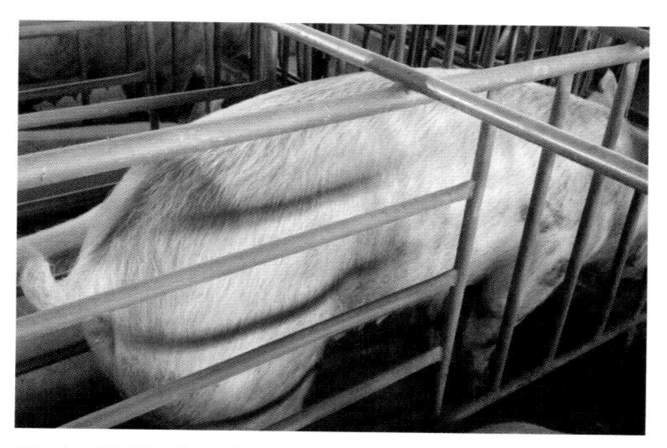
低于7成膘母猪要优厚饲喂

③ 稳胎期的免疫接种与反饲处理。根据猪场内部及周边存在的疫情情况，为确保母猪围产期、哺乳期的母仔平安。在配后50～80天时，对特定疫病进行免疫接种，如口蹄疫、伪狂犬病、猪瘟、蓝耳病、圆环病等，将可能列在优先免疫序列之中；而病毒性腹泻、黄白痢将可能处在优先反饲处理之列。

④ 稳胎期的驱虫与保健用药。一般在配后80～90天时，可间隔5天选用孕畜可用的驱疥螨、驱肠道寄生虫的药物喂服，连用5天为宜。同时在用药后选用土霉素、磺胺氯达嗪钠、TMP复方驱杀细菌、附红体、弓形体的散剂拌料饲喂，连用5天为宜，以达到遏制细菌、亚细菌、寄生虫等疫病的净身目的。

3. 要点监控

(1) 配后75～90天的看膘给量。配后的75～90天期间是妊娠母猪乳腺发育期，一般超过七成半膘（$P_2$ = 22毫米）就应减料限饲，以防因营养过剩所致脂肪在乳腺泡内沉积。

(2) 配后50～80天的免疫接种。为预防某些特定病在围产期和哺乳期内感染，在配后50～80天时，必须利用稳胎期这一时机进行免疫接种和某些疫病的反饲处理。

(3) 配后80～90天的保健用药。为使重胎期、围产期和哺乳期的母猪安全无恙，在配后80～90天时，要进行驱虫、灭菌、灭亚细菌的净身用药过程，一般连续用药以10天为宜。

4. 事后分析

配后36～90天是妊娠母猪和胚胎相

**稳胎期的免疫、驱虫及保健用药**

在配后稳胎期腹泻的反饲

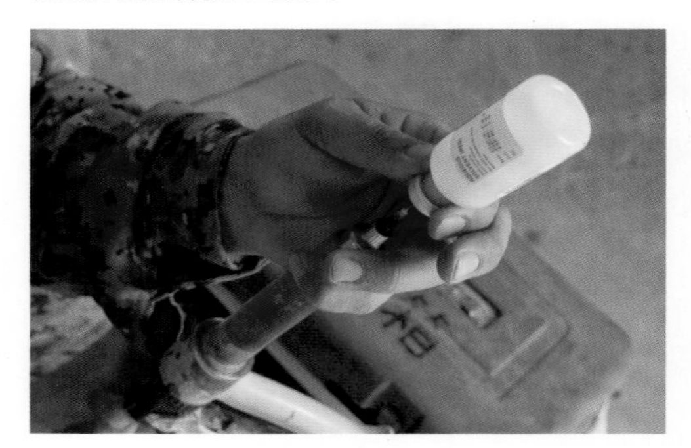

在配后稳胎期的免疫接种

在配后稳胎期的驱虫用药

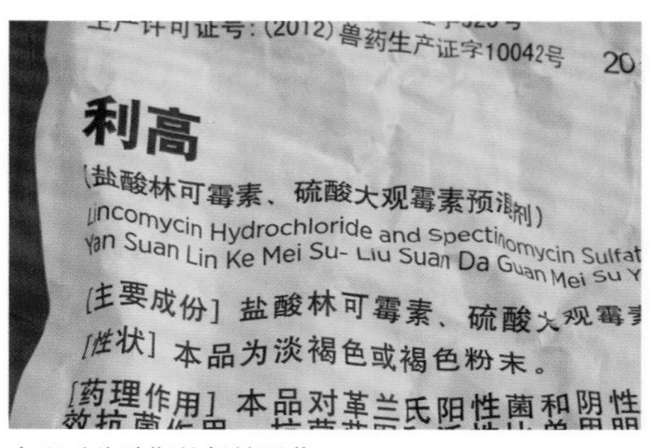


在配后稳胎期的保健用药

对安全的时期，故被称为稳胎期。在此期间，必须做好繁殖体况、免疫接种、乳腺发育、保健用药四项工作。唯此，才能为重胎期、围产期、哺乳期阶段的正常生产奠定基础。

(1) 做好繁殖体况恢复工作。

① 对体况为7成膘的母猪：经产母猪要供给2.2～2.4千克的日粮。青年母猪要供给2.3～2.5千克的日粮。

② 对体况为7.5成膘的母猪：经产母猪要供给2.0～2.2千克的日粮。青年母猪要供给2.1～2.3千克的日粮。

(2) 做好免疫接种工作。

① 经产母猪要根据猪场内外疫情和猪群抗体情况，做好免疫接种的调整工作。

② 青年母猪在与经产母猪相同免疫的情况下，还要做好反饲免疫的工作。

(3) 做好乳腺发育管理工作。

① 低于7.5成膘的妊娠母猪

在配后75～90天时，如果低于7.5成膘，可饲喂2.3～2.5千克的日粮。

② 高于7.5成膘的妊娠母猪

在配后75～90天时，如果高于7.5成膘，可饲喂2.0～2.2千克的日粮。

(4) 做好保健用药工作。

① 做好驱虫工作。在配后80～85天时，可选用孕畜可用的驱体内外寄生虫药物进行驱虫保健。

② 做好抗菌用药工作。在配后86～90天时，选用孕畜可用的抗血虫、弓形虫、致病菌的药物进行保健。

稳胎期管理的四要点

稳胎期的管理要点之一“繁殖体况”

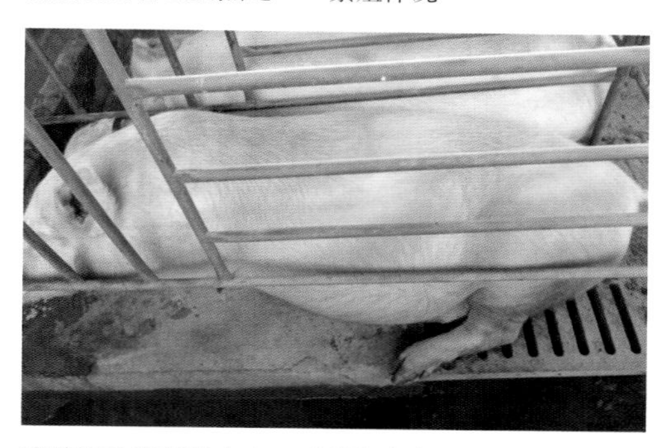

稳胎期的管理要点之二“乳腺发育”

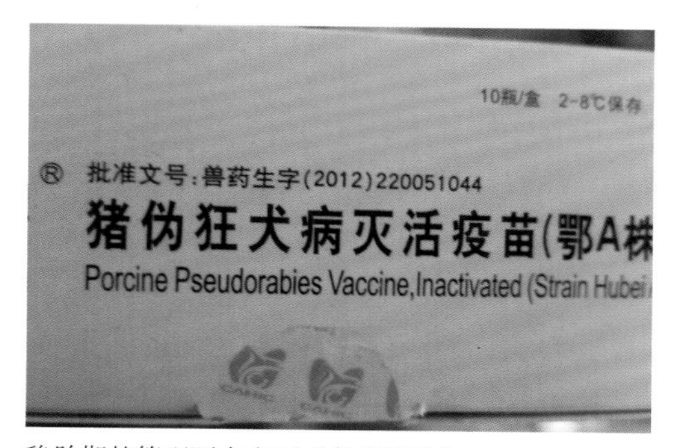


稳胎期的管理要点之三“免疫接种”

稳胎期的管理要点之四“驱虫保健”

（三）重胎期求适的四步法

1. 事前准备

（1）重胎期科学饲养的准备。

（2）重胎期科学管理的准备。

2. 事中操作

（1）重胎期科学饲养的操作。从配种后91～107天为妊娠母猪的重胎期，此时胎儿快速生长，每个胎儿将从550克左右的胎重增长到几近1500克左右；妊娠后期料或哺乳料既要满足其胎儿快速生长的需要，同时还要给母猪进入围产期和哺乳期做好八成膘（$P_2$ = 24毫米）体况的准备。故此，妊娠母猪在重胎期时每日要饲喂3.0～3.5千克营养丰富的妊娠后期料或哺乳料。

（2）重胎期科学管理的操作。

① 重胎期常见疾病的防治。由于胎儿快速生产，母体的营养供应压力骤增；此时母猪易出现低温不食、粪便干燥和乳房水肿等疾患。对此，要给予充分重视和标本兼治的及时纠正。

② 临产前一周上产床的查档准备。在临近产前10天时，要重新核对预产期计算表，并将产期相近的母猪尽量编在同一产房邻近的区域，以便于哺乳期母仔的饲喂与管理工作的开展。

③ 转舍前的清洗消毒。在上产床转群前，要采用一泡、二冲、三刷、四消的清洗消毒程序。然后动作温和、速度适中、逐个称重地将产前一周的母猪转入产床中待产。

3. 要点监控

（1）抓好营养供应工作。重胎期的营养供应是要保障胎儿快速发育和母猪体况

重胎期的体况、营养供给和保健用药

配后重胎期的繁殖体况

配后重胎期的营养供给

配后重胎期的常见症状

配后重胎期的对症用药

贮备的双重需要，故从质量到数量均要给予满足。

（2）防治产前疾患。重胎期胎儿快速发育的压力，可使妊娠前中期隐性存在的疾病乘机加重并出现临床症状。故此要给予及时有效的防治。

（3）防高温应激。妊娠后期，胎儿对高温应激非常敏感；稍有不慎，就会造成死胎或弱仔。故此，在夏季当猪舍温度超过28℃时，要马上采取紧急降温措施。

（4）清洁、安全上产床。临产前一周转入彻底清洗、消毒的产床上，如母猪本身能在转群前彻底清洗消毒，则产床卫生能较好的保持，可为围产期减少疾患奠定基础。

4. 事后分析

要认真抓好母猪重胎期的饲养管理，达到母健仔壮的效果，使“生后大一两，断奶大一斤，出栏大十斤”的养猪谚语成为现实。为此，要做好如下工作。

（1）改料增量。在配后90天，因胎儿的快速发育；要改喂妊娠后期或哺乳期日粮。饲喂量也要增至3.0～3.5千克。

（2）对症用药。对产前易发的乳房水肿、低温不食等常见疾患，也要选择对症药物进行治疗和防护。

（3）消除应激。产前2周，妊娠母猪最忌高温应激；故要采取有效措施进行预防。

（4）提前一周上产床。此时要做好母猪的清洗、消毒、称重等工作，还要做好安全防跌工作。

**产前一周上产床的准备与实施**

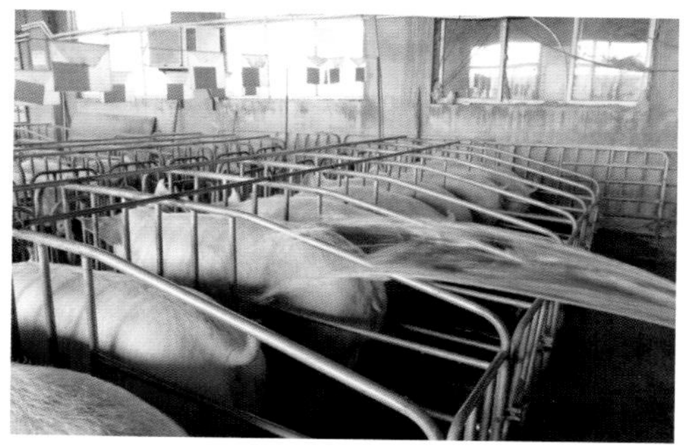

母猪上产床前的清洗消毒

母猪上产床前的称重

母猪产前一周登上产床

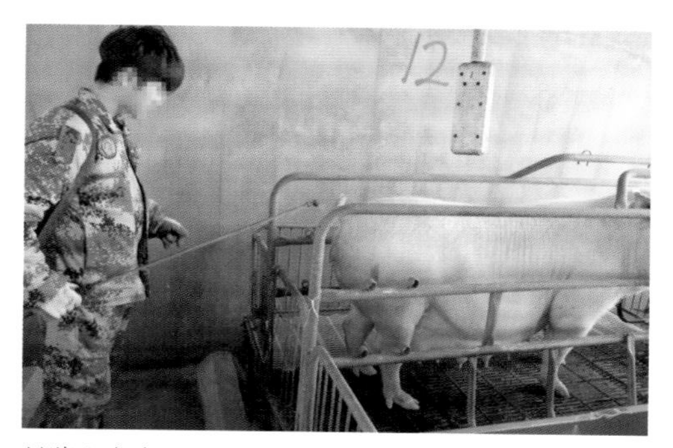


母猪上产床后的消毒

## 第六节　在哺乳母猪饲养管理上求适

### 一、知识链接“围产期与泌乳高峰期简介”

(1) 现代养猪将母猪的哺乳阶段细分为围产期阶段和泌乳高峰期阶段。围产期是指产前5～7天、产后5～7天和产程的总和；而泌乳高峰期是指产后5～7天至21～28天断乳的时间段。

(2) 在围产期和泌乳高峰期的饲养上，其全价日粮完全相同，但饲喂量却大相径庭。经产母猪正常产仔后，在泌乳高峰期需日喂4次，日采食量为6千克以上，饮水为20升以上。而围产期的日采食量，在产前5～7天至产仔是逐渐下降的，在产仔后至产后5～7天是逐渐上升的，日最低采食量为1千克，日最高采食量为3～4千克。

(3) 在围产期和泌乳高峰期的管理上，其围产期的管理 主要为产前的八大准备、产程的护理、人工助产、产后保健、提高泌乳力等工作内容。而泌乳高峰期的管理主要为环境保健、乳房保健、免疫保健、驱虫保健、看护保健和体况保健等内容。

(4) 母猪围产期、泌乳高峰期均在产房渡过，故此，产房的管理能力和技术能力也成为猪场综合能力最强的所在；其也是多面手人才培训的重要场地。

因围产期管理的有关内容在上篇中已经介绍，故本节仅介绍哺乳母猪泌乳高峰期饲养管理的内容。

母猪在围产期的管理要点

产房舒适环境的准备与实施

母猪淌出羊水后的产前消毒

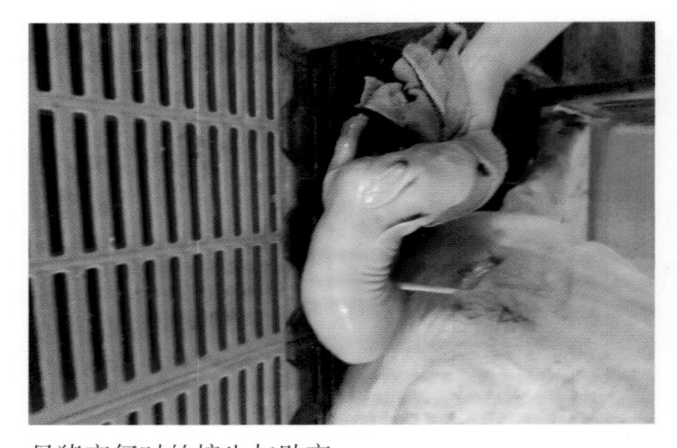

母猪产仔时的接生与助产

母猪产后的保健用药

## 二、在泌乳高峰期饲养管理上求适的四步法

### （一）事前准备

（1）在泌乳高峰期科学饲养上的准备。

（2）在泌乳高峰期科学管理上的准备。

### （二）事中操作

1. 在泌乳高峰期科学饲养上的操作

（1）泌乳高峰期的营养供给。哺乳母猪的全价配合料应按标准配制，要选择多种优质原料以保证其足够的营养水平。同时要考虑其体积不能太大，适口性要好，这样才能保证其体况维持和泌乳能力的营养供应。

（2）泌乳高峰期的日采食量。产后5～7天，母猪进入泌乳高峰期，此时需每日采食6千克以上全价日粮才能满足生产需求。一般改喂湿拌料，日喂4次。膘情好的在断奶前2天要减料，膘情不好的不需减料，可提前进行断奶处理。

2. 在泌乳高峰期科学管理上的操作

（1）环境保健。在冬季，产房要有取暖设施，确保温度在18℃左右，同时还要做好防贼风侵袭的检查工作。夏季要注意防暑，要增设防暑降温设施。如雾线、风机等设施，严防母猪中暑的发生。圈舍要随时清扫，粪便要及时清除，舍内要清洁干净，要相对安静和有良好的通风。

（2）乳房保健。新生仔猪要进行剪牙处理，以防乳头被仔猪咬伤。初产母猪尽量安排过哺乳猪，以保证其每个乳头都被仔猪吮过，以增加乳腺组织的发育。产床网面要平坦，无突出尖锐物对乳房造成损伤。断奶前后注意减料处理，以顺利度

母猪在泌乳高峰期的饲养与环控

泌乳高峰期的母猪在采食

泌乳高峰期的母猪在饮水

泌乳高峰期的产房环控

低于7成膘的泌乳母猪要提前下产床

过干乳期。

（3）免疫保健。按跟胎免疫的规定，母猪在产后第1天、第7天、第14天、第25天有四次免疫的空间。一般1天和25天分别免疫伪狂犬和猪瘟疫苗，第7和第14天可根据猪场疫病存在的情况，安排圆环病、蓝耳病、口蹄疫、支原体病等疫苗的免疫。

（4）驱四虫保健。在母猪断奶前，要做好血虫（附红体）、弓形虫、疥螨、肠道寄生虫的驱杀工作。血虫可采用三氮脒，一般在产后10～13天进行防治；而弓形虫可采用磺胺类药物，在产后15～18天进行防治；对肠道寄生虫和体表寄生的疥螨则可采用伊维菌素类药物，分别在产后第9天和第19天两次注射用药即可。

（5）看护保健。产房要有观察看护母猪的制度，饲养及管理人员要及时观察母猪的食欲、粪便、精神等状况，及时观察仔猪的生长发育情况，以此来判定母仔的健康情况。特别要观察母猪的失重情况，一旦接近七成膘（$P_2$ = 20毫米）体况，就要采取补饲开口料、减少哺乳次数及尽早断奶的处理措施。

（三）要点监控

1. 在科学饲养方面

（1）要保持哺乳母猪的良好食欲。

① 首先，要做好围产期的保健工作，特别是产后保健尤为重要，努力为母体健康打下基础。

② 其次，是在泌乳高峰期要有促食措施，如湿拌料、加炒黄豆、加酵母粉等。

（2）要供给充足适温饮水。试验证

母猪在泌乳高峰期的免疫与保健

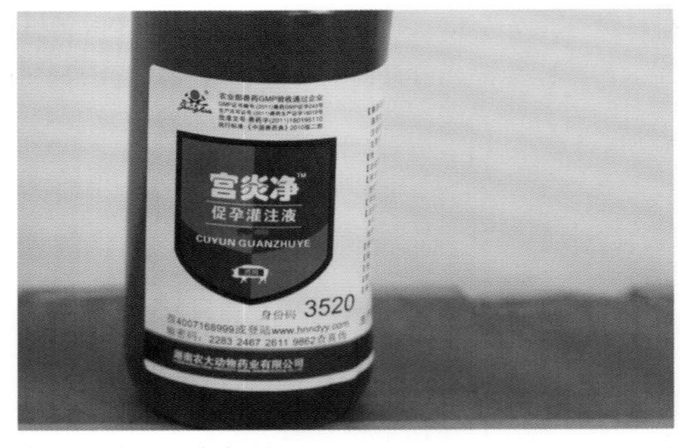


产后母猪的子宫保健

新生仔猪减牙防咬伤乳头

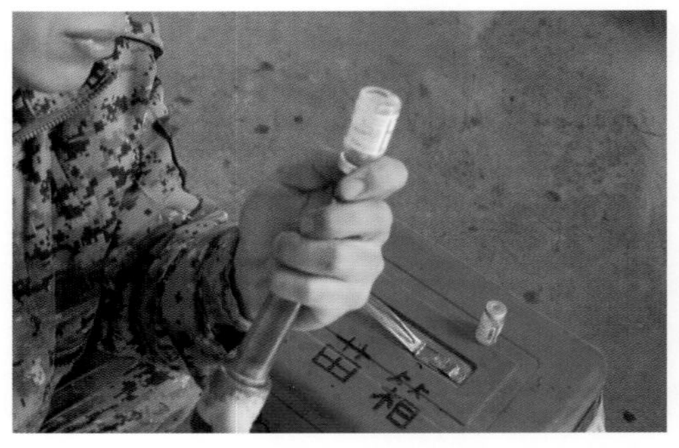


哺乳母猪产后的免疫接种

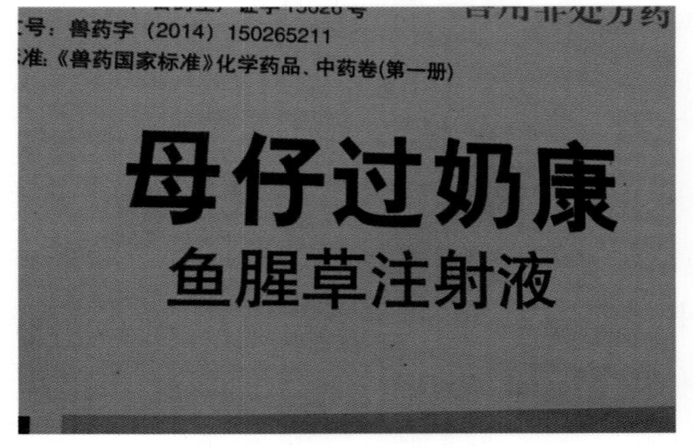


哺乳母猪产后的药物保健

明，26℃饮水是最适合猪群饮用的饮水温度。而产房的温度为18～22℃，这就要在产房另设一套饮水加温的设施，来满足母猪日饮用20升以上适温饮水的需求，为维持优良的泌乳力奠定基础。

2. 在科学管理方面

（1）进行母猪体重变化的监控分析。

① 调查数据。国外某学者对2000余头长白青年母猪各阶段的体重变化进行了调查，现将有关数据列表如下（表1-1）。

表1-1　调查表

| 项目 \ 体重 | 配种时体重（千克） | 临产前体重（千克） | 刚断乳后体重（千克） |
|---|---|---|---|
| 平均重 | 142.8 | 210.1 | 159.8 |
| 最小重 | 128.6 | 182.6 | 142.0 |
| 最大重 | 154.0 | 229.6 | 178.0 |

② 统计分析。

a. 配种后至临产前：母猪平均增重（67.3±17）千克，平均增重率为（47.1%±10）%。

b. 临产前至断奶后：母猪平均失重（50.2±20）千克，平均失重率为（23.9±8）%。

c. 断奶后体重与配种后体重相比较，平均增加体重为（17.1±2.5）千克，说明母猪还在进一步生长发育。

③ 结果讨论。上述调查数据及统计结果，基本阐明了长白青年母猪各阶段体重变化的规律。在实际生产中，对个别青年母猪体重变化有背于上述数据者，可考虑是否为饲养管理、环境条件及疫病混感

观察泌乳母猪的各种情况

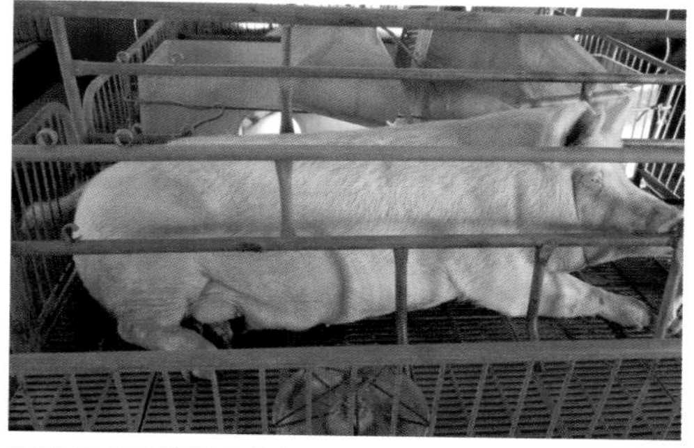

仔细观察哺乳母猪的起卧情况

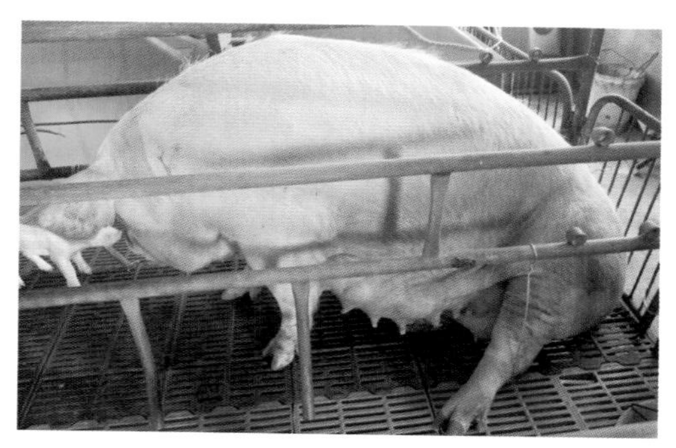

仔细观察哺乳母猪的蹄腿情况

仔细观察产床的清洁情况

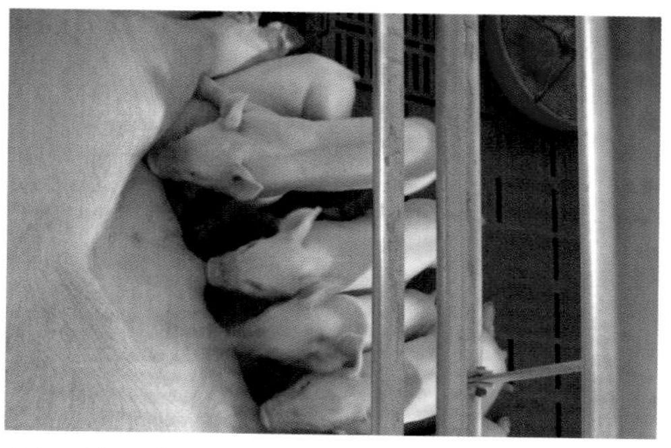

仔细观察母猪的泌乳情况

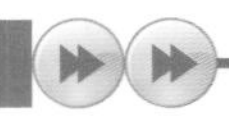

等因素所致。

(2) 进行母猪断奶失重与断奶窝重等相关数据的监控分析。

① 调查数据。国外某学者同时对母猪断奶失重与断奶窝重等的相关性进行调查，现将有关数据列表如下（表1-2）。

表1-2　调查表

| 项目 / 失重 | 生后20日龄 | | |
|---|---|---|---|
| | 断奶窝重（千克） | 仔猪头数（个） | 头平均体重（千克） |
| 平均为20.2千克 | 34.8 | 8.7 | 4.0 |
| 平均为35.4千克 | 47.0 | 9.9 | 4. 8 |

② 统计分析。

a. 失重多的母猪其仔猪窝重是失重少母猪之仔猪窝重的135%。

b. 失重多的母猪其仔猪头数是失重少母猪之仔猪头数的114%。

c. 失重多的母猪其头平均体重是失重少母猪之头平均体重的118%

③ 结果讨论。上述数据证明：母猪在哺乳期失重越多，其泌乳力就越高，仔猪发育就越好；而在哺乳期失重少的母猪往往是泌乳力低，仔猪多发育不良。故此，对泌乳力高的母猪要千方百计增加营养摄取量，必要时可采取提前断奶的措施，否则母猪失重过多、体力消耗过大，轻者会影响下次发情配种，重者则会生病死亡。

（四）事后分析

母乳是仔猪生后10天内的唯一食物，

母猪在不同阶段的体况与体重

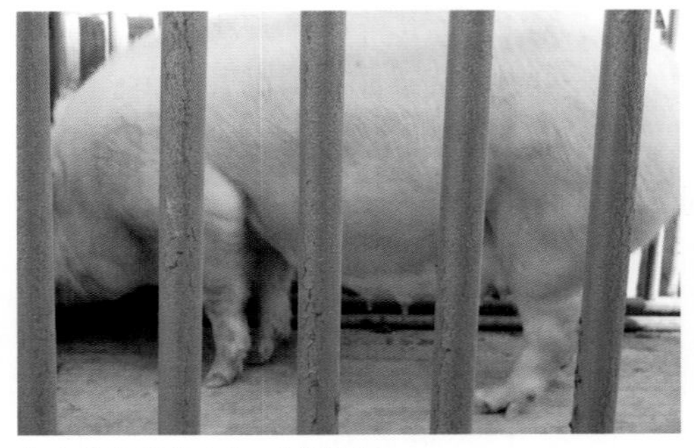

临产前的母猪应为8成膘体况

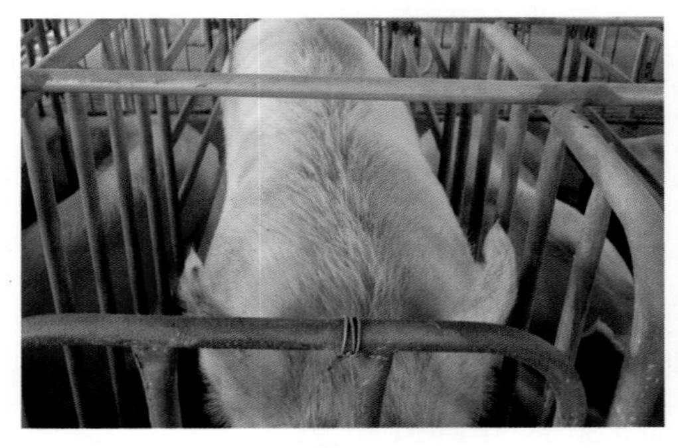

断奶后的母猪应为7成膘体况

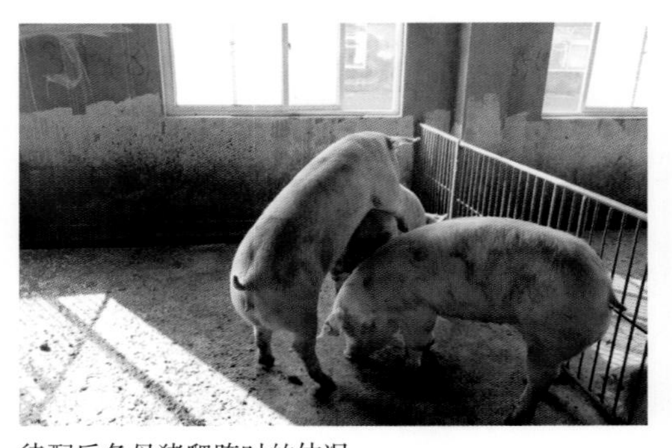

待配后备母猪爬跨时的体况

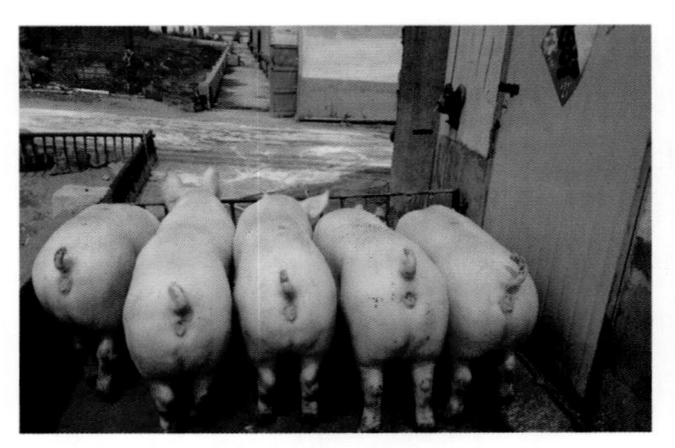

150日龄后备母猪尚待发育的体况

是生后20天之内的重要食物。哺乳仔猪的成活和生长速度主要取决于母猪泌乳量和奶的质量。故此，要杜绝影响母猪泌乳量的各种因素，要加强饲养管理工作，还要注意如下要点。

（1）泌乳母猪饲养要点。

① 必须确保的部分饲养标准。消化能13.8（千克/兆焦）、粗蛋白质18（%）、赖氨酸0.91（%）、钙0.77（%）、磷0.62（%）。

② 必须确保的日采食量。以窝产12头新生仔猪为例，产房温度在20℃时，日采食量为6.5千克左右。

③ 日粮中要加入3%以上的油脂。一般日粮中要加入3%～5%的油脂或大豆磷脂，有利增加采食量和维持膘情。

④ 保证充足适温的饮水。在20℃时，饮水流量应为2升/分。

（2）泌乳母猪的管理要点。

① 环境调控。以冬暖夏冷、清洁安静为标准。

② 乳房保健。新生仔猪生后的剪牙要规范。

③ 免疫接种。用抗体检测指导免疫接种。

④ 药物保健。要做好驱虫、抗菌的保健用药。

⑤ 体况控制。要保持哺乳母猪7成膘的繁殖体况。

⑥ 健康检查。全泌乳高峰期内要进行健康检查。

**泌乳高峰期的促食与母猪的泌乳力**

断奶时7成膘为高泌乳力母猪

断奶时8成膘为低泌乳力母猪

要做好泌乳高峰期的促食工作

仔猪断奶窝重代表母猪的泌乳力

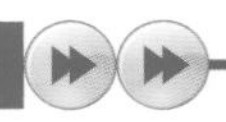

## 第七节　在哺乳仔猪饲养管理上求适

### 一、知识链接“哺乳仔猪的生理特点”

#### （一）仔猪生长发育快、代谢机能旺盛

1. 生长发育快

仔猪初生重小，但生后发育快，10日龄体重达初生重的2倍以上，20日龄达初生重的4倍以上。

2. 代谢机能旺盛

仔猪物质代谢旺盛，特别是蛋白质、钙、磷代谢要比成猪高出许多。如生后20天时，每千克体重沉积的蛋白质相当于成年猪的30～50倍。

#### （二）仔猪消化器官不发达、机能不完善

1. 胃不发达，体积小

仔猪出生时，胃重只有4～8克，20日龄时达35克，容积增大约3倍；小肠也是快速生长，28日龄时为出生时的10倍之多。

2. 消化机能不完善

（1）仔猪生后，胃内只有凝乳酶和少量的胃蛋白酶，因胃底腺不发达缺乏游离盐酸，难以启动胃蛋白酶活性。故此，新生仔猪只能吃奶而不能吃饲料。

（2）仔猪胃和神经系统的联系尚未建立，缺乏大猪的条件反射性胃液分泌功能。只有食物进入仔猪胃内后，才能刺激

哺乳期不同日龄段的图片

1日龄新生仔猪的图片

7日龄哺乳仔猪的图片

14日龄哺乳仔猪的图片

21日龄去母留仔的图片

胃液分泌。

（3）仔猪胃的排空速度太快，故其消化机能不完善；其15日龄为1.5小时，30日龄为3～5小时，60日龄为16～19小时。

（三）通过吃初乳获得先天免疫力

1. 新生仔猪生后没有先天免疫力

由于在胚胎期母体血管与胎儿脐带血管之间被6～7层组织隔开，限制了母源抗体通过血液向胎儿转移。故此，只能靠初乳获得先天免疫力。

2. 初乳中免疫抗体的变化

分娩开始时，每100毫升初乳有免疫球蛋白20克；分娩后4小时降为10克，以后逐渐减少。故此，分娩后吃好初乳对提高仔猪成活率非常重要。

3. 初乳中含有抗蛋白分解酶

初乳中的抗蛋白分解酶可以保护免疫球蛋白不被分解，仔猪可完整吸收母源抗体。但这种酶存在时间很短，故此，要做好第一天吃好初乳的护理工作。

4. 新生仔猪具有吸收母源抗体的能力

仔猪出生24～36小时，小肠毛细血管具有吸收大分子免疫球蛋白的能力。但通过1～2天的吸吮过程后，这种能力就会减弱，转变为消化、吸收的生理功能。

（四）新生仔猪体温调节能力差

（1）新生仔猪由于大脑皮层发育不健全，通过神经系统调节体温的能力差，再加上仔猪体内能源贮备少，遇到寒冷血糖很快降低，如不及时吃到初乳就很难成活。

吃好母乳的四个要点

及时吃好初乳

辅助吃好初乳

过哺吃好母乳

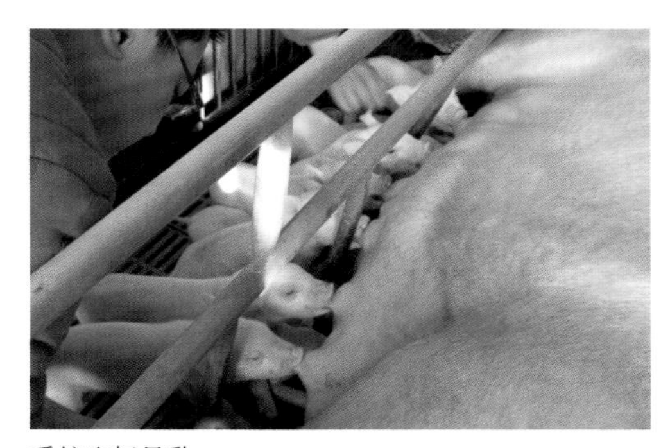

看护吃好母乳

（2）据试验证明，新生仔猪在13～24℃的环境中，体温在生后第1小时可降低1.7～7.2℃；尤其生后仔猪裸露在1℃的环境中1～2小时，即可冻昏或冻死。

## 二、在哺乳仔猪饲养管理上求适的四步法

### （一）事前准备

（1）哺乳仔猪科学饲养的准备。

（2）哺乳仔猪科学管理的准备。

### （二）事中操作

1. 哺乳仔猪科学饲养的操作

（1）吃好初乳和固定乳头。一般现场应用时，可采用分群哺乳的方式，首先将弱仔分在第一批先进行无竞争性哺乳，其次是将健仔分在第二批进行无竞争性哺乳。连续各哺乳两次后，将弱仔固定在母猪的胸部乳房处进行人为辅助哺乳，这样连续2～3天，即可达到固定乳头的效果。

（2）适时开口诱食。推行21天断奶制，哺乳仔猪必须在12龄开始诱食，经2～4天后即可适应而正常采食。一般采用两种诱食方式，一种是强制诱食，可将开口料拌湿，一天三次定时向仔猪嘴内填食；另一种是自由采食，每2小时一次向仔猪料槽内添加少许开口乳状料，诱导其采食，此时要注意料槽卫生和饮水充足。

（3）仔猪补饲有机酸。给3～8千克仔猪补饲有机酸，可降低肠道pH，激活某些消化酶，减少肠道有害菌的含量，提高了干物质、能量、蛋白质的消化率和蛋白的沉积率。同时添加乳酸菌制剂也可提高有益菌的占位优势，进而减少仔猪腹泻的发生概率。

抓好哺乳仔猪的饲养（一）

吃好初乳

固定乳头

看护防压

过哺寄养

（4）仔猪日粮中添加抗菌药物。抗菌药物具有增强抗病力和促进生长发育的作用，这种效应随日龄增大而下降，并受药残的限制。而仔猪生后的最初几周是添加抗生素效应最大的时期，哺乳与保育初期阶段加入一些抗菌药物，可提高成活率、增重速度和饲料利用率。

（5）仔猪补铁与补硒。新生仔猪每天需铁元素为7毫克，而母乳只能满足1毫克。故此，生后2～3日龄仔猪就需补铁，一般注射葡萄糖铁制剂，每头1毫升（内含100毫克），必要时10天后再注一次。对缺硒仔猪，可在3～5日龄时，肌内注射0.1%亚硒酸钠注射液0.5毫升，60日龄再注射1毫升即可。

（6）仔猪补水。水是消化、吸收、运送养分和排除废物的溶剂，缺水会导致食欲下降和消化作用减缓；缺水也会因饮脏水而造成下痢，重者甚至会造成死亡。故此，仔猪生后既要做好清洁饮水的供应工作，又要确保仔猪随时能饮到卫生、充足、26℃左右的饮水。

2. 哺乳仔猪科学管理的操作

（1）防止窒息，正确断脐。

① 仔猪出生后，要尽快进行“三擦一破”，即擦除口腔、鼻、全身的黏液和羊水；如果有胎衣包裹也要尽快撕破。已经出现窒息的，可倒提两后腿并轻轻拍打胸部，以利黏液从上呼吸道中流出。

② 断脐不当会使仔猪流血过多或继发细菌感染，正确的方法是：用手指将脐带内的血液撸回至腹腔，在距脐根5厘米处，用指甲钝性掐断脐带，并涂以碘酒进行消毒。如果出血严重也可进行结扎处理。

抓好哺乳仔猪饲养（二）

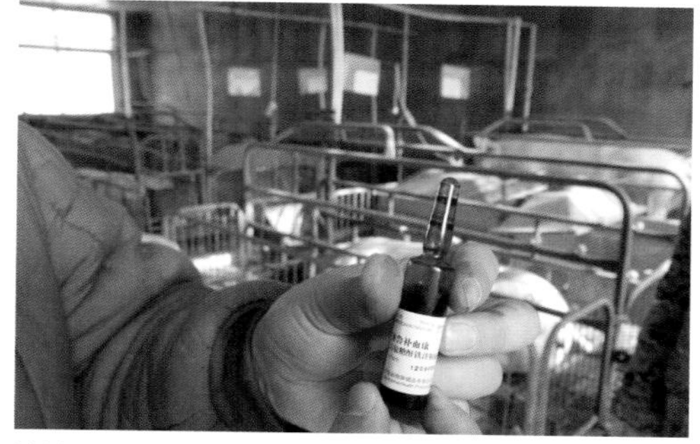

补铁补硒

逐步开食

液体饲喂

适时断奶

（2）防冻保温，减少冷应激。

① 产房的温度要常年保持在18～23℃，给产仔母猪提供一个适宜的产仔泌乳环境。同时在产仔母猪附近设置保温箱，其箱底设置可调温的电热板和箱中悬挂的保温灯，以确保保温箱中30～33℃的适宜温度环境。

② 新式产床设置开放式仔猪保温设施，在靠近母猪处铺设可调高、中、低档的电热板，其上方悬挂供暖与杀菌功能的保温灯，可确保哺乳仔猪所需要的适宜温度。此保温设施要设在产床的中部，以避开高温对母猪头部的影响。

（3）防压防踩、避免弱仔死亡。

① 从新生仔猪死亡原因分析中可以得出，其被母猪踩压而死占很大比例。究其原因为：产房温度低、新生仔猪体质弱等。对此，传统养猪认为：第一要提高产房温度，第二要有防压措施，第三要保持环境安静，第四要加强产仔前3天的夜间看护工作，借此以减少新生仔猪的死亡率。

② 从现代规模化养猪的生产现场上看，人们更强调产房内环境控制的精细化和自动化，更愿意从尽量满足新生仔猪适宜的生存条件上降低其死亡率，而以更细致的人工护理上降低其死亡率已成为过去。

（4）仔猪吸吮管理。

① 传统猪场规定，要按新生仔猪大、中、小三个体况档次，安排其在母猪腹部、胸腹部和胸部乳房处进行人工固定的吸吮。由此顺应其固定乳头吃奶的习性而吃好初乳和固定乳头，并达到整齐一致

新生仔猪接产的四个要点

用毛巾擦去口鼻、体表的黏液

正确断脐、结扎与碘酒消毒

撒布爽身粉沾干体表

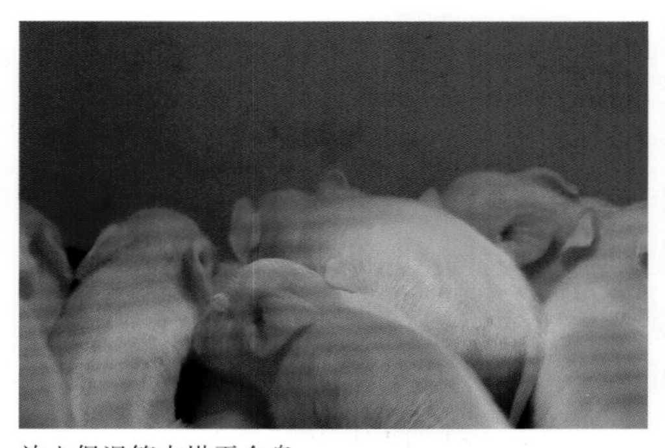

放入保温箱内烘干全身

的生长发育效果。

② 现代规模化猪场的产房生产，已使人工固定乳头这道工序，名存实亡，适者生存这一名言才是现代养猪生产推崇的不变主题。人们更多关注的是舍内环控系统的正常化、舍内供料供水系统的正常化等整个产房管理的大事。

（5）新生仔猪寄养。现代规模化猪场因同期产仔的母猪很多，故寄养的方法已逐渐演变成一个工艺而应用于产房中。其仔猪寄养要遵循如下原则：其一是被寄养的仔猪一定要吃到亲母24小时内的初乳；其二是被寄养的仔猪要比养母的仔猪大一些；其三是养母最好是第一胎、第二胎，以确保11～13头的哺乳数；其四是寄养的仔猪要与养母的仔猪气味一致；其五是寄养的仔猪一定要经过饥饿处理，以利其在寄养时迅速进入抢奶环节；其六是寄养的最佳时间要确定在产后24小时进行。

（6）打耳号与剪牙、断尾。

① 一般种猪场在仔猪生后24小时之内，对所留种公猪和种母猪进行打耳号处理，以利今后繁殖、育种和生产管理的顺利开展。现代育种配合采用刺墨标记工艺，可使耳缺的错误率大大降低。

② 在仔猪生后24小时内进行剪牙与断尾处理已经成为大多猪场的工作程序。但是也有专家提出反对意见，称其是对新生仔猪的伤害性应激，没有什么益处，究竟如何处理，待研究。

（7）适时进行去势。对不作种用的小公猪进行去势是必要的，一般认为去势时间越早，对仔猪的应激越小，恢复得越快。故此，多选择在生后4～6天时进行

抓好哺乳仔猪的药物保健

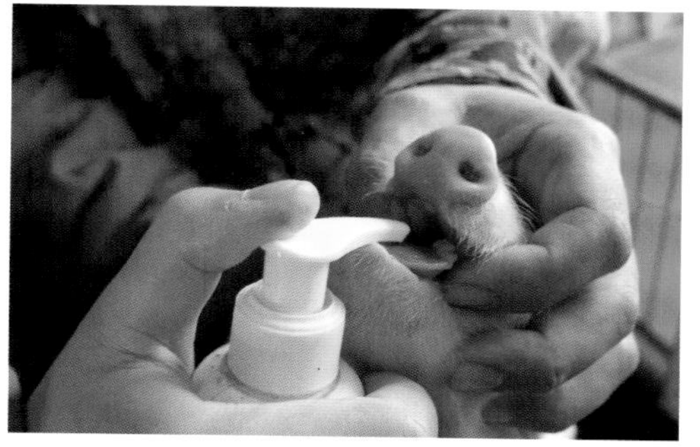
灌服给药防腹泻

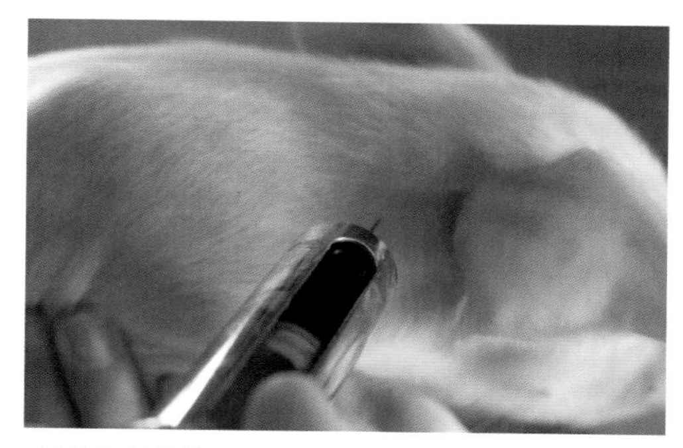
2日龄注射补铁

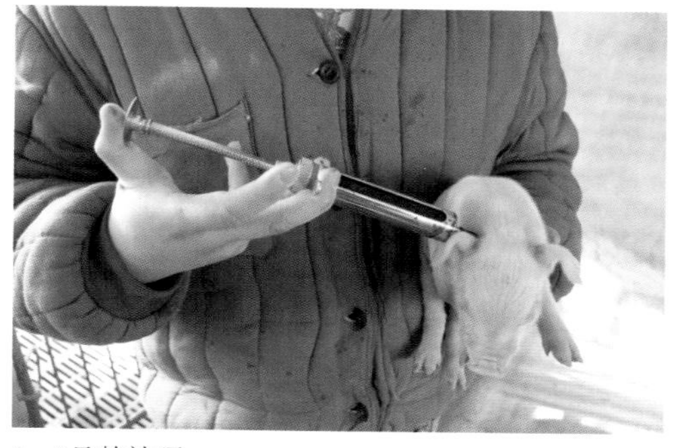
3～5日龄补硒

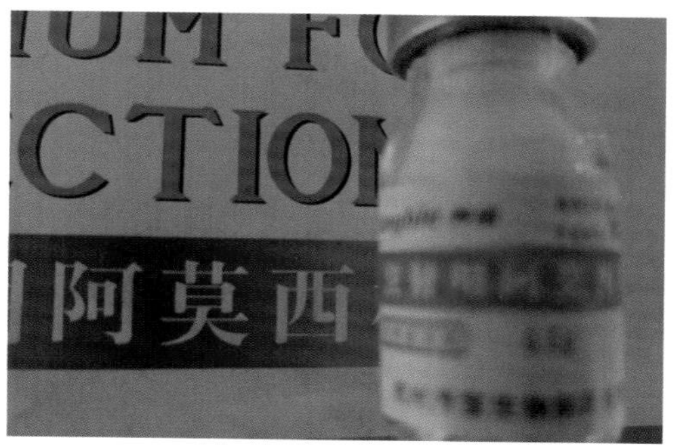

灌服给药治渗出性皮炎

去势手术，术前要进行必要的碘酒消毒，切口应偏向睾丸的向地部位，切口不易过大，能挤出睾丸即可。对输精管和精索用手指甲掐断为好，同时术后要用碘酒消毒。

（8）防治仔猪腹泻病。腹泻症是仔猪常见系列病，找准病因，才能有很好的防治效果。如为病毒性腹泻，则要在妊娠母猪阶段进行免疫接种预防；如为黄、白痢等细菌性腹泻，则用口服不吸收的抗菌药物灌服即可，如为球虫性腹泻则另灌服磺胺二甲片或地克珠利喷剂驱虫即可，等等。

### （三）要点监控

1. 哺乳仔猪死亡原因的分析

（1）个别猪场感染性因素所致仔猪死亡。个别猪场如感染口蹄疫、病毒性腹泻等疫病，即可直接造成新生仔猪大批死亡；如在母猪妊娠期感染猪瘟、伪狂犬疫病，也可造成弱仔和迟发性猪瘟的发生而引起的后天死亡；如母猪感染圆环，蓝耳等病毒，也可直接导致弱仔等死亡，或混感其他疫病而死。

（2）综合因素所致仔猪死亡。

① 仔猪死亡时间的统计（表1－3）。

表1－3　仔猪死亡时间统计

| 死亡时间 | 1天 | 2天 | 3天 | 4天 | 5天 | 6天 | 1周 | 2周 | 3周 |
|---|---|---|---|---|---|---|---|---|---|
| 死亡率（%） | 24 | 16 | 13 | 7 | 6 | 5 | 76 | 18 | 6 |

通过对死亡时间的统计，可以看出哺

哺乳仔猪要做好的四个免疫

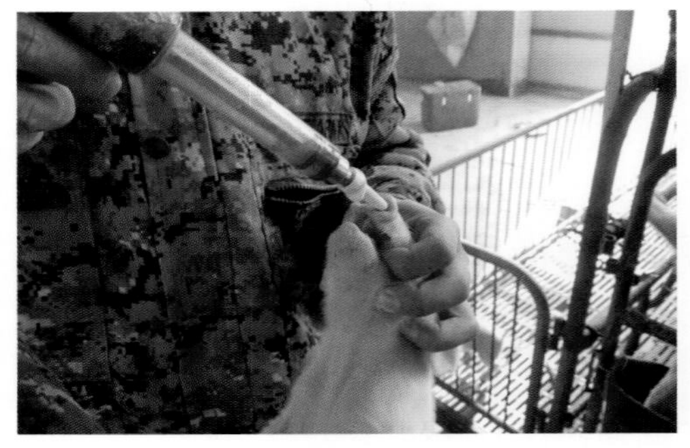

1日龄伪狂犬基因缺失苗滴鼻

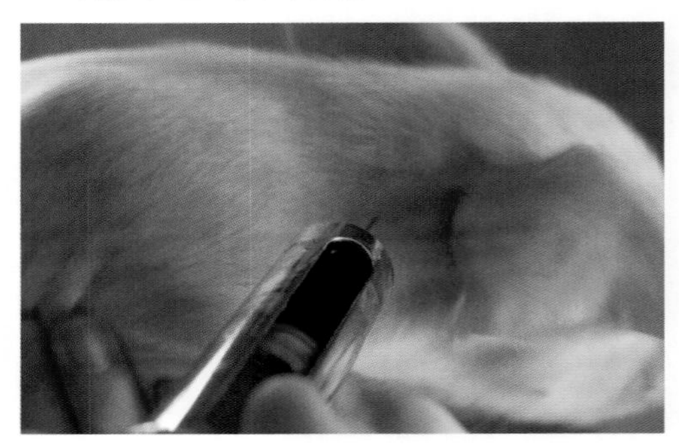

7～8日龄圆环灭活苗注射

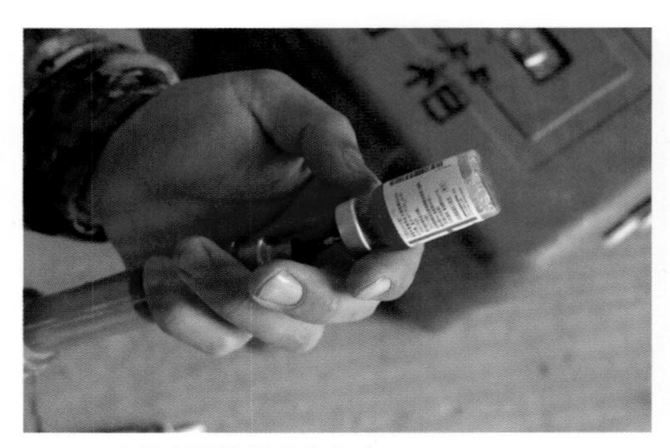

13～14日龄支原体弱毒苗免疫

21～27日龄猪瘟弱毒苗注射

乳仔猪大多死于第一周，特别是前3天为死亡高峰。故此，做好初生仔猪第一周的饲养管理工作，对减少仔猪死亡至关重要。

② 仔猪死亡原因的分析（表1-4）。

表1-4　仔猪死亡原因的分析

| 死亡原因 | 死亡率（%） |
| --- | --- |
| 压死 | 44.8 |
| 弱死 | 23.6 |
| 饿死 | 10.6 |
| 畸形 | 3.8 |
| 下痢 | 3.8 |
| 腿病 | 3.0 |
| 皮炎 | 1.7 |
| 湿疹 | 1.2 |
| 其他 | 7.5 |

通过对死亡原因的分析，可以看出压死、弱死和饿死为主要原因，而上述死亡仔猪的亲母则程度不同与患有垂直感染的繁殖障碍病有关。故此，净化母猪繁殖障碍病和加强仔猪生后第一周的护理，对减少仔猪死亡率至关重要。

2. 实施减少新生仔猪第一周死亡的有效措施

（1） 细化产房环境的管理。首先要确保产房温度环境的达标，产房温度要在18～22℃，保温箱内温度为30～34℃。其次是要保持产房内清洁、安静，严防母猪遭受突发惊吓。

（2） 从根本上减少弱仔的比例。俗语说母健仔壮，新生仔猪在第一周被压死和饿死，多因其自身是弱仔所致。故此，在产前1～2个月时，做好提高母猪一般性免疫力、对特定病的免疫力及抗感染等保健

抓好哺乳仔猪的管理（一）

新生仔猪的剪牙

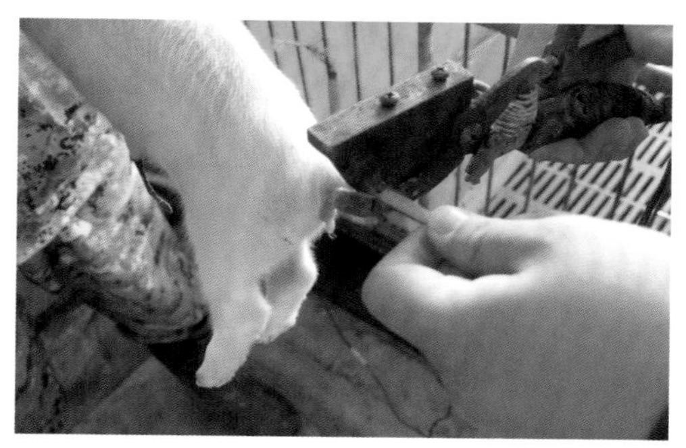

新生仔猪的断尾

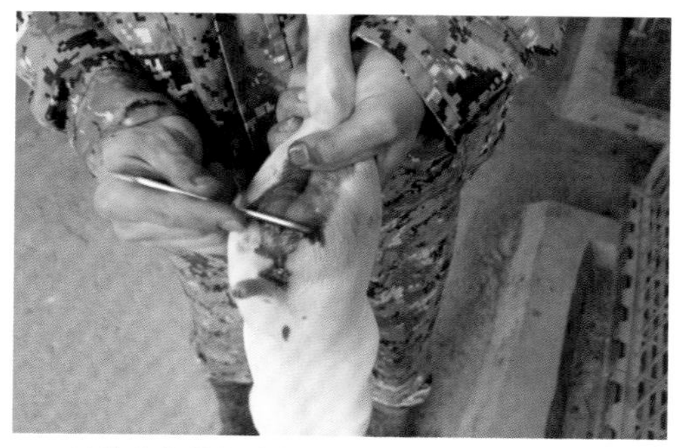

4～6日龄去势前的消毒

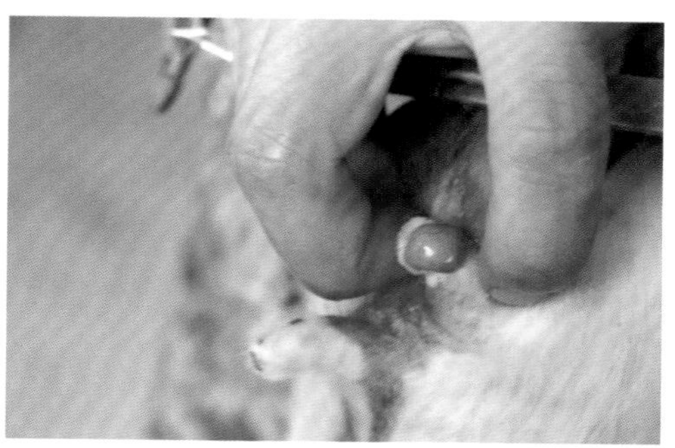

去势时摘除睾丸

用药工作，尤显重要。

（3）采用新式产床。新式产床的限位栏可随母猪体况的大小而进行调整，从而增加防压效果。特别是新式产床长度为 2.4 米，其比传统产床多出 20 厘米的长度，这给新生仔猪防压创造了躲避的空间。

（四）事后分析

1. 新生仔猪面对的变化及对策

从出生至断奶这一阶段，新生仔猪将面临具大变化。首先，要用肺进行呼吸，其次，是必须用消化道来吸收食物中的营养物质，最后，是直接承受自然界和人为环境的影响。故此，我们要认真了解哺乳仔猪的生理特点、营养要求、死亡原因和饲养管理要点，切实执行养好、管好哺乳仔猪的细化工作，为养好保育仔猪或中大猪打下良好的基础。

2. 新生仔猪科学饲养的要点

（1）吃好初乳。

（2）适时开口诱食。

（3）仔猪日粮添加抗菌药物。

（4）仔猪补铁与补硒。

（5）仔猪供水。

3. 新生仔猪科学管理的要点

（1）防止窒息，正确断脐。

（2）防冻保温，减少冷应激。

（3）防压防踩，减少弱仔死亡。

（4）抓好仔猪免疫保健管理。

（5）抓好新生仔猪寄养工作。

（6）适时进行去势。

抓好哺乳仔猪的管理（二）

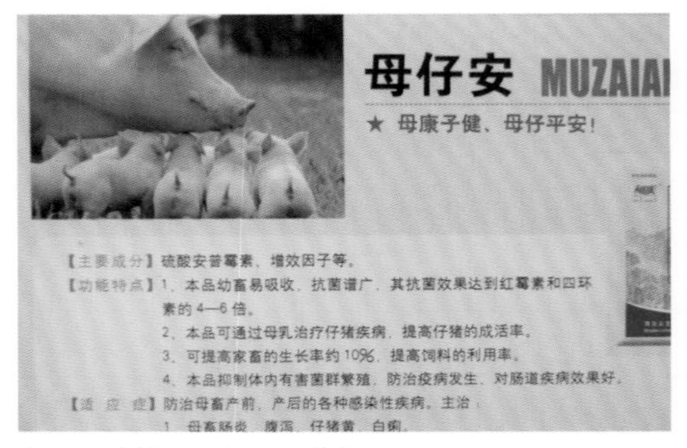


产后母猪拌服过奶止泻药物

做好仔猪的温控工作

要确保哺乳母猪的健康无恙

要做好生后三天的防压工作

## 第八节　在保育仔猪饲养管理上求适

### 一、知识链接"建立保育仔猪工艺群的优势"

#### （一）提高母猪繁殖力

建立保育仔猪工艺群的成因是仔猪早期断奶，而仔猪断奶的成因是缩短母猪的产仔间隔，进而提高母猪的繁殖力（表1-5）。

表1-5　仔猪断奶日龄与母猪年产仔数

| 断乳日龄 | 年产胎数 | 年断奶时产仔数 | 年70日龄仔猪数 |
|---|---|---|---|
| 21 | 2.5 | 24 | 22 |
| 35 | 2.3 | 22 | 20 |

#### （二）提高饲料利用率

试验证明：仔猪在哺乳期间，通过哺乳母猪采食饲料转化为乳汁及仔猪吸吮母乳后的转化过程，饲料的利用率仅为20%左右。而仔猪自己吃入饲料，通过消化吸收过程，其饲料利用率为50%左右；所以，要在12日龄以后进行开口诱食训练，使仔猪尽快适应采食饲料的变化；从而提高饲料利用率。

#### （三）提高产床及相关设备的利用率

现代猪场实行仔猪早期断奶，可以缩短哺乳母猪占用产床的时间，从面提高每个母猪年产仔窝数和断奶仔猪头数，相应降低生产一头断奶仔猪所需产床设备的生产成本。

详见表1-6。

早期断奶的优点

21天断奶可提高母猪繁殖力

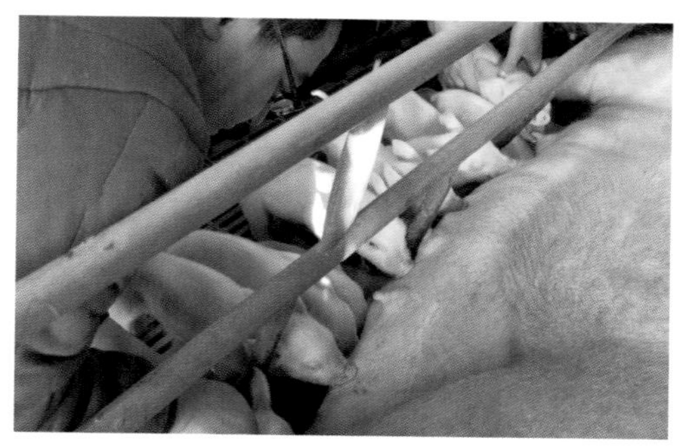
吃奶的饲料利用率为20%

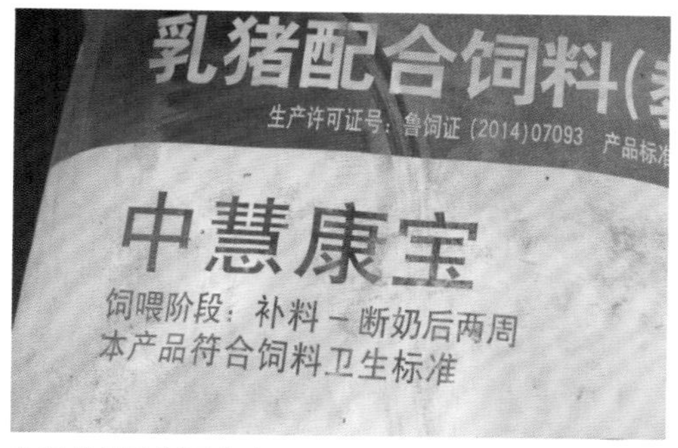

吃料的饲料利用率为50%

21天断奶可提高产床利用率

表1-6　3周龄与4周龄断奶的生产效果比较

| 指标＼项目 | 4周龄断奶数 | 3周龄断奶数 | 提高率（%） |
|---|---|---|---|
| 年断奶窝数 | 1040 | 1215 | 16.8 |
| 年断奶头数 | 9360 | 10918 | 16.6 |
| 周断奶窝数 | 20 | 23.4 | 17.0 |
| 周断奶头数 | 180 | 210 | 16.7 |
| 年断奶窝数（产床） | 10.4 | 12.15 | 16.8 |
| 年断奶头数（产床） | 93.6 | 109.18 | 16.6 |

## 二、在保育仔猪饲养管理上求适的四步法

### （一）事前准备

(1) 保育仔猪科学饲养的准备。

(2) 保育仔猪科学管理的准备。

### （二）事中操作

1. 保育仔猪科学饲养的操作

(1) 饲料原料的选择要点。

① 能量饲料。在保育仔猪的日粮中加入60%左右的膨化玉米，则消化率和生产性能最佳。故此，在保育仔猪日粮中最好用膨化玉米替代玉米粉。

② 乳清粉。乳清粉中含有60%以上的乳糖和12%以上的乳清蛋白，比例适合的钙磷和丰富的B族维生素，非常适合仔猪的消化吸收，在日粮添加5%～10%效果理想。

③ 脱脂奶粉。一般含粗蛋白质为35%

现代保育料的成分（一）

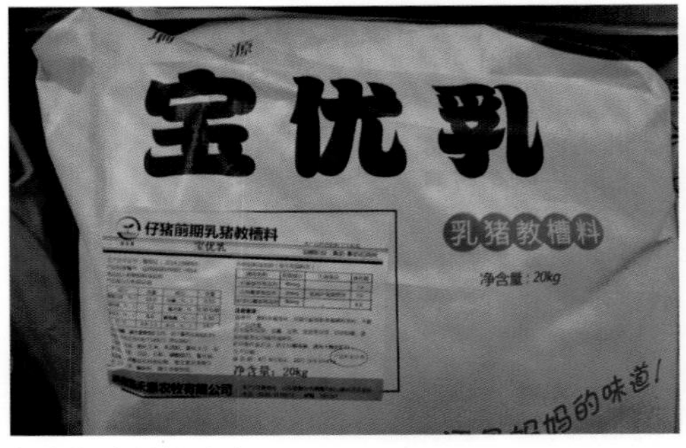


保育仔猪料的图片

赖氨酸的图片

蛋氨酸的图片

益生肽的图片

左右，粗脂肪为0.6%，钙、磷分别为1.56%和1.0%，其碳水化合物为乳糖，其消化利用率高，日粮日添加10%，可明显改善仔猪生长性能。

④ 膨化豆粕。其是以豆粕为原料，在膨化过程中去掉寡聚糖类胀气因子、胰蛋白酶抑制因子、凝集素和抗营养因子等，使蛋白质消化率得以提高，一般添加15%为宜。当然也可选用大豆浓缩蛋白粉和发酵豆粕粉等。

⑤ 氨基酸原料。当日粮蛋白质在20%以上时，赖氨酸水平应为1.5%，蛋+胱、苏氨酸、色氨酸分别为赖氨酸的60%、65%和18%，使日粮中必需氨基酸达到理想蛋白质模式。

⑥ 有机酸原料。日粮中添加有机酸可降低pH，增加胃内酸度，提高胃蛋白酶活性，有利于胃肠内乳酸菌的生长，一般添加柠檬酸和富马酸的效果最好。

⑦ 其他添加剂。日粮可加入一些酶制剂来补充消化道中各种消化酶的不足，同时也可加入一些微生态制剂或抗菌保健制剂来提高保育阶段的机体抵抗力。

（2）饲喂方法的选择要点。

① 为防止断奶后的饲料应激，一般在仔猪12日龄即开始强制补饲和自由采食两种方法的开口诱食工作；仔猪在14日龄时应初步进入可自由采食的档次，21日龄时每头应采食400克以上的开口料。

② 断奶后5～7天，仔猪仍要采食断奶前的开口料，然后采食开口料与保育料各占一半的过渡料5～7天。一般在断奶前即用自由采食方式进行开食，故断奶后在保育舍仍可用自由采食方式进行饲喂。

现代保育料的成分（二）

苏氨酸的图片

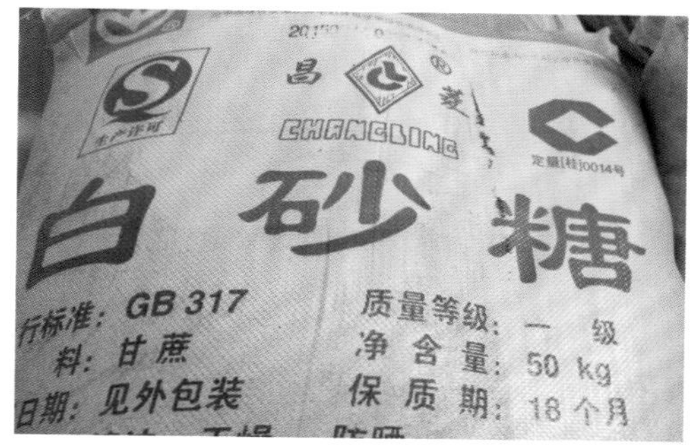

白砂糖的图片

复合酶的图片

维生素原料的图片

(3) 饮水方法的选择要点。

① 仔猪在断奶3天时，日可饮水1升；在10千克体重时，日可饮水1.5～2升。饮水不足可严重影响仔猪的生长发育，特别是夏季炎热时更为明显。另外，饮水的温度也对饮水量有影响，试验证明，仔猪最适饮水温度为26℃。

② 目前在保育仔猪栏内，推广使用自由采食器上安装乳头式饮水器的干湿饲喂器，或直接安装液体饲料饲喂器以满足保育仔猪采食与饮水的需求；同时在栏圈的另一侧安装饮水碗，用于满足保育仔猪在非采食时的饮水之需。

2. 保育仔猪科学管理的操作

(1) 做好转群应激的消除工作。

① 在保育舍分群时，尽量维持原窝同圈、大小相近的原则进行，避免因相互咬架而造成的应激伤害。

② 转群后，哺乳仔猪吃的开口料不能变，继续饲喂一周。以后饲喂开口料和保育料各占一半的过渡料，连喂5～7天后再喂保育料。用液体饲喂器饲喂上述饲料效果更好。

③ 转群后，保育舍第一周温度要控制在28℃左右，昼夜温差不得大于2℃，采用半漏缝地板工艺的猪舍，实体地面用地暖设施或电热炕进行取暖。

④ 转群后，要供给黄芪多糖、电解多维的饮水来缓解应激，要全天饮服，连饮3天。如有免疫抑制病感染的可能，可在饲料中拌服补中益气散，连用7天为宜。

(2) 做好日常管理工作。

① 饲喂方法。转群后，要继续执行

**保育猪的饲养**

要供给充足适温的饮水

35日龄后的仔猪要自由采食保育料

保育猪最好为原群转入

断奶后继续喂开口料1～2周为宜

自由采食的方式，要及时进行采食、饮水、休息、排泄四点定位工作，以利栏圈的清洁卫生。

② 猪群观察。上午、下午的上班、下班要进行4次猪群观察，及时发现病猪个体及现场的有关问题，以利有的放矢地提高工作效率。

③ 猪群密度。一般每个栏圈要饲养15～20头，采用半漏缝地板机械清粪的栏圈中，每头仔猪占栏面积为0.4～0.6米$^2$为宜。

④ 主动淘汰。病弱个体均是多种病原体复合作用的载体，在生产过程中要随时将这些无效个体进行主动淘汰，决不能让其转到下一个工艺群。

⑤ 统计记录。饲养员、统计员等员工要按制度规定，认真做好各自的统计记录工作，以满足原始数据登记及绩效考核数据统计的需求。

（三）要点监控

1. 减少断奶后负增长的因素

（1）把断奶与转群分为两步制。断奶是指母猪下产床，其仔猪继续在产床上饲喂3～4天。断奶后的环境、密度、群体、饲喂方式等均无改变，这样就最大限度地减少断奶应激因素的刺激。

（2）断奶2周后完全改喂保育料。为防止日粮改变加重断奶应激反应，在断乳后第一周继续饲喂开口料，第二周饲喂开口料与保育料各占一半的过渡料，第三周方可全部可改喂保育料（以液体料饲喂效果最佳）。

2. 断奶日龄的选择

（1）开口料可使断奶日龄提前。

保育猪的管理

要抓好保育猪的饲养密度

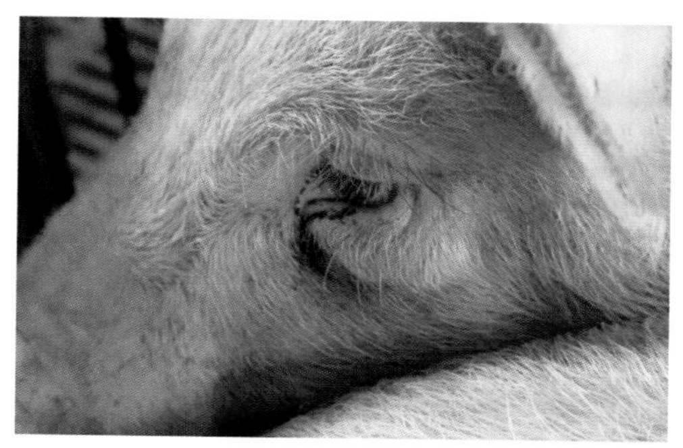

每天4次进行猪群观察

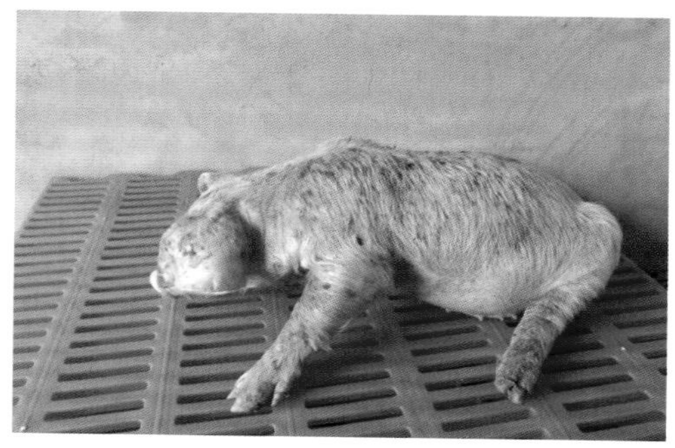

要及时淘汰无效个体

每日下班前要做好统计记录

2008哺乳仔猪开口料饲养标准的制定和执行此标准生产的猪奶粉或开口料，可使生后12天开口诱食、16天后正式采食和21天断奶成为正常的工作程序。

（2）断奶日龄的确定标准。试验证明，断奶前每头仔猪食入400克以上开口料，可减轻断奶后胃、胰分泌消化酶活性下降的力度。故此，食入400克以上开口料即可成为断奶日龄的确定标准。

（四）事后分析

1. 保育猪是现代猪场重要的生产环节

保育仔猪是指仔猪出生3周以后离开哺乳母猪，在人们保护性培育的设施中开始独立生活的仔猪生产工艺群。目前保育仔猪工艺群已成为现代猪场的一个重要生产环节，并受到现场管理的重视。

2. 早期断奶有利仔猪的生长发育

早期断奶仔猪，虽然由于断奶应激而出现阶段性的生长发育减慢，但其适应后的生长代偿作用，可使其生长性能要比晚期断奶仔猪的生产性能优良很多。故此，21日龄断奶是可行的。

3. 保育仔猪科学饲养管理的要点

（1）保育仔猪科学饲养的要点。首先要按2008仔猪开口料饲养标准配制日粮；其次是植物性蛋白、能量饲料要经过膨化处理；第三是分三阶段逐步从开口料转变为保育料。

（2）保育仔猪科学管理的要点。首先，要做好转群应激的消除工作；其次，是做好保育舍的环控工作，确保环境舒适；最后，是做好猪群观察、适宜密度、清洁卫生等要点的执行工作。

设保育期的成因

开口料使提前断奶成为可能

哺乳期采食开口料以每头400克为宜

产床上去母留仔可减少断奶应激

断奶应激后具有代偿生长的作用

## 第九节　在育成育肥猪饲养管理上求适

### 一、知识链接“要重视育成育肥猪饲养阶段”

#### （一）猪场盈利多少，要看育成育肥猪

育成育肥猪阶段是猪只生长速度最快的时期，因其占全场猪群饲料消耗的70%左右。故此，抓好育成育肥猪的饲养管理对猪场年度盈利的高低是非常重要的。也可以说，猪场盈利不盈利要看配怀、产房和保育的生产成绩；而猪场盈利的多少，则要看育成育肥猪的生产成绩。

#### （二）容易改变生产成绩的三大数据

1. 料肉比

保育仔猪在30千克时转入中、大舍，饲养至110千克时出栏。其增重的80千克体重如料肉比为3∶1时，则需饲料240千克；如料肉比为2.5∶1时，则需饲料200千克。两者之间差异40千克，成本为100元之多。

2. 成活率

不同饲养管理水平，育成育肥猪的成活率为95%～99%，一个万头商品猪来讲就是400头，其利润的损失也在10万～40万。

3. 出栏天数

现在猪场商品猪出栏天数为170天左右，如能提前至155天，则能节约育肥猪15天的维持需要用料，如按20千克计算，每头猪将节约50元之多。

要重视育成育肥饲养阶段

育成育肥料占全场饲料的70%

保育转育成的图片

育成转育肥舍的图片

育肥猪出栏的图片

## 二、在育成育肥猪饲养管理上求适的四步法

### （一）事前准备

（1）在育成育肥猪科学饲养上的准备。

（2）在育成育肥猪科学管理上的准备。

### （二）事中操作

1. 在育成育肥猪科学饲养上的操作

（1）选择适宜的饲养水平。饲养水平是猪群一昼夜采食营养物质总量的代称，对育成肥猪影响最大的是能量水平、蛋白质水平、氨基酸水平和能量蛋白比。

① 能量水平。在一定限度内，日采食能量越多，日增重越多，饲料利用率越高，沉积脂肪也越多，瘦肉率相应降低。故此，要根据品种及市场需求，兼顾育肥性能和胴体品质，做出适度能量水平的选择。

② 蛋白质及氨基酸水平。建议肉猪体重达20～50千克时，瘦肉型粗蛋白质为17%，肉脂兼用型为15.5%；50～100千克时，则分别为14.5%和13%为宜。而日粮中赖：蛋+胱：苏：色氨酸的比例以100：58：68：18为宜。

③ 能量蛋白比。适宜的能量蛋白比例，实际是有效氨基酸和能量之间的平衡：一般20～35千克时，瘦肉型为752：1，兼用型为810：1；35～60千克时，瘦肉型为817：1，兼用型为925：1；60～100千克时，瘦肉型为923：1，兼用型为996：1。

（2）选择适宜的饲喂方法。适宜饲喂方法的选择，应包括料型与饲喂方法选择、按能量蛋白比调整配方和二次逐渐变

育成育肥料的营养水平

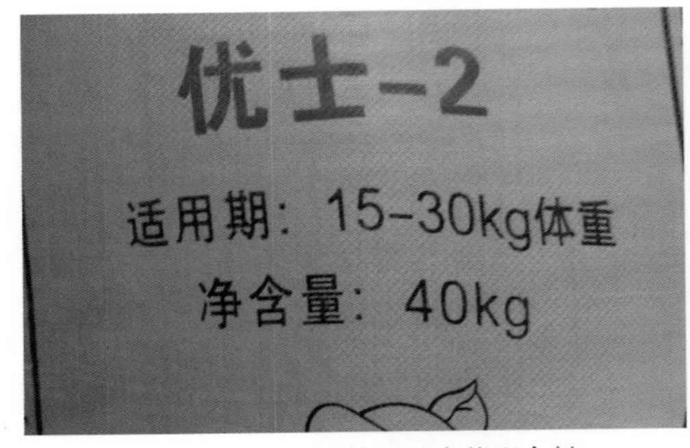


育成猪需使用15～30千克体重的全价配合料

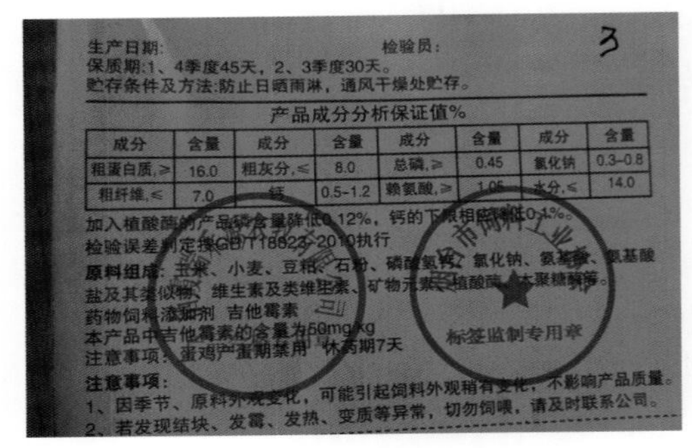


育成猪阶段所需的部分营养标准

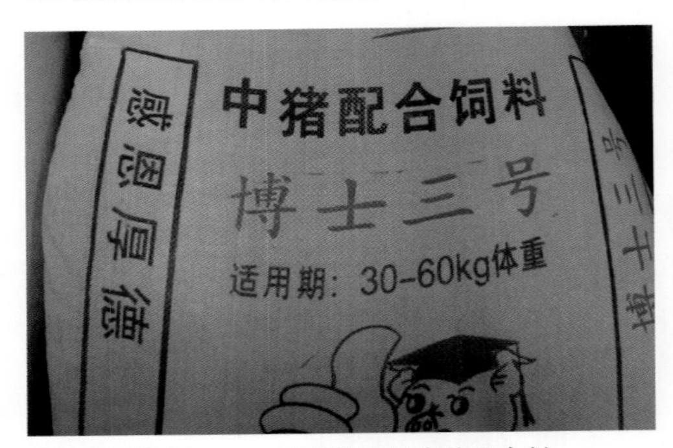


育肥猪需使用30～60千克体重的全价配合料

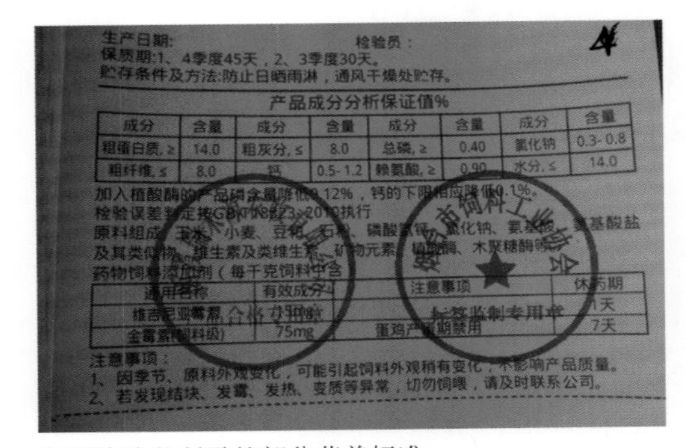


育肥猪阶段所需的部分营养标准

料等内容。

① 料型选择与饲喂方法。育成育肥猪饲喂的料型主要是干粉料和颗粒料，而饲喂方法主要是定时定量饲喂、自由采食饲喂及定时定量湿拌料饲喂等方法，因各有优缺点，则要因场制宜了。

② 按能量蛋白比例调整配方。生产过程中，饲料中容易出现能量不足的问题。对此，一是用高能量的油脂替代部分玉米、仍保持原配方不变，以获得最大收益；二是降低粗蛋白质含量，使日粮的能量蛋白比例合适，然后通过提高采食量来保证猪对营养的需求。

③ 实施二次逐步变料法。从保育到育成、育成到育肥有二次变料过程，要贯彻转舍不变料，继续饲喂一周原转出舍的饲料，然后再用5天逐步过渡法完成新旧饲料的转变，使变料应激最小化。

2. 在育成育肥猪科学管理上的操作

（1）做好转舍前的准备工作。

① 做好育成育肥舍饲养人员的准备，要将优秀员工定编在育成育肥舍，实行绩效考核制度，让生产指标有产可超，借以达到提高员工生产积极性的目的。

② 做好环境控制的基础工作。要做好育成育肥舍半漏缝地板、机械刮粪的基础改造工作，要引进粪沟换气通风技术，力争达到冬暖、夏凉、空气新鲜、密度适宜的效果。

③ 做好空舍清洗、清毒、维修等工作。按流水式生产工艺要求，在一周内做好空舍的清扫、冲洗、维修、消毒、调试等准备工作，确实完成消灭传染源和切断传播途径的工作。

**育成育肥料的饲喂方法**

自由采食的图片

定时定量的采食图片

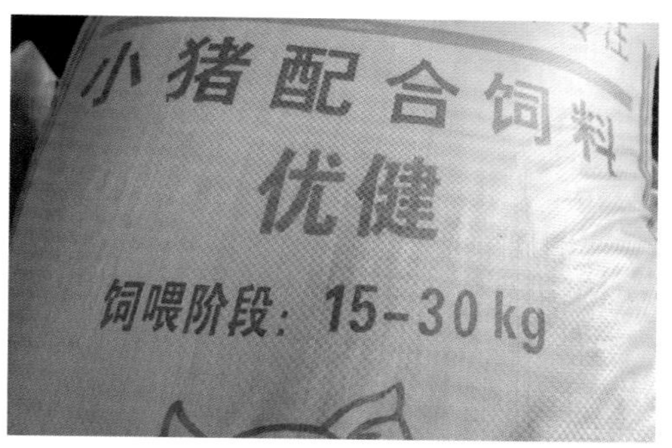


育成料的图片

育肥料的图片

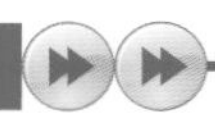

④ 做好转群计划的编制工作。要按照流水式生产工艺的要求，对转入猪进行合理编群工作，其体重要大小适中，其密度要适宜偏稀，最好能一次性装满全舍，且留有一个病号舍空余栏位。

(2) 育成育肥舍转入后的管理。

① 做好转舍后抗应激工作。保育猪转入育成舍，必然会产生一定的应激反应。对此，一是给予电解多维、黄芪多糖饮水来缓解应激，要连用3天；二是继续使用保育料一周，避免应激重叠伤害发生；三是即便紧急免疫接种，也要在转舍4天后进行。

② 做好转舍后的调教工作。一般栏圈内要分四个区域，即采食区、休息区、活动区和排泄区。要事先在排泄区放一些水和粪便，在休息区调整好地面温度，并坚持看护管理，以利四点定位条件反射的尽快建立。

③ 建立病号舍管理制度。猪群一经转舍，必有个别病号猪出现；对此，要求查舍时将其调整到病号舍饲养，如为感染性病例，要一天消毒2次，要给予病号饭的优惠待遇，要给予抗感染药物，力争将疫病消灭在萌芽状态。如超过2个疗程尚无效果者可主动淘汰。

(3) 育成育肥猪的环境控制。

① 温度控制。其温度控制是一直是被忽视的，尽管没有出现死亡，但冷热刺激对料肉比和日增重却有重大影响。故此，采用现代复合材料建造猪舍外围护结构，在实心地面上进行地暖设施或冷热床设施改造，都是有效温度控制的必要措施。

育成育肥舍的环境控制

半漏缝地板

机械清粪

实心地面建暖床

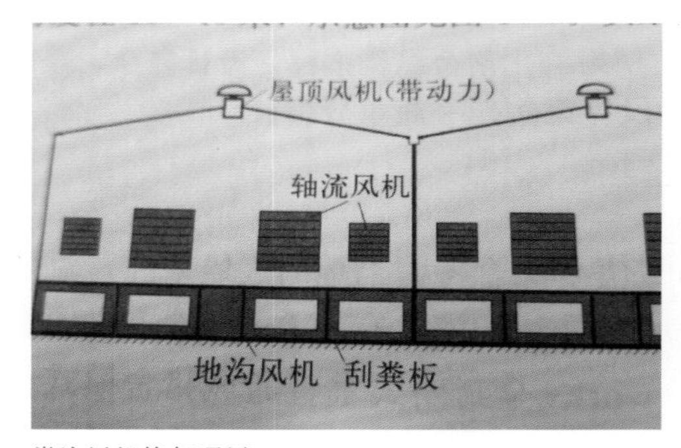

粪沟风机换气通风

② 通风换气的控制。中小猪场可采用复合的通风换气法，春秋季节气温适宜，可采用开窗法进行通风换气；夏季高温炎热，可采用纵向负压降温通风法进行降温换气；冬季气候寒冷，可采用粪沟风机通风法，以利把粪沟和地面的污浊空气排除到舍外。

③ 清洁卫生的控制。要认真做好每日2次的舍内清粪工作，以减少舍内污浊的有害气体；要每周带猪消毒一次，以控制有害菌在舍内的密度；要按5S管理活动的要求，认真做好舍内外环境卫生工作，达到窗明几净、空气新鲜的标准。

（三）要点监控

1. 要重视育成育肥猪舍的工作

因育成育肥猪的抵抗力相对较强，故此，多数猪场对此饲养阶段重视不够，一些潜在的损失不断发生；特别是料肉比的损失、成活率的损失和出栏天数的损失，都是从不重视开始的。

2. 要稳定人员、提高素质

育成育肥舍大多是新员工上岗的第一场所，在育肥舍干得好，提拔到产房、保育舍等部门，而干不好干脆辞退。所以育成、育肥舍往往没有固定的人员和人员素质较差，生产效果也较差。

3. 要改善育成育肥舍的环境条件

在同等舍内条件时，育成育肥往往表现最好。故此，环境控制的重点往往首先考虑产床、保育。只有育成育肥舍出现问题了，才给予防治用药上的关注，而从环境控制的基础工作上，往往是最差的。

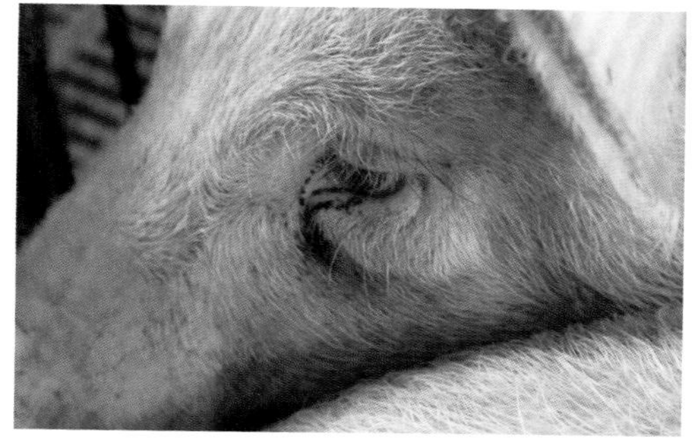
病猪的个体图片

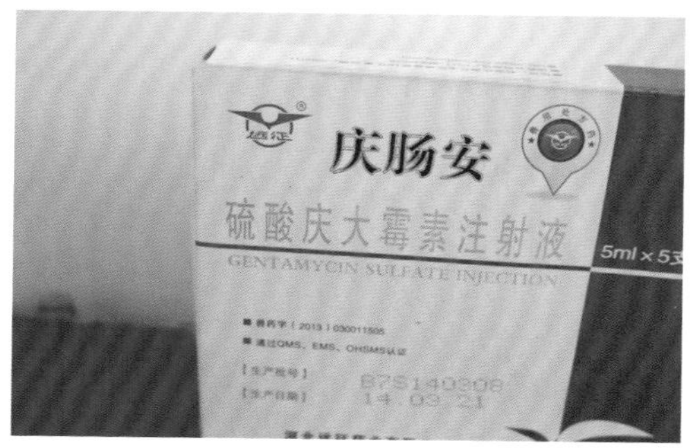

防治药物的图片

屋顶采用彩钢瓦复合材料

夏天的降温通风

### （四）事后分析

育肥猪是社会承认的肉食产品，而其他饲养阶段都是为其服务的。因育成育肥猪的饲料消耗占全场各种猪群饲料消耗总量的70%。故此，认真抓好此阶段的饲养管理是满足人们需求和提高猪场经济效益的关键性步骤。

1. 提高育肥猪饲养管理的认识

（1）其生产成绩决定猪场盈利的多少。一般讲，猪场盈不盈利看配怀、产房和保育的成绩；而猪场盈利的多少则要看育成育肥猪的生产成绩。

（2）其生产成绩是最容易提高的。只要人员变动大和舍内条件差的问题得到解决，其生产成绩会马上提高。

2. 抓好育成育肥猪的饲养工作

（1）根据市场需求，编制日粮配方。要根据品种及市场需求，兼顾育肥性能和胴体品质，编制合利的日粮配方。

（2）根据猪场条件，选择饲喂方法。其一是猪群转舍必须逐步变料，其二是根据猪舍条件选择适宜料型和饲喂方法，以求适而获得最佳效果。

3. 抓好育成育肥猪的管理工作

（1）抓好人员稳定工作。把优秀员工定编在育成育肥舍，实行承包制，让生产指标有产可超；以此来提高员工的生产积极性。

（2）抓好环境、条件改善工作。抓好硬件改造，减轻劳动强度，让员工把精力用在猪群观察和解决问题上。有些时候，过重的体力劳动，员工已经没有正向的心思用在发现问题和解决问题上了。

育成育肥舍的环境控制

冬季用锅炉升温取暖

夏季用风机防暑降温

猪群密度适中可减少应激力度

要及时清理猪舍内的粪便

# 第二章 在生产管理上求适

**内容提要**

（1）在生产计划上求适。

（2）在生产组织上求适。

（3）在生产准备上求适。

（4）在生产控制上求适。

（5）在猪群观察上求适。

## 第一节 在生产计划上求适

### 一、知识链接“猪场的生产计划管理”

猪场是以生产为中心的，故猪场的计划管理也是以生产计划管理为基础内容的，并借此派生出供应计划、销售计划、财务计划、人事计划等计划(表2-1，表2-2)。

生产主管负责现场工作，其主要工作任务之一，就是按照生产经营目标编制年度生产计划初稿。待场部批复后，再将年度生产计划分解为各班组的生产作业计划。

生产主管在分解各班组年度生产计划时，要将各班组具体做什么、何时做、何人做、怎样做等生产指令落实到每名员工的头上，以此达到责任落实。

责任的落实，主要是奖惩制度的落实；而奖惩制度落实的基础是有产可超和公平合理。否则，也是一纸空文而已。

**表2-1 工艺参数或生产指标确定的准备**

| 序号 | 项目 | 指标 |
|---|---|---|
| 1 | 哺乳期（天） | 24 |
| 2 | 保育期（天） | 46 |
| 3 | 生长育肥期（天） | 98 |
| 4 | 断奶至受孕（天） | 14 |
| 5 | 年产窝数 | 2.25 |
| 6 | 母猪窝产仔数（头） | 11 |
| 7 | 母猪窝产活仔数（头） | 10 |
| 8 | 哺乳仔猪成活率（%） | 90 |
| 9 | 保育仔猪成活率（%） | 95 |
| 10 | 生长育肥猪成活率（%） | 98 |
| 11 | 公母猪年更新率（%） | 33 |
| 12 | 母猪情期受胎率（%） | 85 |
| 13 | 妊娠母猪分娩率（%） | 95 |
| 14 | 公母猪比例（人工授精） | 1：60 |
| 15 | 圈舍清洗维修消毒（日） | 7 |
| 16 | 生产节拍（日） | 7 |
| 17 | 母猪提前进产房（日） | 7 |
| 18 | 母猪配后妊检时间（日） | 28 |

注：年产胎数≈365÷（114+24+24）=365÷162=2.25

**表2-2 300头基础母猪场各工艺群每周转群数及猪群存栏数确定的准备**

| 猪别＼项目 | 饲养日（天） | 繁殖节律 | 组数（个） | 每组头数 | 总数（头） |
|---|---|---|---|---|---|
| 成年公猪 | 365 | | 1 | 5 | 5 |
| 后备公猪 | 182 | | 1 | 2 | 2 |
| 后备母猪 | 365 | 7 | 52 | 2 | 104 |
| 空怀母猪 | 35 | 7 | 5 | 14 | 70 |
| 妊娠母猪 | 86 | 7 | 12 | 14 | 168 |
| 哺乳母猪 | 31 | 7 | 5 | 12 | 60 |
| 哺乳仔猪 | 24 | 7 | 4 | 108 | 432 |
| 保育仔猪 | 46 | 7 | 7 | 103 | 721 |
| 育肥猪 | 98 | 7 | 14 | 100 | 1400 |
| 生长猪合计 | | | | | 2553 |
| 全场合计 | | | | | 2962 |

注：每组头数即为每周各工艺群转群数（公猪、后备公猪除外）

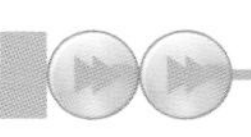

## 二、在生产计划上求适的四步法

### （一）事前准备

1. 广泛收集有关生产指标的数据资料

（1）收集由生产工艺系数推导的数据资料，如采用7天一个生产节拍，哺乳期为24天，保育期为46天，母猪产前7天上产床等。

（2）收集现场历年的年度数据资料，如一般繁殖成绩为年度2.25窝，年度平均每个母猪提供16～18天商品猪等。

2. 广泛收集可影响年度计划的其他资料

（1）要掌握猪场年度综合生产能力的资料，要掌握猪群的整体状态的资料，要掌握一线员工的数量和技术水平等。

（2）要掌握猪场生产准备的数据资料。要掌握饲料、疫苗、药品的准备情况，要掌握人员和财务的准备情况等。

（3）广泛收集上年度计划完成情况的资料。如产仔率、断奶窝重、出栏数等生产指标及员工工资、奖金等数据资料。

3. 遵循编制年度生产计划的原则进行综合平衡

（1）年度生产计划的统筹性。要站在全场的高度，做出通盘考虑。

（2）年度生产计划的可行性。要站在实事求是的角度，留有余地。

（3）年度生产计划的效益性。没有效益的生产计划是猪场所不允许的。

（4）年度生产计划的规范性。要成为规范全体员工的行动准则。

收集计划所必需数据资料的主体图片

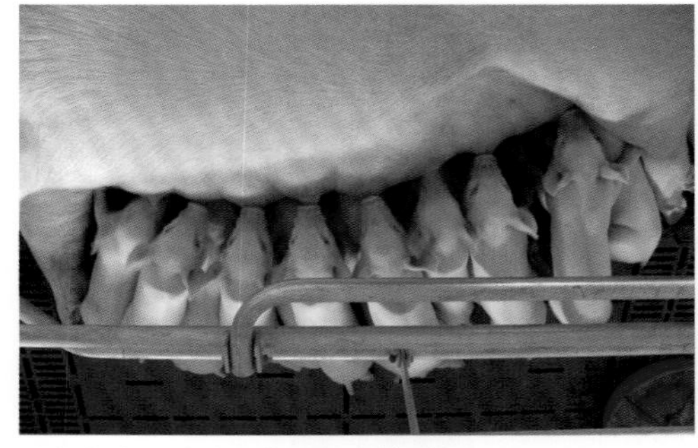

收集产房哺乳数据资料的主体图片

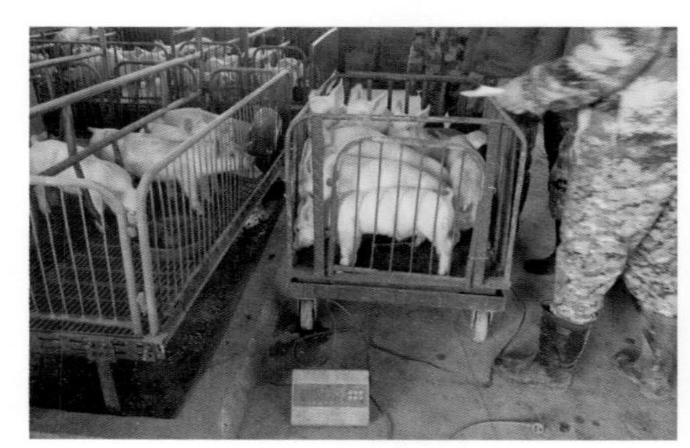

收集保育期数据资料的主体图片

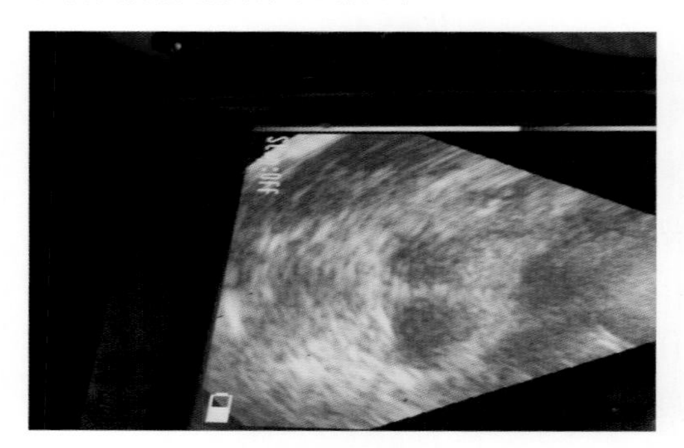

收集妊娠母猪数据资料的主体图片

收集育肥猪出栏数据资料的主体图片

（二）事中操作

1. 基础母猪半年生产计划表编制的操作

因母猪一个繁殖周期为160天左右，故要一览无遗的了解母猪群各阶段的处理情况，需编制半年期的生产计划为妥。在生产过程中，每结束一个月，要马上编制下一个月的生产计划，以期始终达到半年早知道的效果。

（1）图表横向的标记处理（以电子版为例），每格以日为单位，横向等距离画180个格。

① 待标记的为空怀母猪时，可在配种后按预产期推算，用仿宋体将配后0～3天限饲、配后28天妊娠诊断，配后50～80天免疫、配后80～90天保健用药、配后107天上产床等关键点按预计实施时间进行依次标记。待实施后改为黑体，表示已实施。

② 待标记的为妊娠母猪时，可根据配种的原始记录及预产期推算对尚未实施的上述关键点按预计实施时间进行依次标记。实施后改为黑体，表示已实施。

③ 待标记的为哺乳母猪时，可将哺乳期的免疫、保健、驱虫等关键点进行标记，其他暂空格。

（2）图表竖向的标记处理（以电子版为例）。

① 如标记空怀母猪群，可将若干空怀母猪按配种先后每头占一格，依次向下标记；如果母猪群小，可将空怀母猪依次标记后，然后标记妊娠母猪和哺乳母猪。

② 如标记的母猪群体大，可将空怀母猪、妊娠母猪和哺乳母猪依次分别列

计划的方法之一“预产期推算并图表横项标记”的主体图片

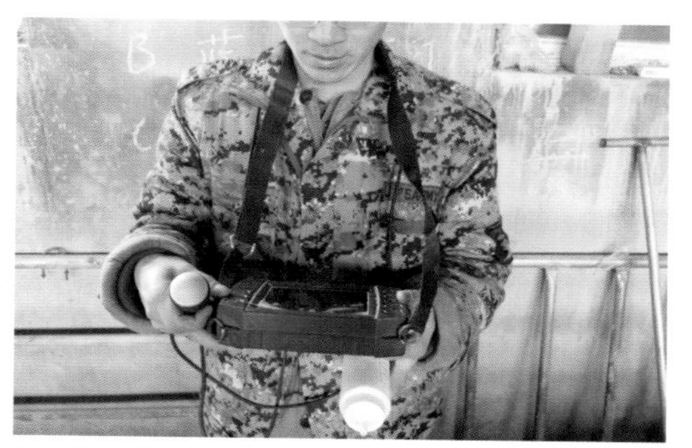

预产期推算并标记“配后28天妊娠诊断的主体图片”

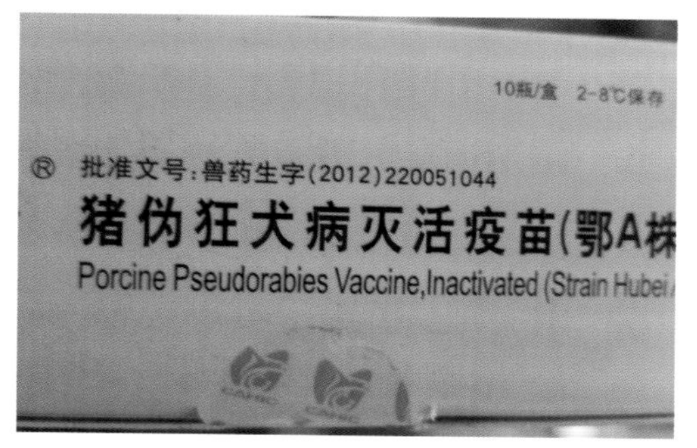


预产期推算并标记“配后50天加强免疫”的主体图片

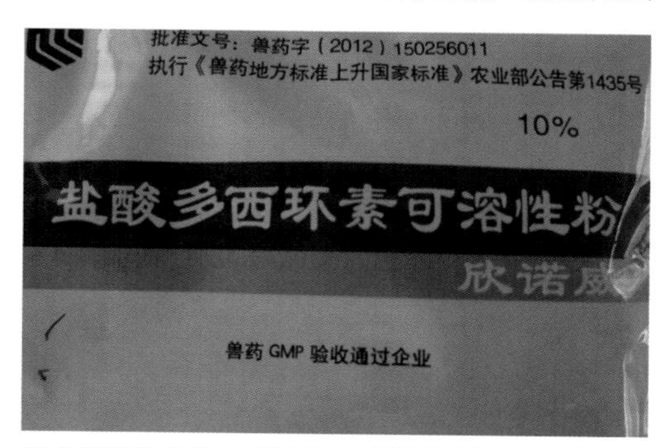


预产期推算并标记“配后80天保健用药”的主体图片

预产期推算并标记“产前7天上产床”的主体图片

表；也可按班组或个人进行分别制表，以达到每日、每周、每月的工作内容半年早知道的效果。

2. 核心扩繁母猪半年生产计划编制的操作

因其是为基础母猪群更新提供后备母猪的，而且要满足7天一个生产节拍的要求，将每周配种受孕的后备母猪编入基础母猪群内，以保证母猪群体合理的胎次结构和繁殖性能。现仍以300头基础母猪场为例进行说明。

(1) 遵循工艺参数，进行推导计算。

① 按33%年度母猪更新率，求年度后备母猪补充数量：300 × 33% = 99（头）。

② 按80%配种分娩率，求年度后备母猪准备数量：99 ÷ 80% = 124（头）。

③ 以每窝按1.5头计，求年度扩繁群的总窝数：124 ÷ 1.5 = 83（窝）。

④ 按平均年产2.25窝，求年度核心群母猪头数：83 ÷ 2.25 ≈ 37（头）。

⑤ 一年52周，求每周核心扩繁群母猪产仔窝数83 ÷ 52 ≈ 1.6（窝）。

(2) 按时间顺序标记关键点，然后做表制图（以电子版为例）。

① 其37头核心扩繁群母猪同时编入年度基础母猪生产计划中，其各关键点的标记与基础母猪群相同，但多了一项打耳号的标记内容。

② 上述理论推导数据仅供参考，可根据猪场实际灵活应用，其做表制图方法与基础母猪相同，略。

图表竖向标记的主体图片

图表竖项标记“空怀母猪群的主体图片”

图表竖项标记“妊娠母猪群的主体图片”

图表竖项标记“哺乳母猪群的主体图片”

图表竖项标记“后备母猪群的主体图片

3. 后备母猪年度选留计划编制的操作

现场以300头基础母猪场为例进行介绍。

(1) 遵循工艺参数，进行推导计算。

① 1月龄每窝选3头，每个周转组初选头数为：3（头）×83（窝）÷52（周）≈5（头）。

② 3月龄每窝选2头，每个周转组二选头数为：2（头）×83（窝）÷52（周）≈3（头）。

③ 5月龄每窝选1.5头，每个周转组终选头数为：1.5（头）×83（窝）÷52（周）≈2（头）。

(2) 按时间顺序标准关键点，然后做表制图，略。

4. 保育仔猪年度生产计划编制的操作

基本与上述方法相同，略。

5. 育成育肥猪年度生产计划编制的操作

同上，略。

（三）要点监控

1. 广泛收集正常生产指标的数据资料

(1) 由生产工艺参数推导出的数据资料，如7天一个生产节拍，仔猪哺乳期为21～28天、保育期至70天，平均年产窝数为2.25，空栏圈清洗、维修、消毒为7天等。

(2) 由现场历年生产统计得来的数据资料，如哺乳仔猪成活率为90%，保育仔猪成活率为95%，生长育肥猪成活率为98%等。

2. 广泛收集可影响年度生产计划编制的其他数据资料

(1) 要掌握猪群的整体状态，其种公猪群、基础母猪群、核心扩繁群等是否处

后备选留计划的主体图片

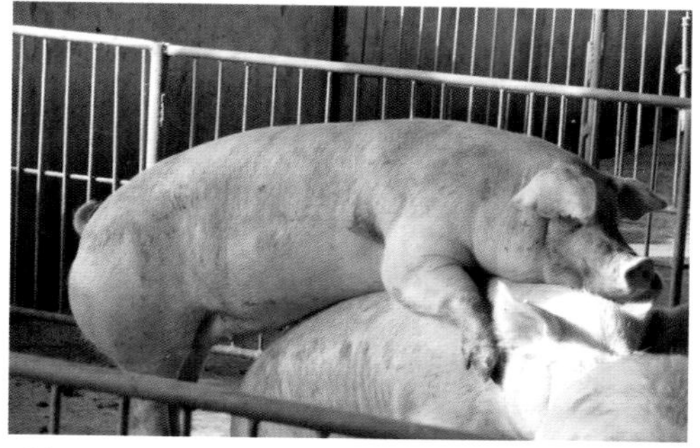

后备选留计划“待配后备母猪的图片”

后备选留计划“一选1月龄后备仔猪”的图片

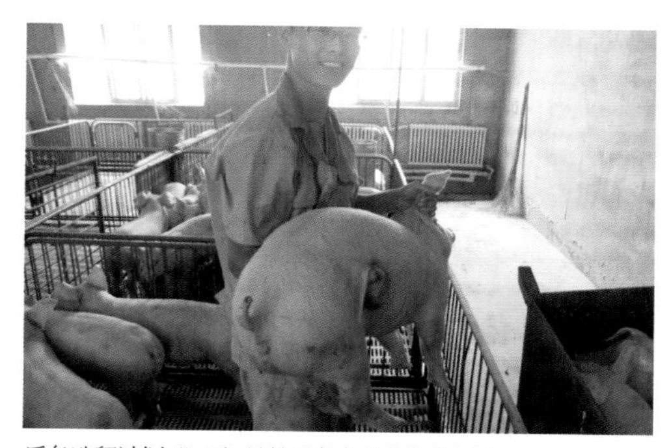

后备选留计划“二选3月龄后备育成猪”的图片

后备选留计划“三选5月龄后备母猪的图片”

于健康状态，其后备母猪数量和质量是否达标；其保育仔猪、生长育肥猪的料肉比数据是否达标等。

（2）要掌据软、硬件基础状态。要掌握一线员工的素质与状态，要掌握生产工艺执行情况，要掌握各类猪舍的环境控制情况，要掌握各项生物安全制度的执行情况等。

3. 广泛收集上年度实际生产情况的数据资料

（1）上年度完成的生产指标情况。上年度平均产仔数、断奶窝重、成活率、料肉比等生产指标的数据资料都与今年的生产指标呈强相关，是必须要准确掌握的数据资料。

（2）上年度员工的实际收入情况。上年度各岗位的员工工资、季度奖、年终奖等数据资料是影响员工生产积极性的重要因素，也是必须要准确掌握的数据资料。

4. 找出影响猪场生产成绩的主要问题及解决措施

（1）要找出影响猪场生产成绩的主要问题。

① 圆环、蓝耳病毒的混感存在。

② 霉菌毒素慢性中毒时有发生。

③ 防暑防寒设施差。

④ 猪场多面手人才缺乏。

（2）要找出提高猪场生产成绩的解决措施。

① 做好圆环、蓝耳病的免疫接种。

② 严格控制饲料霉菌毒素超标。

③ 落实猪场硬件改造工作。

④ 积极开展多面手人才培训。

**影响计划实施的各种猪群状态的主体图片**

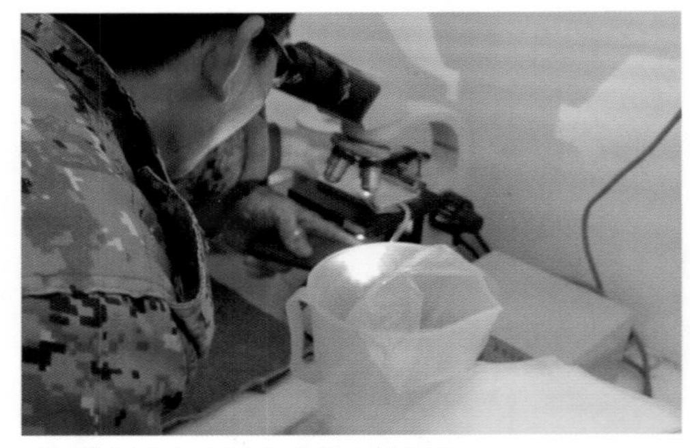

了解掌握公猪群体健康状态的图片

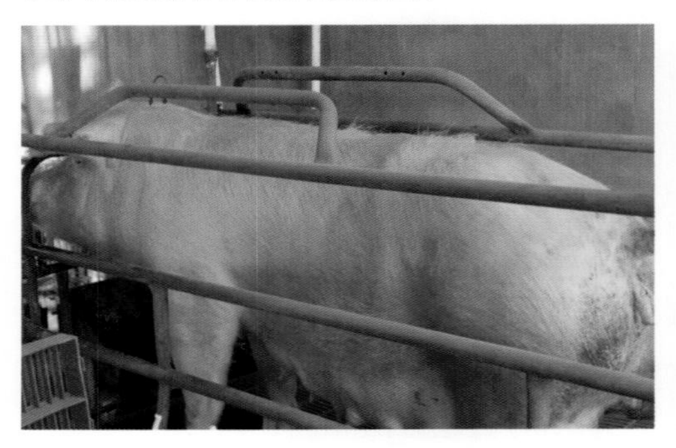

了解掌握母猪群健康状态的图片

了解掌握保育仔猪群健康状态的图片

了解掌握后备母猪群健康状态的图片

### （四）事后分析

1. 制订计划应遵循的四项原则

将要点监控的数据内容进行分析、比较、矫正，初步确定后，上交场部集体讨论并确定新一年度使用的各项指标（如事前准备项下的工艺参数或数据指标）；这些指标或方案必须符合如下4项原则。

（1）统筹性原则。要站在猪场全局的高度，尽可能对年度生产计划的各项数据指标所涉及的方方面面和具体实施时可能出现的种种变化，做出通盘的考虑。

（2）可行性原则。年度生产指标的确定，要建立在实事求是的分析和判断上，要建立确保年度生产计划完成的留有余地上，要建立在每个责任人都能落实到位上。

（3）效益性原则。年度生产指标的确定，要建立在有良好经济效益这一基础之上。没有经济效益的各项指标或生产计划是任何企业股东和员工所不能接受的。

（4）规范性原则。年度生产各项指标的制定，是规范猪场各部门及全体员工行为准则的重要标尺，以便于调动一切有利因素，最终完成年度目标。

2. 解决猪场主要问题的可行性方案

（1）抓好猪场的硬件改造工作。

① 冬暖夏凉硬件设施的改造。

② 机械清粪硬件设施的改造。

（2）抓好猪场的软件执行工作。

① 以绩效管理为主的各项规章制度的执行到位。

② 精细化管理编制及设施养猪多面手人才培训的执行到位。

**编制生产计划应遵循的四项原则**

> 猪场要对供、产、销、人、财、物等各部门的各项数据指标及在实施时的各种变化情况进行通盘的考虑。

做计划时要遵循统筹性原则

> 猪场不是科研单位，为养猪生产所制订的各种计划必须切实可行，留有余地。

做计划时，要遵循可行性原则

> 猪场存在的价值，就是获取利润。没有利润的生产计划，是任何猪场都不能接受的。

做计划时，要遵循效益性原则

> 计划是组织、领导、控制、创新等管理活动的基础，也是猪场全体员工行动的依据。

做计划时，要遵循规范性原则

## 第二节　在生产组织上求适

### 一、知识链接“猪场的生产组织管理”

生产组织管理是生产管理的重要内容之一，其包括生产现场八大班组编制的建立、各班组长八大技能培训的执行、各班组内部每周会战的组织和全场会战过程的组织等具体内容。

对生产过程的组织，要按猪场流水式工艺流程的要求，将各类猪群的各个阶段和各班组在时间上、圈栏上等方面达到合理的衔接与协调，以保证全进全出工艺的正常进行。

对劳动过程的组织，要正确处理生产现场每个员工在劳动过程的关系，如转群会战时的转出方、运输方、转入方都要熟知各自规定事项，以达到迅速明了、保质保量，完成会战工作的目的。

### 二、在生产组织上求适的四步法

#### （一）事前准备

（1）现场八大班组编制的准备。

（2）现场八大技能多面手人才的准备。

（3）各班组内部劳动过程组织的准备。

（4）现场会战过程组织的准备。

#### （二）事中操作

1. 生产现场八大班组编制的落实

规模化猪场的初级阶段，一般将现场分为三大模块，即配怀、产房、保育育肥；而猪场进入到大规模精细化管理阶段，为提高繁殖成绩，配怀必须要分为公

现代猪场的八大班组之前 4 班

现代猪场八大班组之“种公猪班”

现代猪场八大班组之“空怀母猪班”

现代猪场八大班组之“妊娠母猪班”

现代猪场八大班组之“哺乳母猪班”

猪、空怀和妊娠三个阶段；而为了提高生长育肥猪的料肉比，保育育肥段必须要分为保育、育成和育肥三个阶段；如果后备猪是从场外引进的，则还要另设一个后备引种隔离适应班。

2. 生产现场八大技能培训的落实

在现场进行基层管理的八大骨干，必须给予多面手内容培训的机会。其包括：产房管护、采精配种、免疫保健、保育生产、育肥生产、班组管理、电工知识、维修技能等内容。培训结束后，经考核颁发场内上岗证，并给予多面手的工资补助，如果一个现场有5～7个多面手人才，则这个现场一定是最有战斗力的场家。

3. 各班组内部劳动过程的组织

（1）分兵把关。各班组的员工，每人都承担相应数量的猪群管理工作。一般是通过猪群观察、环境调控、供水供料、清洁卫生、统计记录五项基本操作来完成本职工作的。

（2）集中会战。各班组每周的猪群转出、转入会战及大清扫会战必须全员参加才能完成。故此，要在上午9:30至中午集中会战来完成。

（3）师徒传授。各班组内新员工的培训，多以师带徒的形式进行，对免疫保健、去势操作、空舍清洗、消毒、维修等技术性工作的熟练程度，也是在边学边干的过程中得以提高的。

4. 生产现场转群会战的组织

（1）场内转群会战时间的确定。

① 因班组内的会战多在上午进行，故涉及到各班组间的转群会战宜安排在下午1:00至下午4:00进行（或根据气候灵活

**现代猪场的八大班组之后4班**

现代猪场八大班组之“保育仔猪班”

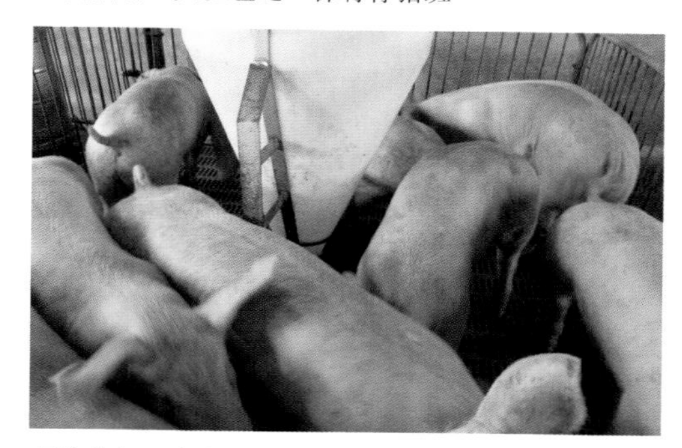

现代猪场八大班组之“育成猪班”

现代猪场八大班组之“育肥猪班”

现代猪场八大班组之“后备猪班”

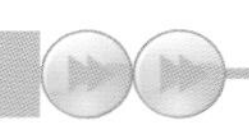

掌握）。

② 一般安排为：周一哺乳母猪转空怀，周二为妊娠母猪转产房，周三为哺乳仔猪转保育，周四为保育仔猪转育成，周五为育成猪转育肥，周六为育肥猪转出栏（也可根据市场需求另定时间）。

（2）转群分组与转群要点的制定。

① 因猪场防疫的特殊性，转群会战均由场内人员参与，一般分为转出、转入和运输三个组。转出、转入人员均由该舍人员组成，而运输组多由其他班组人员组成。

② 为便于转群会战的顺利进行，在转群前，各班组人员就应熟悉转群的十大要点：即会战时间、会战地点、编组情况、参与人员、饲料准备、运输工具、称重准备、转入舍准备、各组负责人、病残猪淘汰标准等相关内容。

（3）顺利完成转群任务的技巧。

① 生产主管安排转出、转入及运输组人员时，有留有数名机动人员，以备会战出现薄弱环节时的支援之需，使转群会战得以正常进行。

② 生产主管在转群会战前，即要通过目视管理的方法，将转群三组的执行要点公布于众，达到参与人员了然于胸和便于组织的目的。

③ 场部统计人员要编入转出组，负责转出组检斤及原始数据统计工作，同时按场部规定对转出“问题猪”的质量进行初步判定与执行工作。

**现代猪场的八大技能之前 4 项**

现代猪场八大技能之“产房护理”

现代猪场八大技能之“采精配种”

现代猪场八大技能之“免疫保健”

现代猪场八大技能之“保育管理”

（三）要点监控

1. 要重视场内八大班组的定编工作

在规模化养猪的初期，执行配怀、产房、保育育肥三大模块的生产组织。现在这种模块已越来越不适应猪场精细化管理的需要，而将公猪、空怀、妊娠、产房、保育、育成、育肥、后备八个环节进行定编和消除转群应激综合措施的实施，必将有效提高猪场的生产成绩和经济效益。

2. 要重视多面手员工的培训工作

随着机械化水平的提高和员工绩效考核管理工作的深入，一个人或一个家庭饲养100头母猪及其后代一条线的生产形式将得到推广。那么，就需要培训员工的繁殖配种、产房护理、生长育肥、免疫接种、保健用药、用电常识、设施维护等综合技能，唯此，才能完成这种必要组织形式的工作任务。

3. 要做好每周会战的准备工作

为使每天下午的转群工作顺利进行，生产主管必须每天上午到转出、转入舍例行目视管理工作，目的在于发现问题。如能及时发现猪群上的问题、设施上的问题、供水供料上的问题、猪舍环境上的问题、人员管理上的问题等，并能及时记录、及时安排改进，则必将有利于转群会战的实施和达到猪场情况了然于胸的目的。

4. 猪场转群会战的要点

（1）转群会战的时间要恰当。

（2）转群会战的分组要合理。

（3）转群会战的操作要清晰。

（4）转群会战要留有机动人员。

（5）问题猪的处理要有制度依据。

**现代猪场的八大技能之后4项**

现代猪场八大技能之“育肥管理”

现代猪场八大管理之“班组管理”

现代猪场八大技能之“电工技能”

现代猪场八大技能之“维修技能”

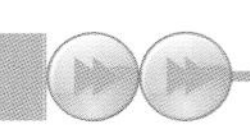

## （四）事后分析

1. 精神层面上的求适

（1）抓好敬业精神灌输。在某种程度上讲，养猪生产是一个良心活，故此要在精神层面上灌输爱岗敬业精神，只有弘扬正气，才能遏制不正之风。

（2）完善绩效考核制度。要进一步完善绩效考核条例，从制度层面上贯彻多劳多得、奖勤罚懒的原则，使员工的绩效真正和工资紧密挂钩。

（3）给员工提供“家”的条件。要从衣、食、住等方面，尽可能给员工提供优厚保障，从物质层面上给员工营造“家”的氛围，以留住猪场急需的综合性人才。

2. 组织层面上的求适

（1）班组编制上的求适。为适应现代精细化管理的需求，猪场必须设立公猪、空怀、妊娠、哺乳、保育、育成、育肥、后备等班组。

（2）多面手人才上的求适。现场骨干要具有产房接产、采精配种、免疫保健、仔猪护理、保育生产、育肥生产、电工维修等多方面技能。

（3）各班组内部劳动组织上的求适。班组内人员都要负责一定数量的猪群，同时还要集中一起进行组内会战；工作技巧主要是师带徒形式传授的。

（4）现场会战组织上的求适。其主要是在会战时间、会战地点、会战分组、会战指南、会战人员、问题猪处理等要点上，进行周密的准备。

发现问题才能有效地管理

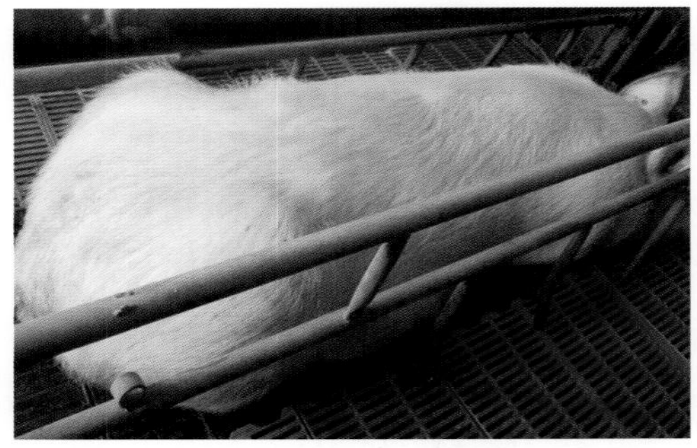

及时发现猪群上的问题

及时发现设施上的问题

及时发现供水上的问题

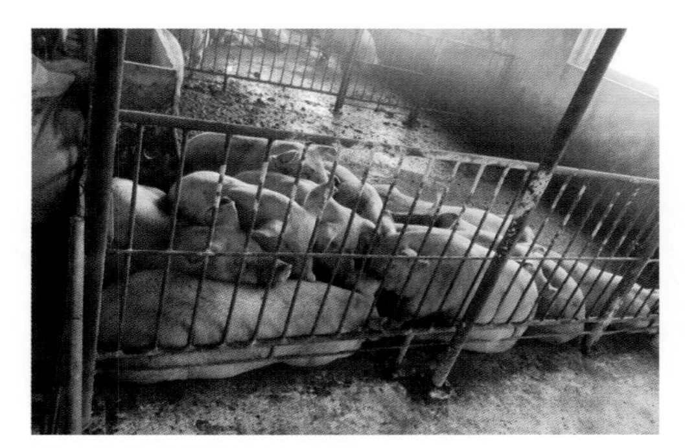

及时发现环控管理上的问题

## 第三节　在生产准备上求适

### 一、知识链接“系统性准备非常重要”

猪场是生产、繁育带毛喘气生物个体的场所，是最讲究事前准备的生产单位，系统性准备工作稍有漏洞，在实施过程必有失误。故此，生产主管必须慎之又慎。例如，现场进行的转群会战工作，在猪群准备上，几乎涉及各种猪群；在圈栏准备上，几乎涉及各种猪群圈栏的清洗，消毒、维护工作；在饲料准备上，几乎涉及各种猪群的饲料逐渐变更；在人员准备上，必然涉及各舍人员参与的短期会战等。总之，准备必须是系统性的，缺一不可。

### 二、在生产准备上求适的四步法

准备工作无处不在，这是仅介绍试生产前的准备工作内容。

#### （一）事前准备

（1）在健康养猪硬件方面的准备。

（2）在健康养猪软件方面的准备。

（3）试生产前各种资源准备方案。

（4）进猪前的各种准备。

#### （二）事中操作

1. 在健康养猪硬件准备上的操作

详见基础篇六大工程防疫设施定置的有关内容，略。

2. 在健康养猪软件准备上的操作

（1）机构设置。依据现代生产企业组织扁平化的设计原理，结合猪场生产经营

**妊娠转哺乳会战准备之前4项**

转群会战前要做好猪群的准备

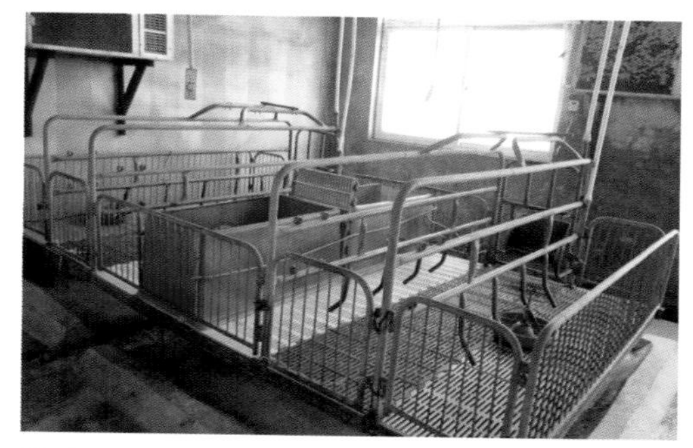

转群会战前要做好圈栏的准备

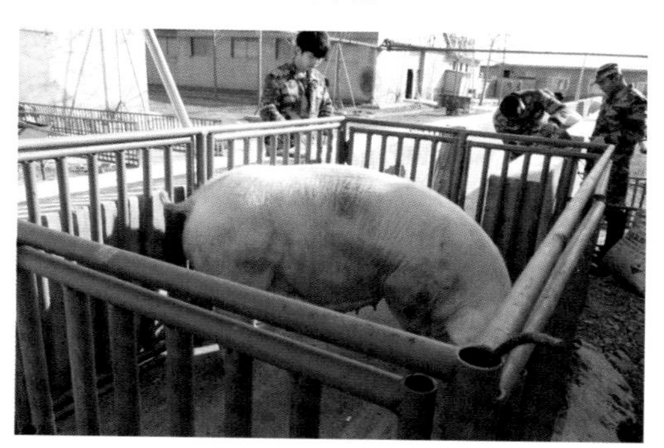

转群会战前要做好称重的准备

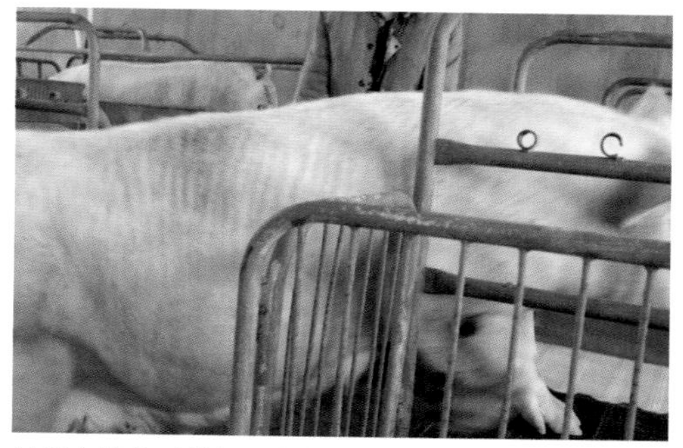

转群会战前要做好上产床的准备

特点，猪场组织机构设置应包括场部办公室、销售科、生产科、供应科、后勤科、兽医室等多个职能部门。规模小的猪场可设场部办公室，其内含上述各个部门的职能。

（2）人员配备。结合猪场实际情况，一般要配备6个方面的人员：其一是场长的准备；其二是副场长或生产主管的准备；其三是领导班底的准备；其四是各班组骨干人员的准备；其五是一线员工的准备；其六是临时工及种养结合人员的准备。

（3）规章制度。现代集约化猪场要实现正常的生产经营目标，必须依靠生物安全六大制度和供、产、销、人、财、物六大制度来维系。以上述制度体系来规范全场员工的行为，特别是要建立以绩效考核为中心的人事管理制度，以此来稳定人心。

（4）管理工具。管理工具的主要作用如下：其一是完善执行各项管理制度的操作工具；其二是要把这些操作工具积累的数据与每个员工的绩效考核联系起来；其三是把员工工资分为基本工资、奖励工资和福利工资；其四是把每名员工的绩效考核结果与后两种薪酬联系起来进行兑现。

3. 试生产前各种资源准备方案的落实

（1）人力资源的落实。一是现代规模化种养结合人才资源的落实，其中包括设施农业的领军人才和精细化养猪的领军人才的落实。二是上述两方面执行班底及各班组骨干人员的落实。

（2）销售资源的落实。根据市场需求，落实养猪的产品结构和种植的产品结

妊娠转哺乳会战准备之后4项

转群会战前要做好饲料的准备

转群会战前要做好饮水的准备

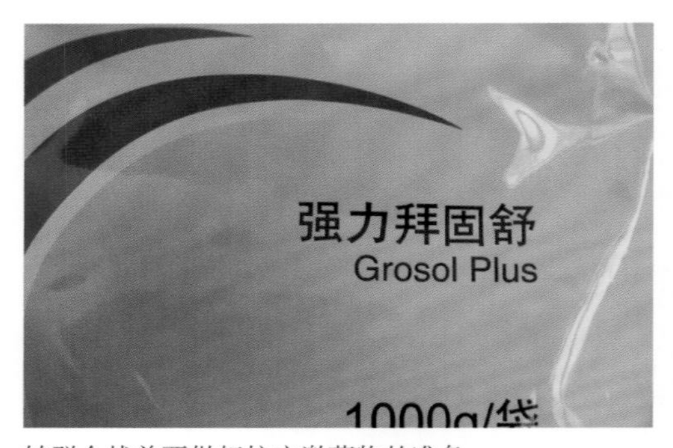


转群会战前要做好抗应激药物的准备

转群会战前要做好人员的准备

构，尽量达到人无我有、人有我优、人优我廉的经营水平，回避恶性价格竞争的产品结构。

（3）供应资源的落实。根据种养结合、循环农业的经营目标，落实种子、化肥、农药及设施农业的各种设备等物质准备，以及种猪、饲料、兽药和健康养猪所需设备等的物资准备。

4. 进猪前的各种准备

（1）全场大消毒的准备。在进猪前半个月，进行全场大消毒。其消毒准备的内容包括：消毒范围、消毒方法、消毒药物选择和消毒效果检查4个方面。

（2）种猪饲养人员上岗前练兵。其包括招聘确有饲养种猪经验的骨干人员和外派实习的饲养人员在种猪进场前进行相关技术内容培训和岗前练兵等内容。

（3）进猪后三抗的准备。进猪后3天内，要做好抗应激、抗感染和抗体监测的实施工作，为消除应激及把握种猪疫病防控主动权打好基础。

（4）种猪饲养管理所需物质的准备。其包括种猪舍设备调试运行的准备，各种检修工具的准备，供电、供水、供料设施的准备，水、料的准备；服装、工具、生活设施的准备等。

### （三）要点监控

1. 种养结合、循环经济的落实

养猪生产产生的液态粪，经过厌氧发酵脱毒灭菌处理，其可作为设施农业水肥一体化喷灌用的有机肥。对此，要积极落实消纳土地、种植品种、贮存与喷灌设施等基础工作，一旦液体粪成为种植的必需资源之时，也就是猪场增加效益和可持续

猪场试生产前的准备之4项

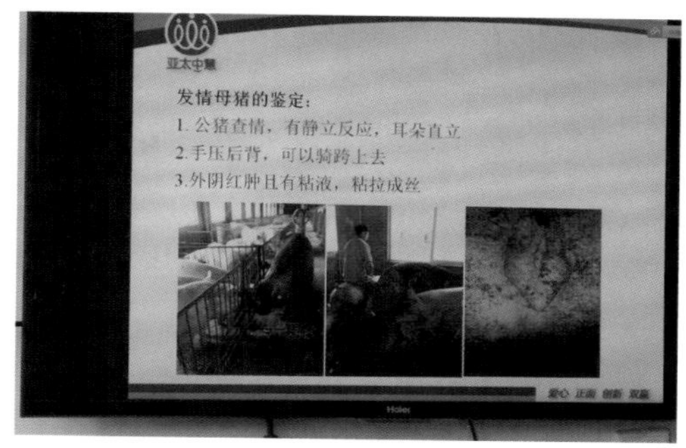


试生产前 猪场全员培训的准备

试生产前种猪选择实习的准备

试生产前饲料供应渠道筛选的准备

试生产前全场卫生消毒的准备

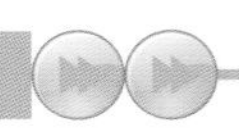

发展之日了。

2. 员工绩效考核制度的落实

猪场管理的核心是人事管理，人事管理的核心是绩效管理。抓好新建猪场员工绩效管理的基础和试点工作，就等于抓住了猪场管理的主要矛盾，对其完成企业经营目标具有事半功倍的效果。

3. 精细化全进全出工艺的落实

当前，养猪生产正在开始步入精细化管理阶段，机械化供料、机械化清粪已成为可靠工艺，猪场已有能力实施六个阶段五转群的全进全出流水式工艺。那么，今后随之而来的试生产准备也必将增加精细化猪场生产管理细微环节的准备内容。

### （四）事后分析

1. 做好猪场精细化管理的准备

随着各行业科技水平的不断提高，养猪生产将有能力进入精细化管理阶段。对此，首先在流水式生产工艺上要实施六阶段五转群的精细化管理的设计，并由此带来猪场软硬件基础的调整与完善，而且这些准备工作的系统化也是精细化管理成功进行的关键。

2. 做好猪场可持续发展的准备

随着2015年中共中央生态文明决策的落实，养猪场环境污染的问题已成为必须解决的燃眉之急。将猪场液态粪进行厌氧脱毒杀菌处理，然后用设施农业水肥一体化的喷滴系统达到变废为宝的效果，这一科技成果称为“种养结合，循环农业”。其使猪场在生态文明时期的可持续发展成为很轻松的事情。

**建场前种养结合工艺的准备**

建场前机械化处理固态粪的准备

建场前厌氧发酵处理液态粪的准备

建场前水肥一体化工艺试行的准备

建场前落实农产品销售订单的准备

## 第四节 在生产控制上求适

### 一、知识链接“及时发现与生产有关的问题”

有效开展生产管理工作，要从发现生产问题入手。结合每周场内会战的安排，提前半天到会战舍进行认真的查看，就会发现与生产有关的问题；其主要是人员状态、饲养管理、环境控制、猪群状态、隐性疫病、工艺流程、保障供应和安全防疫等问题；只有及时发现这些问题，防范于未然，才能做到有的放矢，提高现场的工作效率。对此，除了采用行政管理方法，经济刺激方法、规章制度方法和说明教育方法之外，还要有针对性地采取5S管理活动、定置管理活动、目视管理活动等有效措施，将问题消灭在萌芽状态。

### 二、在生产控制上求适的四步法

#### （一）事前准备

1. 每周会战表的准备（表2-3）

表2-3　每周会战表

| 星期 | 上午 | 下午 |
|---|---|---|
| 一 | 全场清扫、消毒 | 哺乳母猪下产床 |
| 二 | 去势 | 哺乳转保育、称重 |
| 三 | 免疫 | 保育转育成、称重 |
| 四 | 去势 | 育成转育肥、称重 |
| 五 | 全场清扫、消毒 | 育肥转出售、称重 |
| 六 | 免疫 | 其他生产活动 |
| 日 | 待产母猪上产床 | 其他生产活动 |

建场前全进全出工艺的准备

繁殖母猪全进全出之“育成转后备”

繁殖母猪全进全出之“后备转配种”

繁殖母猪全进全出之“配种转妊娠”

繁殖母猪全进全出之“妊娠转产房”

2. 每周各舍检查表的准备（表2-4）

表2-4　每周各舍检查表

| 观察时间 | 观察地点 |
|---|---|
| 周一上午 | 空怀妊娠舍 |
| 周二上午 | 产房 |
| 周三上午 | 保育舍 |
| 周四上午 | 育成舍 |
| 周五上午 | 育肥舍 |
| 周六上午 | 公猪舍、后备舍 |

### （二）事中操作

1. 空怀妊娠舍检查的要点

（1）空怀母猪的短期优饲。

（2）空怀母猪繁殖体况的恢复。

（3）试情公猪查情情况。

（4）空怀母猪发情与配种情况。

（5）配后0～3天限饲情况。

（6）妊娠前期保胎情况。

（7）妊娠中期免疫保健情况。

（8）猪舍防寒、防暑情况。

（9）临产前一周上产床情况。

（10）空栏圈清洗、维修、消毒情况。

2. 产房检查的要点

（1）接产前的八大准备情况。

（2）产程是否正常。

（3）产后母猪的免疫与保健情况。

（4）产仔5天后促进母猪采食情况。

（5）仔猪吃好初乳的情况。

（6）产后12天开口诱食情况。

（7）仔猪免疫与保健用药情况。

（8）哺乳仔猪死淘率的分析。

（9）仔猪断奶窝重情况。

（10）产房空舍后的清洗、维修、消毒情况。

生长猪全进全出的控制

生长猪全进全出之“哺乳转保育”

生长猪全进全出之“保育转育成”

生长猪全进全出之“育成转育肥”

生长猪全进全出之“育肥转出售”

3. 保育舍检查的要点

（1）断奶仔猪转舍后抗应激处理情况。

（2）断奶仔猪饲料调控情况。

（3）断奶仔猪腹泻控制情况。

（4）四点定位调教情况。

（5）保育仔猪免疫接种情况。

（6）保育仔猪驱虫、保健用药情况。

（7）保育舍环境控制情况。

（8）后备仔猪初选情况。

（9）保育仔猪死淘率的分析。

（10）保育空舍后的清洗、维修与消毒情况。

4. 育成舍检查的要点

（1）保育仔猪转舍后抗应激的处理。

（2）转舍后的饲料调控情况。

（3）转舍后四点定位调教情况。

（4）育成阶段免疫接种情况。

（5）育成阶段驱虫、保健用药情况。

（6）育成猪环境控制情况。

（7）育成猪增重与耗料情况。

（8）后备猪二选情况。

（9）育成病死猪情况的分析。

（10）育成空舍后的清洗、维修、消毒情况。

5. 育肥舍检查的要点

（1）育成猪转舍后的抗应激处理。

（2）转舍后的饲料调控情况。

（3）转舍后的四点定位调教。

（4）育肥猪咳喘保健用药情况。

（5）育肥猪驱虫、保健用药情况。

（6）育肥猪增重与耗料情况。

（7）育肥猪环境控制情况。

（8）后备猪三选情况。

（9）育肥猪死淘情况的分析。

各类猪舍生产关键点的控制

试情公猪在空怀妊娠舍查情的控制

产房接产前八大准备之“清洗”的控制

新生仔猪吃好初乳的控制

保育仔猪舍冬天供暖的控制

（10）育肥空舍后的清洗、维修、消毒情况。

6. 后备、成年公猪舍检查的操作要点

（1）后备猪购进后抗应激处理。

（2）后备猪的驱虫、保健用药。

（3）后备猪的免疫接种情况。

（4）后备猪的隔离与适应情况。

（5）后备空舍后的清洗、维修、消毒情况。

（6）成年公猪的精液检查情况。

（7）成年公猪的营养供应情况。

（8）成年公猪的运动、刷拭情况。

（9）成年公猪的免疫接种情况。

（10）成年公猪的驱虫、保健用药情况。

### （三）要点监控

1. 公猪精液品质检查及抗体监测

要严格执行查情、采精、精液品质检查、分装、保存、输精等技术标准。同时定期或不定期地开展抗体监测工作，及时发现种公猪存在的隐患。

2. 定期进行母猪抗体检测工作

要定期开展母猪繁殖障碍病化验诊断工作，特别是对初产母猪或不发情、配不上的经产母猪要及时进行抗体检测和显微检验，以发现母猪群体存在的隐患。

3. 要确保母猪的繁殖体况

母猪配种前七成膘（$P_2$ = 20毫米），产仔时八到八成半膘（$P_2$ = 24毫米），这是正常繁殖需要的膘情。故此，正常的饲喂方法是看膘给量。特别是在泌乳高峰期，要千方百计地让母猪多吃料，保住断奶时有七成膘体况。必要时，可提前断奶。

**种公猪四个关键点的控制**

种公猪精液检查的控制

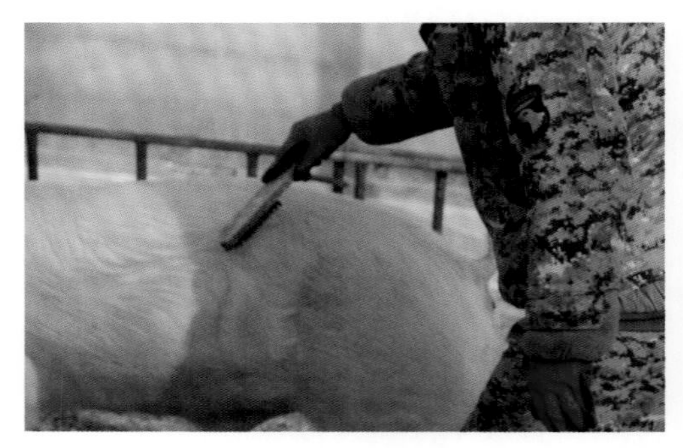
种公猪调教管理的控制

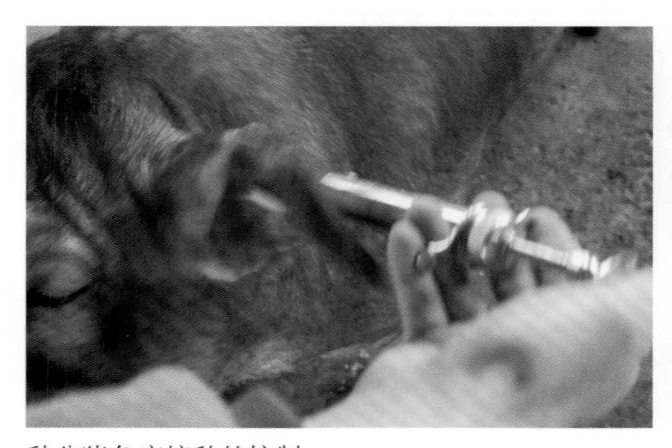
种公猪免疫接种的控制

种公猪驱虫保健用药的控制

4. 要监控哺乳仔猪过三关的质量

初生、采食、断奶是哺乳仔猪的三个重要转折期，现代养猪生产必须要根据产房的实际情况研制及监控哺乳仔猪过三关的技术规程和监控方法，以提高哺乳仔猪成活率和断奶窝重。

5. 要提高育成育肥猪的饲养管理水平

机械供料，地暖供热、半漏缝地板清粪等工艺技术的采用，将会有效提高育成育肥猪的生产水平。

6. 病死猪诊断及相应措施

一旦出现病死猪，就要及时进行准确诊断，并借此找出免疫的问题、环控上的问题、饲养管理上的问题、供水供料上的问题等。然后拿出综合防控的措施。

（四）事后分析

1. 现场检查，要系统全面

作为生产主管，其现场检查要知道有60个关键点内容，可将其分解为每天必检10个内容，可在该舍会战前半天进行系统检查，找出问题，进行及时控制与纠正。

2. 发现问题，要及时纠正

在生产检查过程中，一旦发现问题，要马上记在小本上，并及时告知相关人员进行纠正，防止事务繁忙而遗忘。如能将每日问题进行总结分类，则必然会找出主要矛盾及解决办法。

3. 公差外出，要及时补漏

生产主管难免有公差外出的机会，对此，要在返场后有意识地进行补漏检查，以便随时发现问题及掌握生产状况，如再认真思考，猪场管理的思路可了然于胸。

猪群膘情与体重的控制

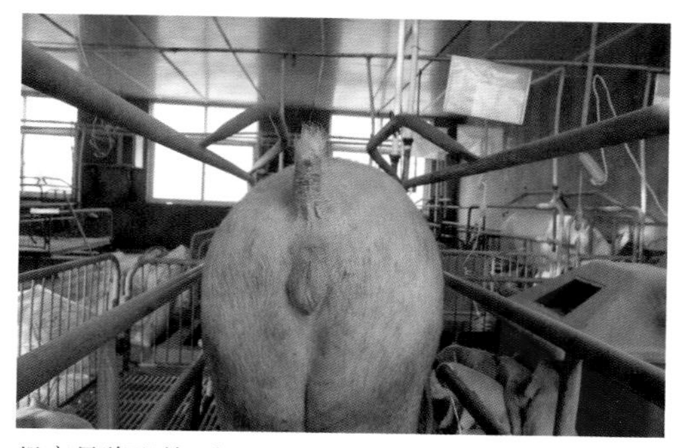

经产母猪配前7成膘的控制

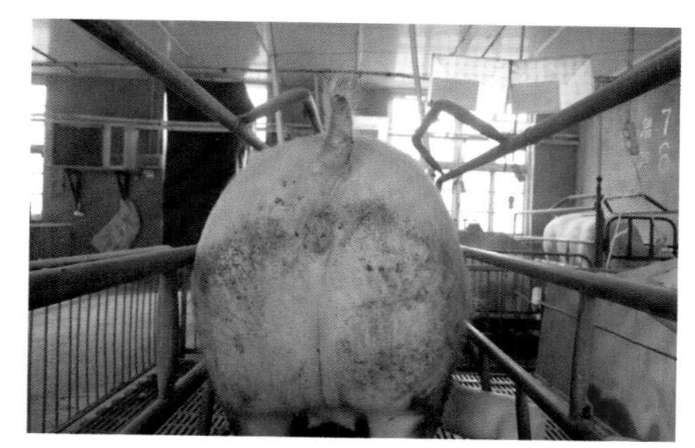

经产母猪产前8成膘的控制

新生仔猪生后体重的检查

哺乳仔猪断奶窝重的检查

## 第五节 在猪群观察上求适

### 一、知识链接“猪群观察”

一般讲：饲养员上舍五件事，其一是猪群观察，其二是环境调控，其三是检查水料，其四是清洁卫生，其五是统计记录。从时间上分解猪群观察，为上午上班进舍后和午饭离舍前及下午上班进舍后和晚饭离舍前，共计4次。从内容上分解猪群观察，为八看、五听、八查等内容。

1. 八看

(1) 看粪尿。

(2) 看呼吸。

(3) 看精神。

(4) 看头部。

(5) 看皮毛。

(6) 看腹部。

(7) 看蹄腿。

(8) 看生殖器。

2. 五听

(1) 听阵发性干咳音。

(2) 听打鼻音。

(3) 听空嚼音。

(4) 听磨牙音。

(5) 听怪叫音。

3. 八查

(1) 查水。

(2) 查料。

(3) 查密度。

(4) 查舍温。

(5) 查环境卫生。

(6) 查生产性能。

病死猪发生原因的控制

出现疫情是否与免疫接种有关

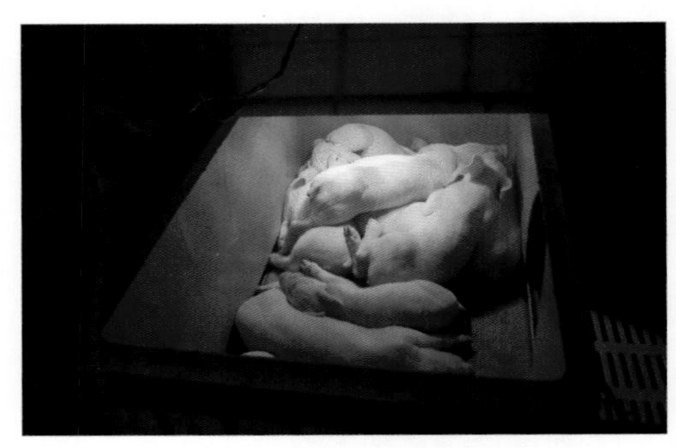

出现疫情是否与环境控制有关

出现疫情是否与饲养管理有关

出现疫情是否与员工管理有关

(7) 查免疫。

(8) 查死淘情况。

## 二、在猪群观察上求适的四步法

### (一) 事前准备

1. 猪群观察内容上的准备
2. 查找猪群问题产生原因的准备

### (二) 事中操作

1. 猪群“八看五听”观察法的操作

(1) 看粪尿。

① 粪色的观察（表2-5）。

表2-5　粪色观察

| 色泽 | 疑似疾病 |
| --- | --- |
| 黄色 | 仔猪黄痢 |
| 白色 | 仔猪白痢 |
| 红色 | 仔猪红痢 |
| 黑色 | 肠道潜血或饲料内有添加物 |
| 灰黄色 | 正常粪便 |

② 粪形的观察（表2-6）。

表2-6　粪形观察

| 形状 | 疑似疾病 |
| --- | --- |
| 球状 | 猪瘟、附红细胞体病等 |
| 干燥 | 败血病初期 |
| 软便 | 正常粪便 |
| 稀便 | 腹泻疾病 |
| 水便 | 急性腹泻疾病 |

③ 尿色的观察（表2-7）。

表2-7　尿色观察

| 色泽 | 疑似疾病 |
| --- | --- |
| 黄色 | 附红细胞体病等肝胆病 |
| 红色 | 钩端螺旋体病等 |
| 白色 | 化脓性棒状杆菌病、肾盂肾炎等 |
| 混浊 | 肾盂肾炎、化脓性膀胱炎等 |
| 清色透明 | 正常尿液 |

猪群观察的8看之前4看

观察猪的粪便“粪干如球”

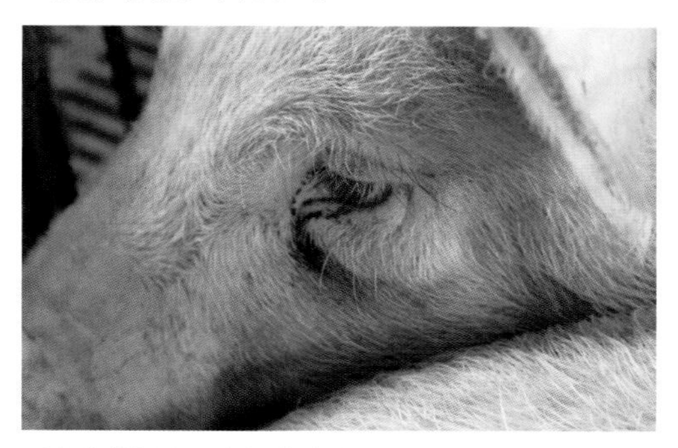
观察猪的泪斑“包涵体鼻炎”

观察猪的精神“流感症状”

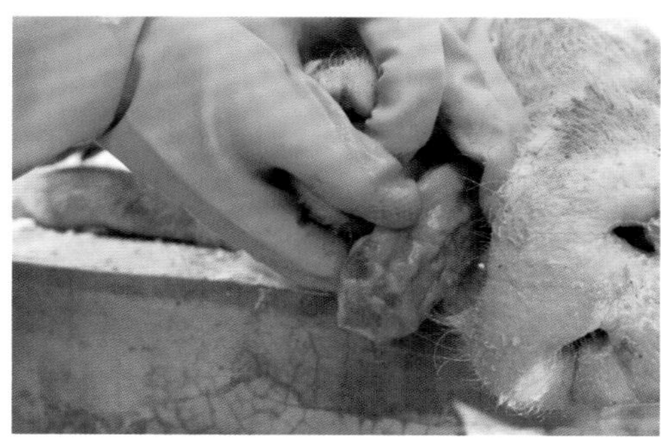
观察猪的口鼻部“口鼻溃烂”

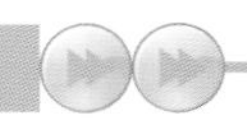

（2）看呼吸（表2-8）。

表2-8　呼吸形态

| 形态 | 疑似疾病 |
|---|---|
| 胸腹式 | 正常呼吸形态 |
| 腹式 | 胸内脏器黏连或肋骨损伤 |
| 张口喘 | 天热中暑或呼吸道重症 |
| 阵发式干咳 | 支原体肺炎 |
| 眼睑下泪斑 | 包涵体鼻炎 |

（3）看精神（表2-9）。

表2-9　精神形态

| 形态 | 疑似疾病 |
|---|---|
| 兴奋 | 公猪查情及母猪发情时易兴奋 |
| 沉郁 | 病猪个体 |
| 抽搐 | 水肿病、神经性疾病 |
| 灵活 | 健康猪 |
| 弓角反张 | 病猪处于频死期，狂犬病等 |

（4）看头部（表2-10）。

表2-10　头部状态

| 部位 | 疑似疾病 |
|---|---|
| 口腔 | 口腔溃烂、疑似水泡病、口蹄疫等 |
| 鼻端 | 鼻端溃烂同上 |
| 眼结膜 | 紫、红、黄、白色均为不同疾病 |
| 耳部 | 紫斑、破溃均为不同疫病 |
| 下颚部 | 下颚淋巴结肿胀溃烂为成猪链球菌病 |

（5）看皮毛（表2-11）。

表2-11　皮毛形态

| 形态 | 疑似疾病 |
|---|---|
| 皮肤有烂斑 | 坏死性皮炎 |
| 被毛租乱 | 肺部疾患 |
| 皮肤紫斑 | 败血症等症状 |
| 皮肤黄染 | 肝胆病所致 |
| 皮肤发白 | 贫血、内出血或寄生虫感染所致 |

猪群观察的8看之后4看

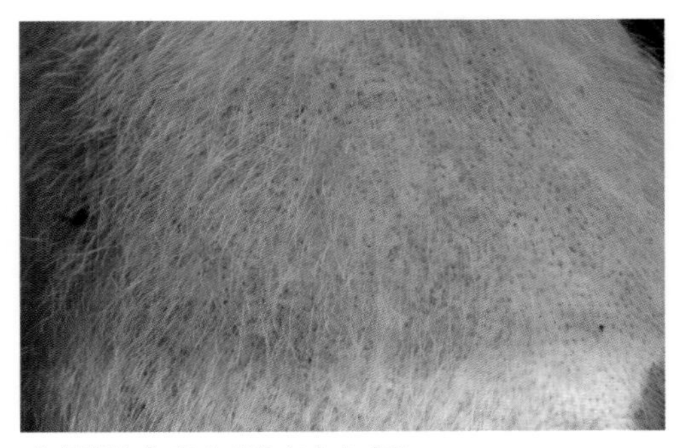

观察猪的皮毛“毛孔有出血点”

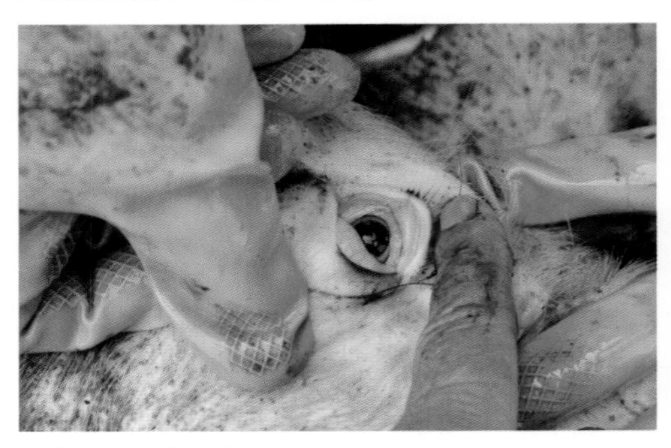

观察眼睑苍白“内出血”

观察猪的腹部“看其食欲情况”

观察母猪的外阴部“外阴流脓为子宫炎”

(6) 看腹部（表2-12）。

表2-12　腹部形态

| 形态 | 疑似疾病 |
|---|---|
| 吊腹消瘦 | 慢性消化道疾病 |
| 凹背垂腹 | 地方品种的体貌特征 |
| 腹部膨大 | 病死猪肠道异常发酵所致 |
| 腹部污秽 | 病猪常卧不起或猪群密度大 |
| 背腹平直 | 正常外三元猪的体貌特征 |

(7) 看蹄腿（表2-13）。

表2-13　蹄腿形态

| 形态 | 疑似疾病 |
|---|---|
| 蹄部溃烂 | 口蹄疫、水泡病等 |
| 关节肿大 | 各种关节炎病 |
| 腿部脓肿 | 化脓性棒状杆菌病 |
| 腿瘸症状 | 蹄腿系列病所致 |
| 蹄不落地 | 蹄底炎、蹄叶炎等 |

(8) 看生殖器（表2-14）。

表2-14　生殖器形态

| 形态 | 疑似疾病 |
|---|---|
| 睾丸大小不一 | 布氏杆菌病、乙型脑炎病等 |
| 包皮积尿 | 遗传所致 |
| 外阴有白色沉淀物 | 饮水不足、霉菌毒素中毒症 |
| 外阴流脓 | 化脓性子宫炎 |
| 外阴流黏液 | 发情症状或子宫颈溃疡等 |

(9) 五听（表2-15）。

表2-15　听声查看

| 声音 | 疑似疾病 |
|---|---|
| 阵发性干咳音 | 支原体性肺炎 |
| 打鼻音 | 包涵体鼻炎 |
| 空嚼音 | 限位栏恶癖症、伪狂犬病 |
| 磨牙音 | 猪瘟、肠道寄生虫病 |
| 怪叫音 | 仔猪被压或被捕捉猪叫声 |

猪群观察之4想

母猪咬烂怪癖疑为“限位栏所致”

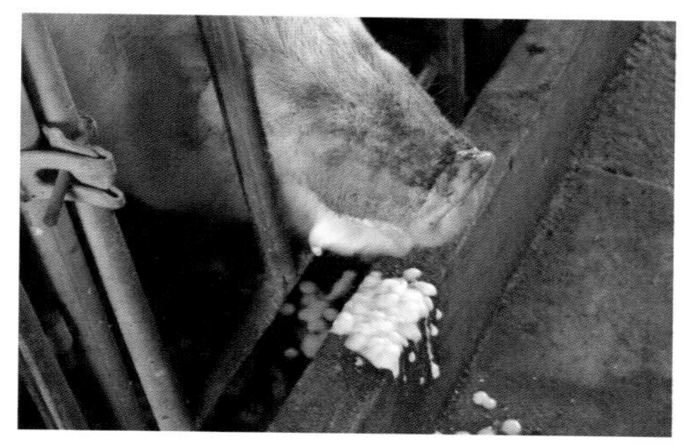

母猪空嚼疑为“伪狂犬病症状”

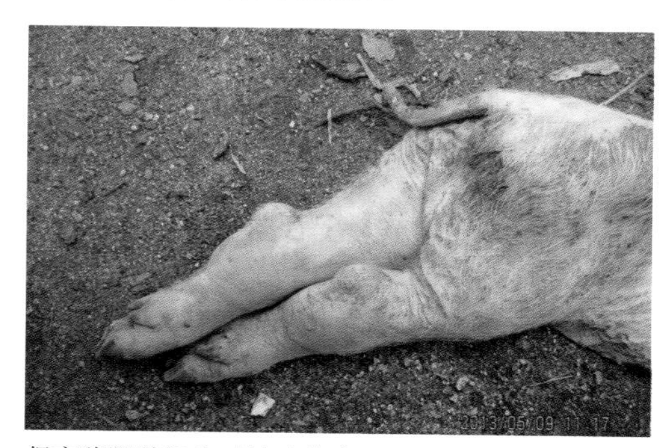

保育猪腿肿疑为“链球菌病”

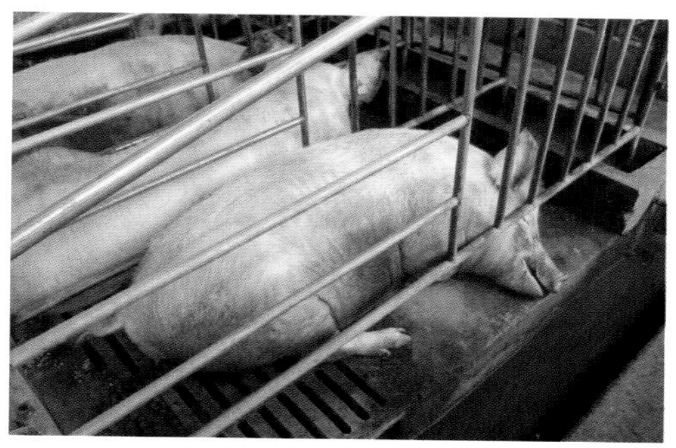

母猪腿病疑为水泥地所致

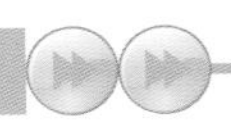

2. 查找猪群问题产生原因的操作

（1）查水。要查影响水压、水量不足的原因，及时解决水泵、管线、饮水器存在的问题；要及时采集水样送检，发现水质污染的问题；要及时进行碗式饮水器的更换，解决鸭嘴式饮水器漏水问题。

（2）查料。对疑似饲料及时进行化验，以确定营养指标及是否存在霉菌毒素超标的问题。要认真观察病猪个体栏内其他猪只的采食状态和腹围情况，以达到及时发现疑似病猪的目的。

（3）查密度。现将健康养猪推荐的标准密度列表如下（表2－16），以便于查对。

表2－16　健康养猪推荐的标准密度

| 猪别 | 密度（米²/头） | 猪别 | 密度（米²/头） |
|---|---|---|---|
| 妊娠前期 | 2.0～2.5 | 保育仔猪 | 0.5～0.7 |
| 妊娠后期 | 2.5～3.0 | 育成猪 | 1.0～1.2 |
| 哺乳母猪 | 4.0～4.5 | 后备母猪 | 1.2～1.5 |
| 种公猪 | 6.0～9.0 | 育肥猪 | 1.2～1.5 |

（4）查舍温（表2－17）。

表2–17　推荐舍温

| 猪别 | 温度（℃） | 猪别 | 温度（℃） |
|---|---|---|---|
| 妊娠前期 | 14～16 | 保育仔猪 | 20～24 |
| 妊娠后期 | 16～20 | 育成猪 | 14～20 |
| 哺乳母猪 | 16～20 | 后备猪 | 14～20 |
| 种公猪 | 14～16 | 育肥猪 | 12～18 |

注：哺乳仔猪的温度为：第一周30～33℃，第二周为26～30℃，第三周为24～26℃。

（5）查环境卫生。第一是把5S活动引入到猪场生产管理中；第二是将舍内外责任区落实到每名员工头上；第三是明确工

猪群8查之前4查

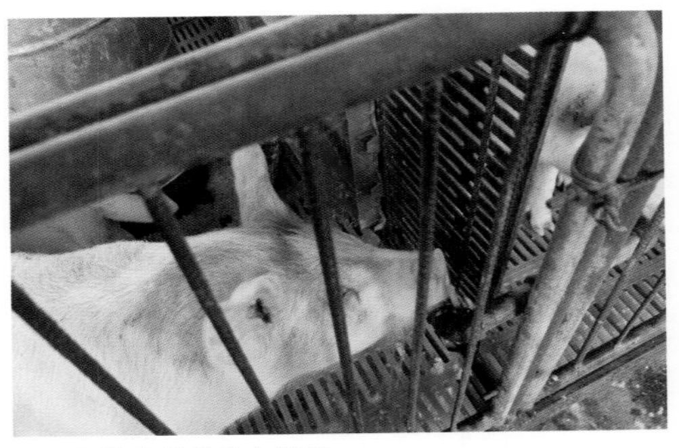

一查各类猪群的供水情况

二查各类猪群的供料情况

三查各类猪群的密度情况

四查各类猪群的室温情况

作标准和检查内容；第四是每周一、周五进行环境卫生清理与检查；第五是检查结果张榜公布；第六是月底奖惩兑现。

（6）查生产性能。首先要建立各类猪群的生产性能统计日报表，各个猪舍的饲养员每日必须如实填写相关数据；了解病死猪发病前后，其生产性能相关数据的有关变化，据此为疫病防制提供参考数据。

（7）查免疫、保健用药情况。查免疫、保健用药情况，要及时查对免疫程序、免疫药品、免疫方法等方面的情况；要及时查对驱虫用药及保健用药等情况，以便于查出真正的原因。

（8）查死淘情况。当发现病死猪个体时，要及时查对相关舍的统计报表，要以死淘栏内的相关数据来分析判断疫病的性质、发生阶段、流行特点、愈后结果等相关内容，借此以指导无病大群防制工作的开展。

### （三）要点监控

1. 不同日龄段多发病的有效监控

（1）初产母猪的有效监控。初产母猪是繁殖障碍症系列病的信号猪；故此，对出现死胎、流产的初产母猪要及时进行显微镜检、抗体检测和PCR诊断，以利拿出准确结果，指导现场防疫工作。

（2）经产不发情母猪的有效监控。其是经产母猪患繁殖障碍症系列病的信号猪，只要经过化验室显微镜检、抗体检测和PCR诊断，就能达到准确诊断的目的，进而有效指导猪场的特定病防制工作。

（3）病死哺乳仔猪的有效监控。其也是母猪繁殖障碍症系列病的信号猪，但在化验室诊断时要采其亲本母猪血液参与检

猪群8察之后4查

五查猪舍的消毒控制情况

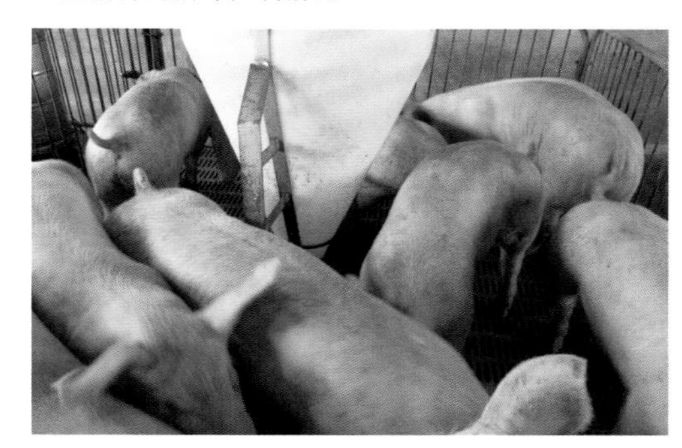

六查各类猪群的生产性能

七查免疫与保健用药情况

八查各类猪群的死淘情况

测才能得到准确结果，而单单化验病死仔猪往往是得不出什么结果的。

2. 对不同季节段多发病的有效监控

（1）冬季多发呼吸道疾病，特别是育成育肥猪更是呼吸道疾病的信号猪，其出现阵发性咳嗽，必然与支原体肺炎有关；其出现打鼻音，必然与包涵体鼻炎有关。

（2）夏季多发生消化道疾病，特别是育成猪、育肥猪多在地面上饲养，更易感染肠道寄生虫病。故此，一旦出现腹泻症状，必然要首先考虑驱杀肠道寄生虫药。

（3）春秋气温条件变化大，育成育肥猪是猪肺疫、支原体肺炎的信号猪。一旦出现突然死亡、颈下皮肤紫绀等症状，则很大可能为猪肺疫、支原体肺炎、胸型猪瘟混感所致。

3. 与某些疫病相关联的有效监控

（1）副猪嗜血杆菌病。其多与蓝耳病相关联，往往是先感染蓝耳病，造成患病猪免疫力下降，进而继发感染副猪嗜血杆菌而发病。故此，其是蓝耳病的信号病。

（2）渗出性皮炎。其多与圆环病相关联，往往是亲本母猪患圆环病毒病，并垂直感染给仔猪而引起免疫力下降，当外伤感染金黄色葡萄球菌后，就会发生此病。故此，渗出性皮炎是圆环病的信号病。

（3）病死猪大多与猪瘟有关。根据临床诊断结果统计，病死猪85%以上与猪瘟混感有关，而原发病又与圆环、蓝耳、支原体等疫病混感有关。

## （四）事后分析

1. 因为

（1）病死猪的准确诊断来自化验室化验项目的恰当选择。

易关联的疫病前4个

初产母猪易出现死胎流产症状

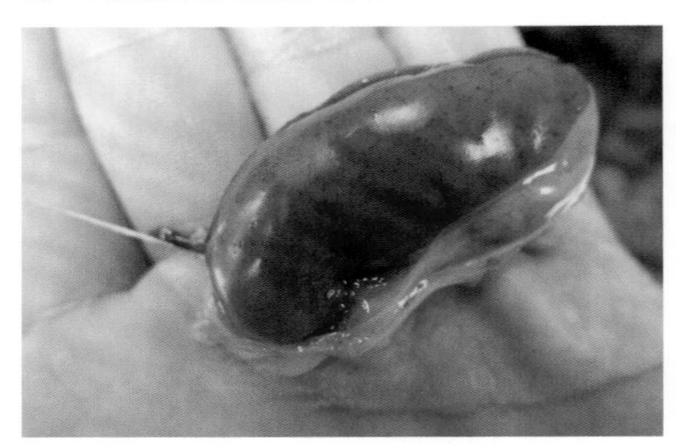

新生仔猪易患迟发性猪瘟

保育仔猪易患链球菌病

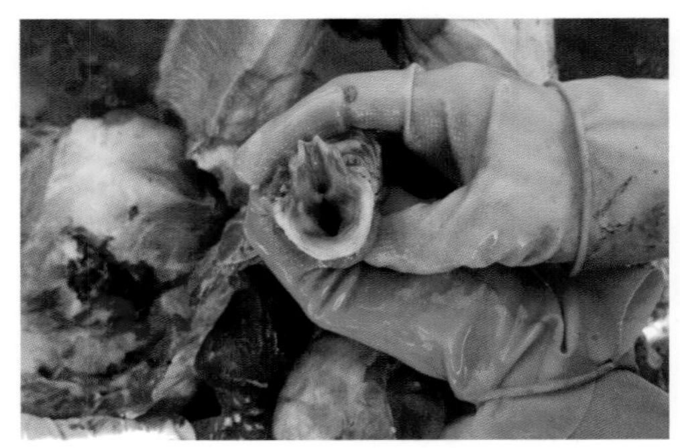

育肥猪易患呼吸道疾病

（2）化验项目的恰当选择来自临床初步诊断结果的指导。

（3）临床初步诊断结果来自疫病流行病学调查和病理解剖检查。

（4）疫病流行病学调查和病理解剖检查的起因来自临床症状的观察。

（5）病猪临床症状观察来自饲养人员每日四次的猪群观察。

（6）猪群观察包括眼看、耳听和八个方面的系统调查内容。

2. 所以

（1）能干。

① 采用设施养猪方式，降低劳动强度。

② 能拿出更多工作时间用于猪群观察。

（2）想干。

① 四周正气氛围熏陶。

② 主人翁精神灌输。

（3）愿干。

① 承包责任制落实。

② 奖惩制度兑现。

（4）会干。

① 技术培训。

② 以老带新。

（5）实干。

① 脚踏实地内容的教育。

② 选择实干型人员入职。

（6）巧干。

① 熟能生巧。

② 总结提高。

易关联的疫病后 4 个

生长育肥猪腹泻易与寄生虫病相关联

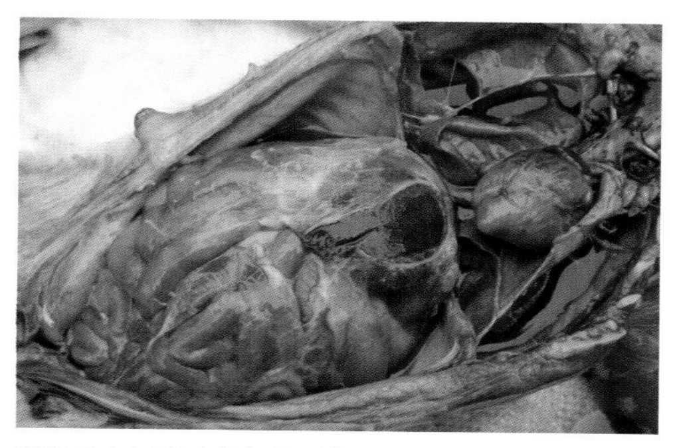

副猪嗜血杆菌病易与蓝耳病相关联

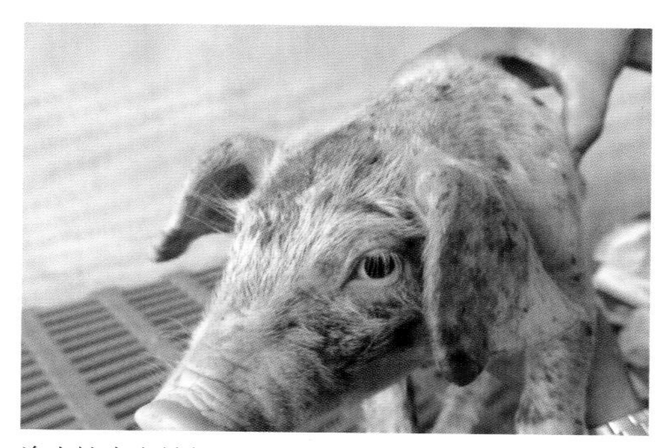

渗出性皮炎易与圆环病毒病相关联

猪场出现死猪易与猪瘟相关联

# 第三章 在营养供应上求适

**内容提要**

（1）在饲料加工生产上求适。

（2）在饲料品控管理上求适。

（3）在营养调控上求适。

（4）在小麦替代玉米日粮上求适。

## 第一节 在饲料加工生产上的求适

### 一、知识链接“饲料供应必然要由专业厂家来完成”

随着现代饲料工业的发展，满足各类猪群营养需求的关键性技术、设备及人才等大多被专业性的饲料集团厂家所占有，其产品质量的性价比越来越优于各猪场简易作坊式的粉料加工产品。加之猪场对外合作经营一体化的发展趋势，集约化猪场的饲料供应工作必然要由专业化饲料厂家来完成。

对此，做为猪场的管理人员，必须要在技术上和管理上做好猪场全价配合料供应模式转型的基础工作。要了解饲料厂家饲料加工的技术规范，要了解饲料产品品控管理的技术规范，要了解各类猪群营养调控的技术规范和小麦替代玉米日粮等的技术规范，以适应饲料供应转型的发展趋势。

某饲料集团饲料厂的硬件优势

标准化的厂房设施

标准化的仓储设施

标准化的生产设施

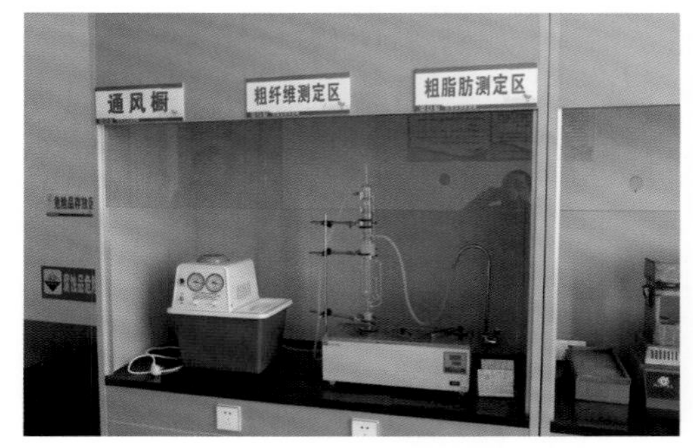


标准化的化验设施

## 二、在饲料加工生产上求适的四步法

### （一）事前准备

（1）全价配合料加工的准备。

（2）浓缩料加工的准备。

（3）预混料加工的准备。

### （二）事中操作

1. 全价配合料加工的操作

（1）全价配合料配方编制的操作。

① 原料部门提出可供配方使用的原料品种、规格、营养成分等材料，其原料成分检测单要有原料品质检测室的签字。

② 制作饲料配方的专家室据此编制初步的饲料配方，配方处通过电子计算机的计算，提出改换某种成分或用量的具体意见单。

③ 配方处将改正调整后具体意见单再送专家室，由专家室做出决定，提出正式配方，并由专家签字。

④ 按饲料配方配制小样，进行饲喂试验。

⑤ 根据饲喂结果，技术总管批准配方。

⑥ 配方处编号归档后，交生产单位组织生产。

⑦ 按饲料配方组织生产，按批量现场采样，经品管处化验分析，作为完善饲料配方及加工工艺的依据。

⑧ 依据国家规定，对按配方生产的配合饲料留样保存，备检。

（2）全价配合料生产加工的操作。

① 原料贮存与清理工艺流程。其主要是解决好卸料坑的选用、输送设备的选

饲料厂的四步生产过程

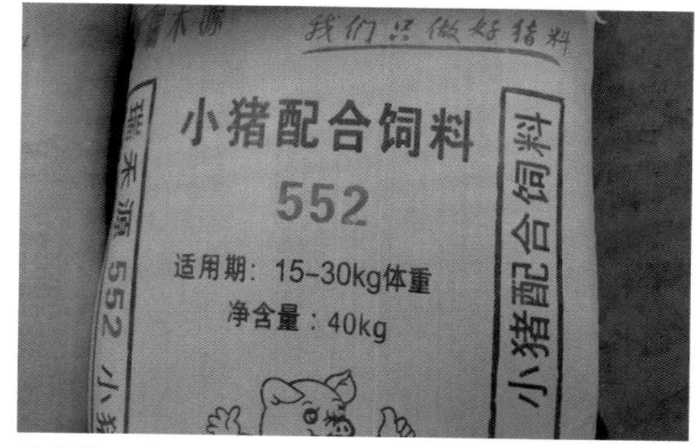

首先按配方配制小样产品

其次饲喂小样并观察食欲

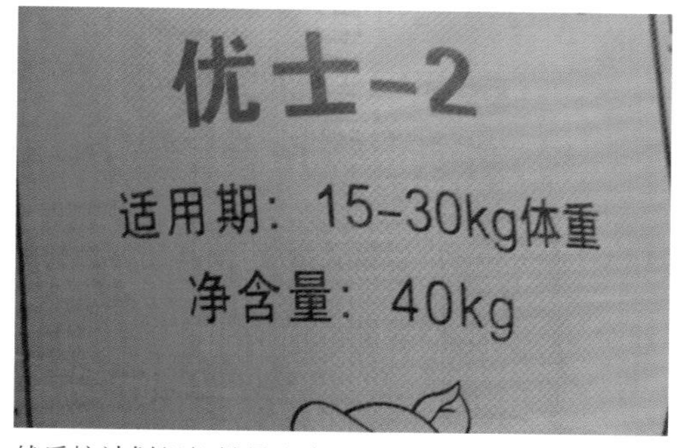

然后按计划组织批量生产

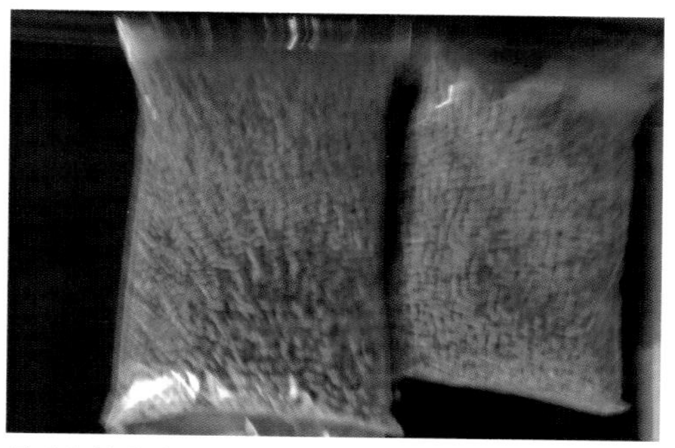
最后每批产成品留样待查

用、原料贮存仓的选用和清理设备的选用等方面的技术和设施等问题。

② 粉碎工艺流程。其是各个饲料厂家的主要生产工艺，主要是要解决好贮料仓、喂料器、吸铁装置、粉碎机组设施等的选择问题。

③ 配料及混合工艺流程。一般要解决好重量式配料混合机选型、喂料机选用等问题，特别是解决好配料及混合的工艺设计问题。

④ 制粒工艺流程。颗粒料与粉料相比有许多优点，这里主要是解决好制粒车间设计和掌握好影响产品质量的一些具体问题的解决。

⑤ 饲料厂的自动化流程。要完善自动化水平的选择与饲料厂计算机功能的匹配等问题，以利自动化流程给企业带来更好的经济效益。

2. 浓缩料加工的操作

（1）浓缩料配方制作的操作。现以保育仔猪30%浓缩料为例，介绍其配方制作的流程。

① 列出2008猪的饲养标准中仔猪日粮的各种营养水平，略。

② 确定选用的原料，如玉米、豆粕、进口鱼粉、麸皮、油脂、钙磷、食盐、预混料、各种氨基酸等。

③ 在饲料化验室中，对各种待选饲料原料进行粗蛋白质、粗脂肪、粗纤维、粗灰分、钙、磷等营养成分的化验检测。

④ 根据实测值，计算出全价配合料的组合配比见表3-1（仅供参考）。

饲料厂的四大硬件设备

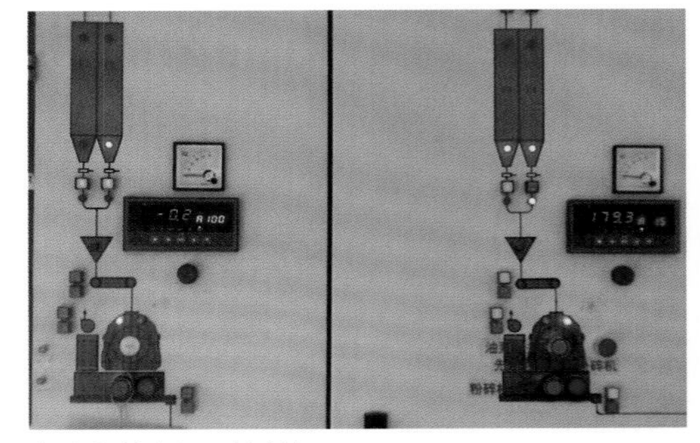

先进的粉碎机组控制柜

先进的混合机组

先进的制粒机组

先进的自动化控制设施

表3-1　全价配合料的组合配比

| 饲料组分 | 占全价配合料（%） |
|---|---|
| 黄玉粉 | 60 |
| 麸皮 | 8 |
| 油脂 | 2 |
| 大豆粕 | 18.8 |
| 进口鱼粉 | 8.8 |
| 脱氟磷酸氢钙 | 0.6 |
| 碳酸钙 | 0.4 |
| 食盐 | 0.2 |
| 预混料 | 1.0 |
| DL-蛋氨酸 | 0.08 |
| L-赖氨酸·盐酸 | 0.12 |
| 合计 | 100.00 |

⑤ 将仔猪全价配合料的配方折算成仔猪浓缩料的配方，首先要去掉占全价料日粮中70%的玉米、麸皮和油脂等能量饲料，然后把剩余组分的各个用量折成百分比即得。详见表3-2。

表3-2　浓缩料组合

| 浓缩料组合 | 折算 | 配比（%） |
|---|---|---|
| 豆粕 | 18.8 ÷ 30% | 62.67 |
| 鱼粉 | 8.8 ÷ 30% | 29.33 |
| 脱氟磷酸氢钙 | 0.6 ÷ 30% | 2.00 |
| 碳酸钙 | 0.4 ÷ 30% | 1.34 |
| 食盐 | 0.2 ÷ 30% | 0.66 |
| 预混料 | 1.0 ÷ 30% | 3.33 |
| DL-蛋氨酸 | 0.08 ÷ 30% | 0.27 |
| L-赖氨酸·盐酸 | 0.12 ÷ 30% | 0.40 |
| 合计 | | 100.00 |

（2）浓缩料生产加工的操作。参见全价配合料生产加工工艺内容，略。

3. 预混料加工的操作

其是饲料集团公司的核心加工产品，一般给本集团下属饲料分厂提供1%的预

浓缩料的主要原料

大豆粕

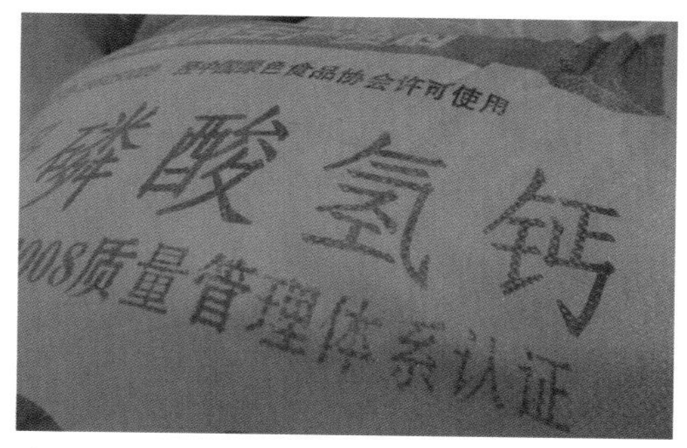

磷、钙

预混料

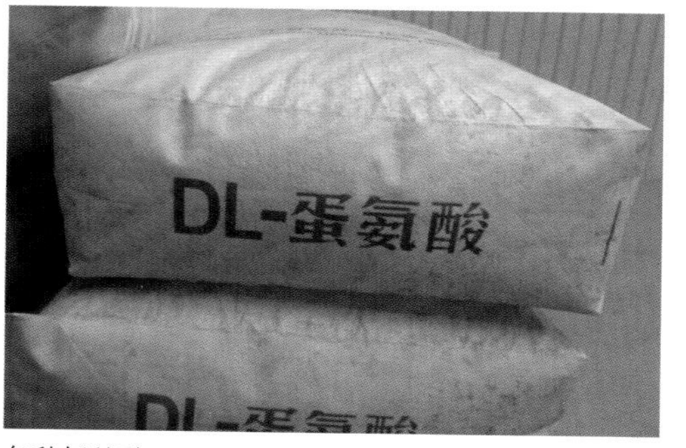

各种氨基酸

混料；给猪场提供的是4%～10%的预混料。其包括营养性添加剂、非营养性添加剂、钙、磷和食盐等。因其配方制作和产品制作技术含量高，故请另见有关资料。

（三）要点监控

1. 饲料配方制作的要点监控

（1）正确认识饲养标准和饲料成分表的营养含量。

① 饲养标准上的营养需要量是最低营养需求量，在制作配方时，要把吸收各种营养成分的制约因素转换为使用时的加量安全系数。

② 饲料成分表的营养含量是平均值，而因各饲料原料的品质、产地、收获期、加工条件等的不同，其营养含量也不同，故要以实测为准绳。

（2）正确认识地方性饲料原料对配方营养的影响。

① 以棉粕为主的典型日粮，在预混料配方中要加大铁的含量，以避免铁元素与棉酚结合所造成的损失。

② 以麦类、稻米为主的日粮，其预混料配方中要与以玉米为主的日粮不同，其亚油酸、叶黄素、生物素等的含量都要有所改变。

（3）正确认识各种饲料添加剂的品质。

① 各种饲料添加剂的活性成分含量、受贮存日期和贮存条件影响甚大，特别是维生素添加剂，要以实测为准。

② 关于添加剂的工艺标准也要掌握，如维生素A的微囊包裹，其包裹是否合格，其粒度大小是否均匀，要显微镜检后方可认定。

预混料的主要原料

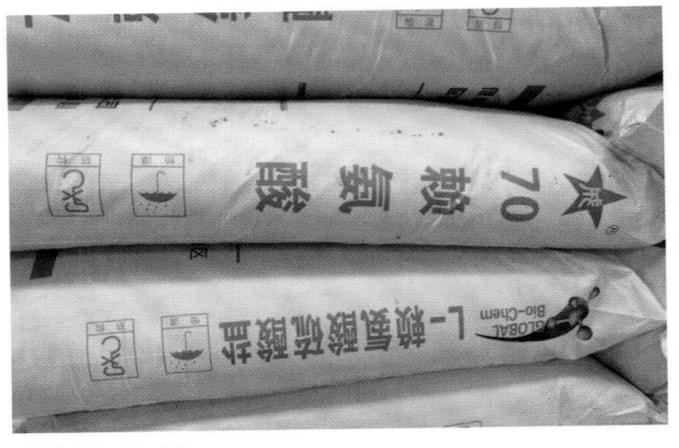


营养性添加剂

非营养性添加剂

能量添加剂

食盐

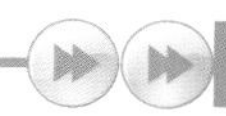

2. 饲料产品制作的要点监控

在饲料产品制作时，要重点抓好目视工作，使饲料产品在数量、质量、成本、时间四方面达到厂部的要求。其目视管理有如下作用。

（1）其可把生产要求、生产进度、完成情况公开化，图表化、可使全体员工一目了然，起到督促、协调和激励作用。

（2）其可使生产控制更加形象化和直观，使生产现场各类物品摆放整齐划一，更便于质量控制。

（3）其与5S管理活动配合开展，可使目视管理有了员工素养优秀的基础，更利于生产任务的完成。

### （四）事后分析

传统养猪时，建猪场时要同时筹建饲料加工车间和原料贮备库。现在看这种自给自足的思路已过时，饲料供应必将由饲料公司来完成，因其有如下五大优势。

其一是专业化管理的饲料公司，其产品质量更有把握；其二是根据猪群不同阶段的营养需求，开发了对应的产品；其三是由于集团采购，饲料原料价格更为低廉；其四是饲料公司综合技术人才档次高，售后服务效果更好；其五是打好饲料还款时间差，猪场饲料成本由饲料公司承担。

饲料产品是由预混料、浓缩料及全价料三大类产品组成；饲料厂生产上述产品，首先要拿出能满足不同猪只生长、繁殖营养需求的饲料配方；其次是按照上述配方，科学组织不同类型饲料产品的生产；当然，这个过程也是大有学问的。

现场品控管理的四大模块

原料品控

加工品控

成品品控

化验品控

饲料三阶段品控

原料品控

生产品控

成品品控

三阶段均须化验品控

## 第二节　在饲料品控上求适

### 一、知识链接“饲料品控三要点”

#### （一）对饲料原料的品控要点

（1）饲料原料的质量是第一位的，其采购的价格是第二位的。

（2）要通过各种手段减少饲料原料的变异度。

#### （二）对生产过程的品控要点

（1）使用好不同变异度的原料，保证产品质量的稳定性。

（2）防止环境与人员的变异进而导致产品质量的变异。

#### （三）对产品质量的品控要点

（1）必须用近红外多点、快速、多频率地进行产品质量检测。

（2）产品发货跟踪、退货质量跟踪及生产改进。

### 二、在饲料品控上求适的四步法

#### （一）事前准备

（1）饲料原料品控的准备。

（2）生产过程品控的准备。

（3）产成品质量品控的准备。

#### （二）事中操作

1. 饲料原料的品质控制

（1）掌握供货厂家的产品质量。这里主要是掌握原料验收台账的系统数据，即每日的原料质量记录等。

（2）玉米的品质控制。其包括水分、容重、霉菌毒素的每日、每月的质量统计与分析等数据。

（3）油脂的品质控制。必须实地考察后择优选用，非生产厂家的经销产品坚决不用。

（4）豆粕的品质控制。要严格豆粕的检验，杜绝掺杂豆粕进入；同时要注意检验胰蛋白酶抑制因子等几种抗营养因子存在的数据情况。

（5）棉粕的品质控制。主要查看蛋白含量和游离棉酚含量，其后者以不超过0.04%为达标。

（6）菜粕的品质控制。主要查看蛋白含量和硫葡萄糖苷类化合物的含量，其后者以不超过0.15%为达标。

（7）麸皮的品质控制。主要是查看水分是否达标，是否有霉变现象。

（8）大米细糠的品质控制。主要是查看是否有酸败现象存在。

（9）次粉的品质控制。主要是查看是否有酸败现象存在。

（10）猪的品尝试验。

对上述各种饲料原料防霉变最好的监督方法，就是将上述原料让试验猪群进行品尝试验。如能快速采食完毕，则基本不存在酸败的问题。

2. 生产过程的品质控制

（1）配方管理的控制。实施小料和大料配方下放与回收的管理制度，以保证配方的准确与安全。

（2）原料标识化管理的控制。通过原料垛卡和颜色标识的不同，以保障原料的先进先出和准确使用。

（3）垛底原料和不明包装物的处理和控制。这是影响产品质量的盲点和无名杀

原料品控

玉米经振动筛处理

小麦经振动筛处理

豆粕是验收重点

油脂也是验收重点

手，要重点对其控制。

(4) 小料标识化管理的控制。

① 小料周转袋按产品品种用颜色来区别使用。

② 要设立小料的入库和出库领用记录卡，添加记录看板。

③ 工作程序和工作环境要相对稳定，不得突然变更。

(5) 油脂质量的控制。

① 油脂的来源、入厂质量记录要系统齐全。

② 油脂卸货时转罐与油温的控制要标准化。

③ 油秤的定期校正和油灌内残余油质量的定期检测。

(6) 生产车间质量问题点反馈的奖励与控制。对及时发现并反映质量问题的工人进行奖励，监督其错误的立即改正和问题的快速解决。

3. 产成品的品质控制

(1) 产成品化验结果每日分析的控制。要对每日产成品的化验结果进行监督控制，保证产品质量与及时查出隐患。

(2) 对市场投拆处理的控制。要对市场投拆的发生范围、可能原因、处理意见等进行监督控制。

### (三) 要点监控

1. 原料质量的选用

(1) 原料的选用。

① 优等玉米猪料专用。

② 优中选优乳猪、母猪料专用。

(2) 原料适口性检验。

① 试验场猪只对每批准备购入的原料进行适口性检验。

生产品控

1. 确保卸入油罐中油的质量
2. 避免使用过高的温度加热
3. 定期校正油温控制仪
4. 定期校正油称
5. 对库存油罐油的质量进行检测

油脂质量的控制

原料垛卡与识别

对垛底不明原料要加以警惕

1. 小料半成品的分区管理
2. 小料周转袋按品种进行颜色区分
3. 半成品出入库的记录表
4. 小料添加记录看板
5. 小料添加记录表

小料标识化的实施

② 试验场猪只对每批新更换的原料进行适口性检验。

(3) 霉菌毒素的控制。

① 启动玉米、小麦除霉清杂设备。

② 对库存原料进行每月一次的定期霉菌毒素检测，以利找出问题。

2. 生产过程的监控

(1) 采取各种措施，减少因人员变化导致的产品变异。

(2) 先抓住影响产品质量的关键点，然后再向其他方向延伸。

(3) 化验员、配方师、生产主管等进行生产关键点的控制。

(4) 近红外进行多点、快速、多频率中间产品的质量监控。

3. 产成品的监控

(1) 近红外多点、快速、多频率监测每批的产成品。

(2) 退货质量跟踪时，品管要与服务专家同往，以利找出真正原因。

(3) 产品质量问题的认定、查找产生原因及纠正措施的落实。

### (四) 事后分析

如果市场对配方品质的要求为100%，那么，库存各种原料的保障只能达到90%；而生产中保证值（按配方准确执行）也为90%，且通过客户验证配方的准确性为75%；综上，配方效果的实现仅为设计值的60%。故此，提高库存原料的保障率和生产过程的保障率，将明显提高市场对产品的满意度，所以饲料产品的品控管理是非常重要的。

成品品控

近红外检测的实施

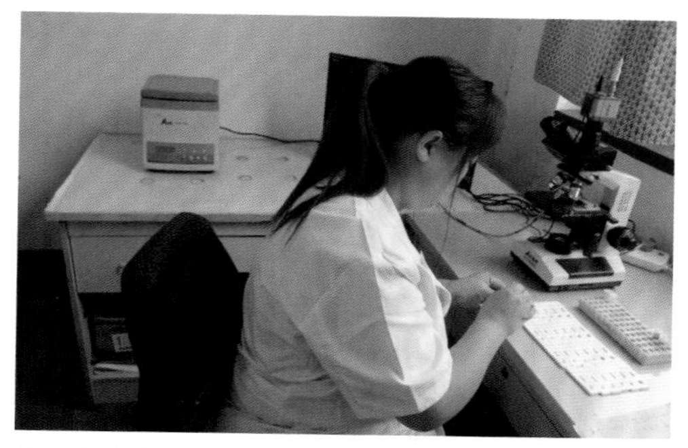
霉菌毒素检测的实施

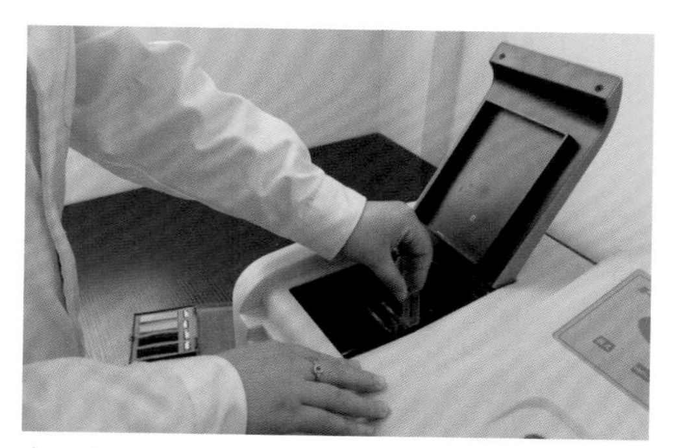
产品检测的操作

产品留样的待检

## 第三节　在营养调控上求适

### 一、知识链接“生产性能的变化与营养调控上的求适”

现代瘦肉型繁育体系猪只的生产性能和繁殖性能都取得了很大的提高，现仅以现代杜洛克后备公猪的某些生产性能指标列表说明如下（表3-3）。

表3-3　生产性能指标

| 杜洛克＼指标 | 初生体重（千克） | 28日龄体重（千克） | 70日龄体重（千克） | 114千克体重的时间 |
|---|---|---|---|---|
| 传统版 | 1.7～1.8 | 7.5～8.5 | 31～33 | 153 |
| 现代版 | 1.8～2.5 | 8.5～11.0 | 40～49 | 132 |

大白猪、长白猪等品种同样具有上述趋势，这就相应地带来现代瘦肉型各阶段猪只营养调控上的变化。但因饲料加工单位执行的饲料标准滞后，按其标准加工的产品难以满足变化了的营养需求；这就要求参照标准、做好营养调控工作。唯此，才能满足其生产性能变化了的需求。

### 二、在营养调控上求适的四步法

#### （一）事前准备

(1) 种公猪营养调控上的准备。

(2) 后备种公猪营养调控上的准备。

(3) 后备母猪营养调控上的准备。

(4) 空怀母猪营养调控上的准备。

(5) 妊娠母猪营养调控上的准备。

(6) 哺乳母猪营养调控上的准备。

(7) 哺乳仔猪营养调控上的准备。

(8) 保育仔猪营养调控上的准备。

(9) 育成猪营养调控上的准备。

人员稳定是基础

生产员工的相对稳定

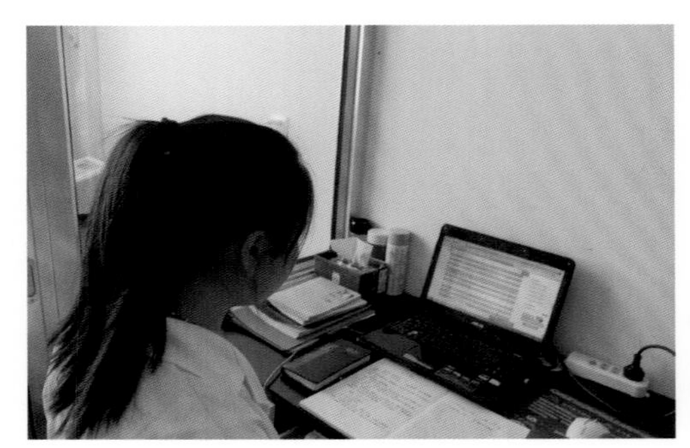

生产主管的相对稳定

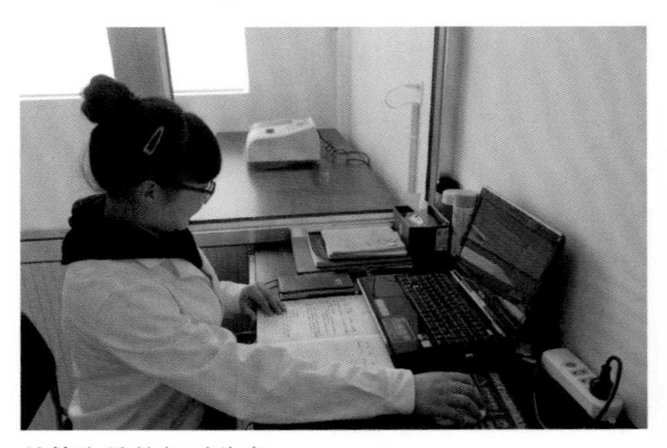

品管人员的相对稳定

人员的稳定带来生产环境的稳定

（10）育肥猪营养调控上的准备。

（二）事中操作

1. 种公猪营养调控上的操作

其主要为抓好饲养标准、饲喂量和日粮质量三件工作。

（1）部分饲养标准及日喂量表（表3-4）。

表3-4 部分饲养标准及日喂量

| 时期＼指标 | 可消化能（兆焦/千克） | 粗蛋白质（%） | 日饲喂量（千克/日） |
|---|---|---|---|
| 配种期 | 12.97 | 15 | 2.5 ~ 3.0 |
| 非配种期 | 12.55 | 14 | 2.0 ~ 2.5 |

（2）控制日粮质量。

① 严禁种公猪日粮发霉变质。

② 严禁加入抑制精子生成的药物。

③ 要有良好适口性。

④ 保持每天固定采食量。

⑤ 以湿拌料日喂三次为宜。

2. 后备种公猪营养调控上的操作

参见种公猪营养调控的内客，依据看膘给量（$P_2$）的原则进行，略。

3. 后备母猪营养调控上的操作

其主要为抓好限饲和补饲工作。

（1）部分饲养标准一览表（表3-5）。

表3-5 部分饲养标准一览表

| 指标＼阶段 | 限饲 | 补饲 |
|---|---|---|
| 消化能（兆焦/千克） | 13.39 | 13.39 |
| 粗蛋白质（%） | 14.0 | 16.0 |
| 赖氨酸（%） | 0.70 | 0.70 |
| 蛋+胱（%） | 0.40 | 0.55 |
| 苏氨酸（%） | 0.48 | 0.48 |
| 色氨酸（%） | 0.13 | 0.14 |
| 钙（%） | 0.76 | 1.5 |
| 磷（%） | 0.66 | 1.0 |

现代版杂交猪带来营养调控的新变化

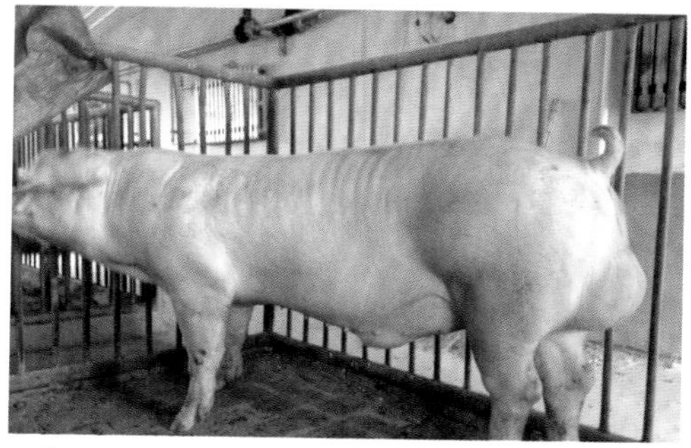

现代版长白的图片

现代版大白的图片

现代版杜洛克的图片

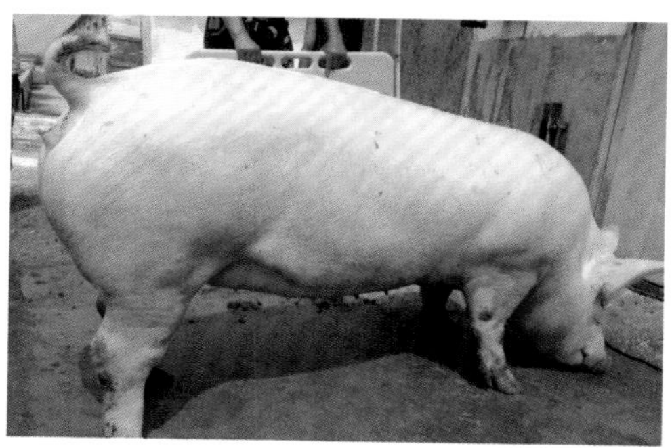

现代版长大二元母猪的图片

(2) 控制日粮饲喂量与质量。

① 后备母猪150～216日龄日喂2.3～2.8千克全价配合料，以维持膘情为七成（$P_2$ = 20毫米）左右。关于胃肠扩容详见上篇。

② 后备母猪216日龄后，日喂量为3.8～4.0千克，维持膘情为七成半（$P_2$ = 22毫米）左右。

(3) 严禁饲喂霉败变质类日粮。

4. 空怀母猪营养调控上的操作

(1) 对膘情在七成膘（$P_2$ = 20毫米）左右的空怀母猪，可继续饲喂哺乳料，日喂量控制在2.5～3.0千克为宜，以促进卵泡发育。见发情即转入妊娠前期舍的限位栏内，改喂妊娠前期料1.8～2.0千克。

(2) 干奶限饲。对膘情在七成半至八成（$P_2$ = 22～24毫米）的空怀母猪，断奶后改喂妊娠前期料，日喂量控制在1.5～1.8千克，以促进尽快干奶。待发情后转入妊娠前期舍限位栏内，日喂量同上。

(3) 催膘补饲。对低于六成半膘（$P_2$<18毫米）的空怀母猪，断奶后要继续饲喂哺乳料3.5～4.5千克，以利于繁殖体况的恢复和促进卵泡的发育；待膘情恢复到七成膘（$P_2$ = 20毫米）左右再给予发情配种处理。

注：因有些猪场存在繁殖障碍病而影响母猪正常发情，故一旦空怀母猪发情，大多不管其膘情如何而马上配种，这也是瘦母猪弱仔综合征产生的原因之一。

5. 妊娠母猪营养调控上的操作

(1) 现将妊娠期经产母猪各阶段部分饲养标准及日喂量如表3-6所示。

繁殖猪营养调控前四图表

成年种公猪的图片

后备种公猪的图片

5月龄后备母猪的图片

7月龄后备母猪的图片

表3-6 妊娠期经产母猪各阶段部分饲养标准及日喂量

| 指标<br>阶段 | 消化能（兆焦/千克） | 粗蛋白质（%） | 日喂量（千克） |
|---|---|---|---|
| 配后0～3天 | 12.55～12.85 | 12～13 | 1.5～1.7 |
| 配后4～35天 | 12.55～12.85 | 12～13 | 2.0～2.2 |
| 配后36～75天 | 12.55～12.85 | 12～13 | 2.2～2.4 |
| 配后76～90天 | 12.55～12.85 | 12～13 | 2.0～2.2 |
| 配后91～107天 | 13.8 | 18 | 2.5～3.5 |
| 配后108～114天 | 13.8 | 18 | 1.5～2.0 |

（2）附注：执行上表饲养标准所需条件如下。

① 室温为20℃左右。

② 配种时母猪膘情为七成（$P_2$ = 20毫米）左右。

③ 配后75天母猪膘情为七成半（$P_2$ = 22毫米）。

④ 配后107天母猪膘情达八成至八成半（$P_2$>24毫米）。

⑤ 后备母猪配后4～35天改为2.4～2.5千克/日，以满足机体继续生长发育的需求。

6. 哺乳母猪营养调控上的操作

（1）哺乳母猪的部分饲养标准（表3-7）。

表3-7 哺乳母猪部分饲养标准

| 消化能（兆焦/千克） | 粗蛋白质（%） | 赖氨酸（%） | 蛋+胱（%） | 苏氨酸（%） |
|---|---|---|---|---|
| 13.8 | 18 | 0.910 | 0.437 | 0.573 |
| 色氨酸（%） | 能量蛋白比 | 钙（%） | 磷（%） | |
| 0.164 | 767 | 0.77 | 0.62 | |

（2）哺乳高峰期日采食量。以窝产12头新生仔猪为例，产房温度为18～22℃时，日采食为6千克以上。

繁殖猪营养调控中四图表与原理

空怀母猪7成膘体况

产前母猪8成膘胎况

（一）控制能量，添加复合优质纤维

1. 配种后的保胎期和稳胎期，减少能量可促进胚胎着床和有利于乳腺发育。

2. 添加复合优质纤维可增加饱腹感、扩大胃肠容量、减少便秘，有益于胃肠健康。

妊娠母猪营养调控原理“一”

（二）添加精生素，提高胚胎成活率

1. 精生素可提高子宫中精氨酸水平，而添加外源精氨酸效果差。

2. 精氨酸在子宫内水平高，可增加胚胎毛细血管的发育，进而促进胚胎发育。

妊娠母猪营养调控原理“二”

(3) 日粮中加入3%～5%的油脂。一般日粮中加3%～5%的油脂或膨化大豆粉，有利于提高采食量和繁殖体况的维持。

(4) 保持充足适温饮水。哺乳高峰期的母猪日饮水为20升左右，故饮水流量应为2升/分，水温以26℃为最佳。

7. 哺乳仔猪营养调控上的操作

(1) 哺乳仔猪部分饲养标准（表3－8）。

表3－8 哺乳仔猪部分饲养标准

| 消化能（兆焦/千克） | 粗蛋白质（%） | 赖氨酸（%） | 蛋+胱（%） | 苏氨酸（%） |
|---|---|---|---|---|
| 14.02 | 21.0 | 1.420 | 0.809 | 0.937 |
| 色氨酸（%） | 能量蛋白比 | 钙（%） | 磷（%） | |
| 0.270 | 668 | 0.88 | 0.74 | |

(2) 诱食日期及断奶前采食量。一般生后12天开始诱食，断奶前每头仔猪应采食300～500克开口料为宜。

8. 保育仔猪营养调控上的操作

(1) 保育仔猪的部分饲养标准（表3－9）。

表3－9 保育仔猪的部分饲养标准

| 消化能（兆焦/千克） | 粗蛋白质（%） | 赖氨酸（%） | 蛋+胱（%） | 苏氨酸（%） |
|---|---|---|---|---|
| 13.6 | 19.0 | 1.160 | 0.661 | 0.754 |
| 色氨酸（%） | 能量蛋白比 | 钙（%） | 磷（%） | |
| 0.209 | 716 | 0.74 | 0.58 | |

(2) 断奶后一周内不变料。断奶后第一周，保育仔猪继续喂开口料，一般饲喂1500克左右。

(3) 断奶后第二周逐渐变料。断奶后第二周，逐渐增加保育料的比例，直到完

繁殖猪营养调控后四原理

（一）哺乳料中加入大豆油
1. 满足哺乳母猪对能量的需求
2. 减少母猪动用体能贮备
3. 减少母猪背膘损失
4. 断奶发情快，排卵多

哺乳母猪营养调控原理“一”

（二）哺乳料中加入胍基乙酸
1. 提高细胞内能量水平
2. 提高母猪产道力量
3. 产程短，产后恢复快
4. 增强母猪在围产期的抗力

哺乳母猪营养调控原理“二”

（三）哺乳料中加入缬氨酸
1. 其可促进乳腺的发育
2. 其可提高哺乳期泌乳量
3. 其可提高仔猪的断奶窝重
4. 其可提高仔猪的断奶成活率

哺乳母猪营养调控原理“三”

（四）哺乳料中加入膨化亚麻籽
1. 其可明显减少发情间隔时间
2. 其可增强新生仔猪抗病力
3. 其可增加年度产仔数

哺乳母猪营养调控原理“四”

全改为保育料。

（4）断奶后第三周采食保育料。在断奶后第三周全部改为保育料，自由采食至70日龄。

9. 育成猪营养调控上的操作

（1）育成猪的部分饲养标准（表3-10）。

表3-10　育成猪的部分饲养标准

| 消化能（兆焦/千克） | 粗蛋白质（%） | 赖氨酸（%） |
|---|---|---|
| 13.39 | 17.50 | 0.90 |
| 能量蛋白比 | 钙（%） | 磷（%） |
| 752 | 0.62 | 0.53 |

（2）育成阶段的日龄和体重。从71日龄至127日龄为育成阶段，一般体重为30～75千克。

（3）育成阶段的全程料肉比。育成阶段的全程料肉比为2.41∶1左右，71日龄和127日龄分别日采食为1.65和2.2千克左右。

10. 育肥猪营养调控上的操作

（1）育肥猪的部分饲养标准（表3-11）。

表3-11　育肥猪的部分饲养标准

| 消化能（兆焦/千克） | 粗蛋白质（%） | 赖氨酸（%） |
|---|---|---|
| 13.39 | 16.40 | 0.82 |
| 能量蛋白比 | 钙（%） | 磷（%） |
| 817 | 0.55 | 0.48 |

（2）育肥阶段的日龄和体重。从128～168日龄为育肥阶段，一般体重为75～115千克。

（3）育肥猪阶段的全程料肉比。育肥阶段的全程料肉比为3.27∶1左右，128日龄和168日龄分别日采食为2.23和3.96千克左右。

仔猪营养调控三原理与饲喂效果

1. 风味物质损失少，诱食性好
2. 玉米、大豆、大米等膨化后，消化效果好
3. 生物活性物质损失少
4. 避免颗粒过硬的问题
5. 配方自由度更高

粉状教槽料的设计原理

1. 筛选适口性好的原料
2. 乳猪料系酸力要与猪奶水一致
3. 加入味精满足肠道细胞的需求
4. 使用缬氨酸，平衡氨基酸
5. 添加微生态制剂，维护肠道健康

乳猪料的设计原理

1. 添加酸制剂
2. 添加微生态制剂
3. 添加杀菌性酸制剂
4. 添加有机微量元素
5. 满足各种必需氨基酸的平衡

保育料的设计原理

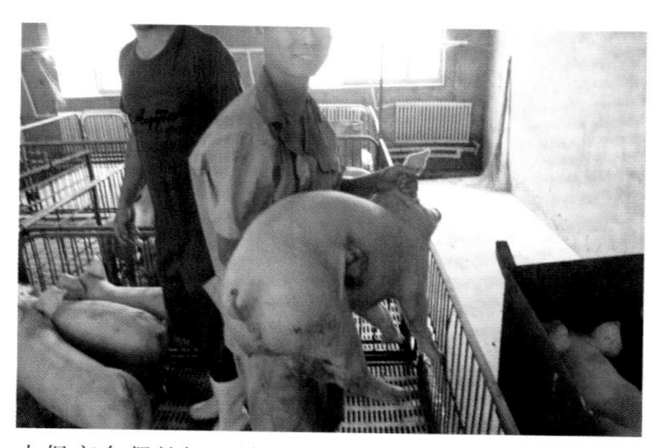

大保育套餐的饲喂效果

## （三）要点监控

1. 消除影响繁殖猪群看膘给量的因素

（1）制定种猪各阶段繁殖体况的标准。

① 传统的种猪繁殖体况标准。具体说，母猪配种时为七成膘，配后70天为七成半膘，配后107天时为八至八成半膘，产后断奶时为七成膘；种公猪为七成半膘为宜。后备母猪因有继续生长发育的需求，故配种时为七成半膘，上产床是八成半膘。在实际生产过程中，低于此标准时要多喂一些，高于此标准时，要少喂一些，亦即所谓的“看膘给量”。

② 现代的种猪繁殖体况标准。国外先进的养猪企业按5分制编制了繁殖体况标准，其2.5分即相当于七成膘，3分即相当于七成半膘。4分即相当于八成至八成半膘。在其智能化自动饲喂系统中，按照预先设计的各阶段繁殖体况（如配种时 $P_2$ = 20毫米，产仔时 $P_2$ = 24毫米）的体重标准进行限量饲喂，以达到精细化控制繁殖体况的目的。

（2）提供合理限饲的饲喂条件。

① 大型、高端种猪场。其对空怀、后备及妊娠中、后期的母猪实施智能化自动饲喂方式进行精确限饲；而对妊娠初期实行个体限位栏式限饲，以利保胎。在产前一周，实施个体产床饲喂方式，以达到哺乳阶段繁殖体况精确控制的目的。

② 中小型猪场。其可采用后备、空怀及妊娠中、后期母猪群实施群养限饲方式，即每栏圈4头左右，在栏内的饲喂槽上设置半开放的限位栏，以保证平时可自由运动。饲喂时每头母猪均可同时具有一个槽位进行限量饲喂；而妊娠初期采用个

**传统的繁殖体况评估**

传统配前7成膘繁殖体况

传统产前8成膘繁殖体况

没有达标的瘦母猪体况

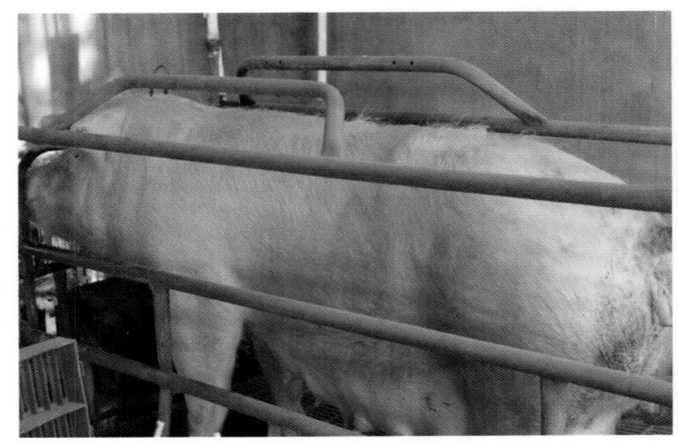
哺乳母猪正常的繁殖体况

体限位栏进行限饲，有利于保胎。

2. 消除影响生长猪群生产性能的因素

（1）要提供适宜的外部环境条件，对保育猪、育成猪、育肥猪要一视同仁地提供舒适的外部环境条件，如温度、密度、清洁卫生等。为其提高饲料报酬，降低死淘率，缩短生产天数和增加日增重等生产性能奠定基础。

（2）提高各类猪群的抗病力，要通过免疫接种，提高某些特定病的免疫抗体；要通过保健用药，对体内外的共栖病原进行有效扼制；要通过驱虫用药，对体内、外寄生虫进行有效驱杀；要通过保肝护肾用药，防治霉菌毒素对机体的慢性毒害作用；确保其生产性能的充分发挥。

### （四）事后分析

1. 要结合自身条件，及时进行营养调控

要因场制宜、因舍制宜、因猪制宜的进行各类猪群的营养调控，以满足其各自的营养需求，提高生产性能和抗病力。

2. 要改善环境条件，提高营养调控效果

要以最佳温度为重点，切实改善各类猪只的环境条件，实现繁殖性能、生产性能及经营效益的达标和改善，并确保猪群抗病力的提高。

## 第四节　在小麦替代玉米上求适

### 一、知识链接“视情决定是否选用替代模式”

选择用小麦替代玉米原料进行猪料生

限饲与自由采食

后备母猪的群养限饲

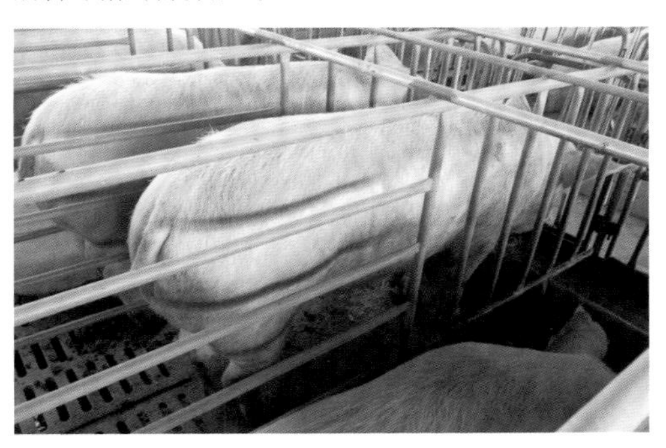

妊娠前期的限位饲养

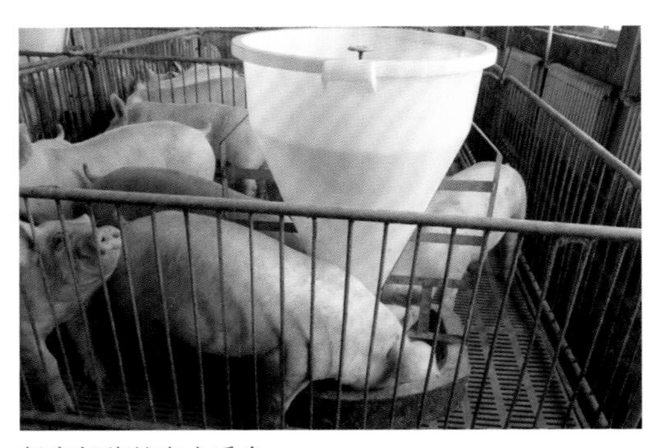

保育仔猪的自由采食

育成育肥猪的自由采食

小麦替代玉米的原因与方法

产的决定因素有二，其一是价格因素，其二是玉米质量差。

（一）玉米价格高于小麦价格

由于选用玉米做为生产原料的化工企业快速发展，使玉米供应日趋紧张，一度玉米价格高于小麦。这就使微利经营的饲料厂商被迫另找出路，学习西欧国家经验，用小麦替代玉米原料进行猪料生产，就成为顺理成章的事情了。

（二）玉米产地收获季节阴雨连绵

当主要玉米产地在收获季节遭受雨灾时，则饲料集团就要考虑玉米采购地点的转移问题。其中由小麦替代玉米原料一事必然会提到议事日程上来，因为正常年景小麦的霉变情况肯定要好于玉米，这是不争的事实。

## 二、在小麦替代玉米上求适的四步法

（一）事前准备

⑴ 小麦替代玉米配方制作的准备。

⑵ 小麦替代玉米加工制作的准备。

（二）事中操作

1. 小麦替代玉米的配方制作

⑴ 小麦日粮酶制剂的选择与应用。

① 小麦日粮酶制剂的选择。因小麦含有抗营养因子，大多为阿拉伯木聚糖和β-葡聚糖，故此小麦为主的日粮中，应选用阿拉伯木聚糖酶为主的非淀粉多糖酶。同时配以葡聚糖酶、纤维素酶、果胶酶等复合消化酶。

② 小麦日粮酶制剂的应用。当小

玉米质量差、价格高

小麦经筛选，质量好、价格低

小麦样品

西欧的麦类全价料

麦为基础日粮原料时，木聚糖酶水平为3000微克/千克时，干物质、能量和蛋白质利用率的提高幅度最大，分别提高了7.02%、6.78%和22.31%，此时小麦消化能可等同于玉米的消化能。

（2）其他营养成分的补充。

① 亚油酸成分的补充。黄玉米是亚油酸的主要来源，在以玉米、豆粕为主的日粮中，其亚油酸含量是适合的，但小麦替代玉米后，要用补充植物油的方式解决亚油酸不足的问题。

② 叶黄素成分的补充。在使用小麦日粮原料时，要补充优质的玉米蛋白粉，其叶黄素含量为253毫克/千克；当然选用优质苜蓿草粉也是一个办法，其含叶黄素为198～396毫克/千克。

③ 生物素成分的补充。小麦的生物素含量很低，当以其为主要日粮原料时，要在日粮中添加生物素成分。具体添加量要视小麦替代玉米的比例进行精细计算后定夺。

④ 氨基酸成分的补充。小麦的蛋白明显高于玉米，在替代后其配方蛋白质含量就会提高，如因此减少豆粕含量，就要重新计算各种必需氨基酸的补充量，从而达到理想蛋白质的生物学效价。

2. 小麦替代玉米的加工制作

（1）常规粉料加工环节照常进行。小麦替代玉米后，其粉料生产工艺和加工制作技术基本没有改动，故可以按常规加工生产正常进行。

（2）产品制粒须有外喷酶工装设备及工艺技术。小麦替代玉米日粮原料，需加工成颗粒料时，由于存在80～90℃的调制

小麦日粮的营养调整“一”

复合酶制剂的图片

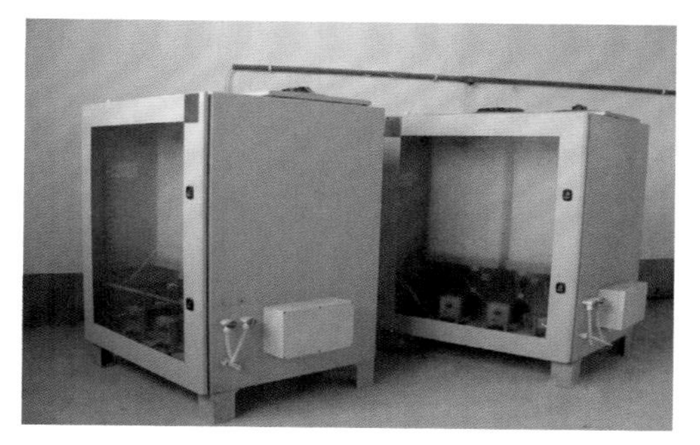
复合酶制剂的喷涂设备

用大豆磷脂粉补充亚油酸的缺乏

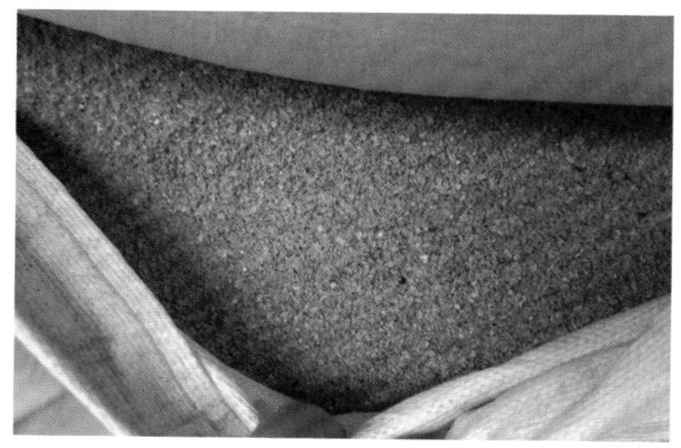
用GDS补充叶黄素的缺乏

温度，其可产生复合酶制剂的灭活作用。故此，须在制粒后另设喷涂液体酶的工装设备和相关工艺技术，以保证复合酶制剂的活性。

（三）要点监控

1. 要根据玉米霉菌毒素含量决定小麦替代量

（1）2009年，国家有关部门对玉米和小麦的霉菌污染情况进行了抽检，现将其各种霉菌毒素含量的平均值见表3－12。

表3－12　各种霉菌毒素含量的平均值

| 项目/品种 | 黄曲霉毒素（微克/千克） | 玉米赤霉烯酮（微克/千克） | 呕吐毒素（微克/千克） | 烟曲霉毒素（微克/千克） | 赭曲霉毒素（微克/千克） |
|---|---|---|---|---|---|
| 玉米 | 7 | 390 | 1291 | 2426 | 6 |
| 小麦 | 6 | 171 | 719 | 406 | 5 |

（2）附注。表3－12显示，小麦霉菌毒素含量明显低于玉米，可以有效解决玉米为基础日粮时霉菌毒素超标的问题。

2. 要根据小麦替代量决定其他营养成分的补加量

各家饲料厂商，其库存玉米和小麦的各种霉菌毒素含量是不同的，要根据实际情况进行配方计算，以达到符合产成品霉菌毒素含量的质量标准和配方调整后的最佳性价比。

（四）事后分析

1. 认真执行采购与生产的品控原则

（1）采购的品控原则。

① 采购的原则一：玉米原料的质量是第一位的，采购的价格是第二位的。

小麦日粮的营养调整“二”

维生素的添加调整

赖氨酸的添加调整

蛋氨酸的添加调整

苏氨酸的添加调整

② 采购的原则二：要通过各种手段减少饲料原料的变异度。

（2）生产过程的品控原则。

① 使用好不同变异度的饲料原料，保证产品质量的稳定性。

② 防止环境与人员的变异进而导致产品质量的变异。

2. 用化验手段防霉变原料进厂

（1）供货厂家产品质量检控的重点每日化验的质量把关。

（2）玉米的质量控制。

① 水分、容量的每日化验分析。

② 玉米霉菌毒素的批次化验分析。

（3）油脂品质的化验分析。

（4）豆粕品质的化验分析。

（5）杂粕品质的化验分析。

（6）麸皮、细糠品质的化验分析。

（7）次粉品质的化验分析。

3. 玉米霉菌毒素超标的处理措施

① 玉米振动筛的减霉去杂处理。

② 玉米脱皮去脐的加工处理。

③ 优等玉米猪料专用。

④ 优中选优供给乳猪、母猪专用。

⑤ 试验猪只的品尝试验。

⑥ 玉米、小麦的霉菌毒素含量检测。

⑦ 找出小麦替代玉米的最佳比例。

⑧ 客户运输过程防雨淋。

⑨ 高温季节少量保存，留有风道等。

⑩ 高温季节改为一天二次上料法。

**小麦日粮的品控要点**

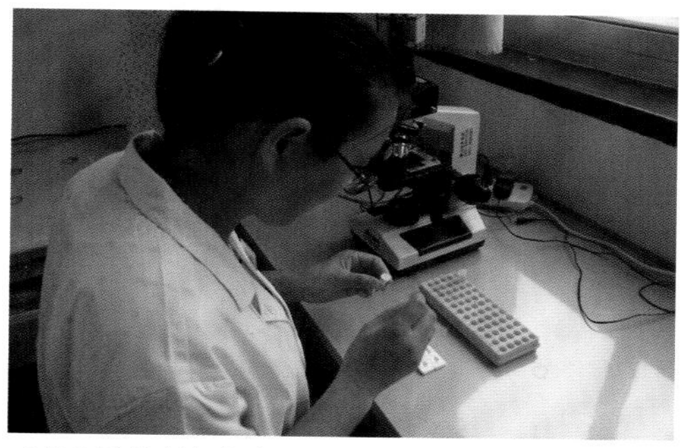

玉米赤霉烯酮毒素检测的实施

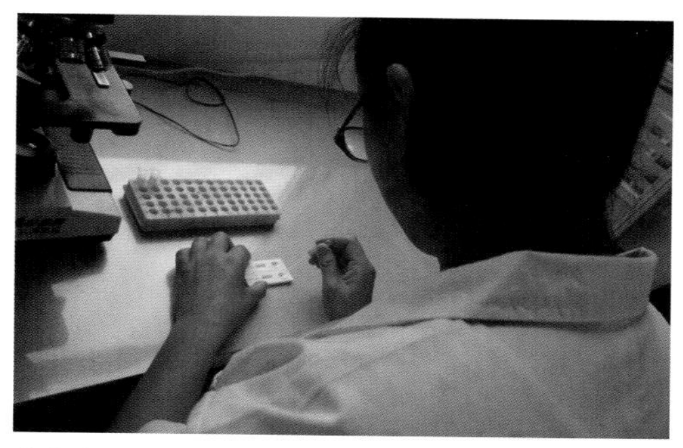

小麦赤霉烯酮毒素检测的实施

小样饲喂是调整配方的指南

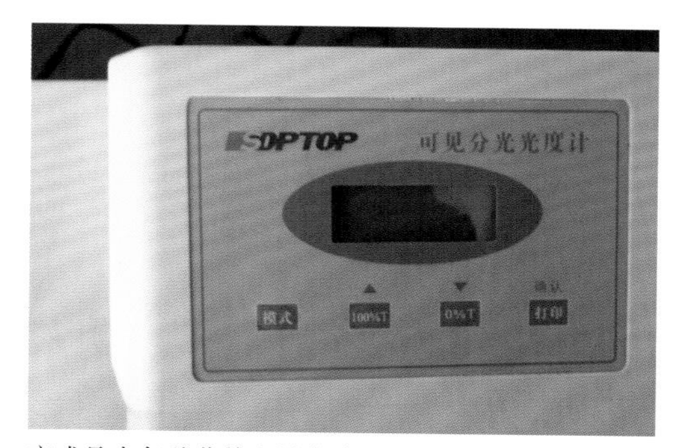


产成品中各种营养含量的检测

# 第四章 在环境控制上求适

**内容提要**

（1）尽量减轻管理类应激的刺激。
（2）尽量减轻物理类应激的刺激。
（3）尽量减轻化学类应激的刺激。
（4）尽量减轻营养类应激的刺激。
（5）尽量减轻生物类应激的刺激。

## 第一节　尽量减轻管理类应激的刺激性损伤

### 一、知识链接“应激反应的概念”

其是指猪只机体受到各种环境因素的强烈刺激和长期作用，处于“紧急状态”时发生的交感神经兴奋和肾上腺皮质功能异常增强为主要特点的一系列神经内分泌反应。以提高机体的适应能力和维持内环境的相对稳定。也就是猪只机体应对突然或紧急环境因素刺激的一种非特异性防御反应。

### 二、尽量减轻管理类应激刺激的四步法

#### （一）事前准备

（1）掌握管理类应激内容的准备。
（2）消除或减轻管理类应激的准备。

管理类应激因素之前四

剪牙

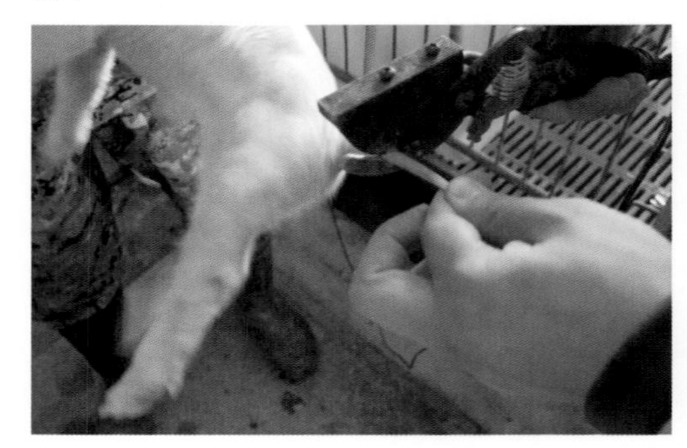

断尾

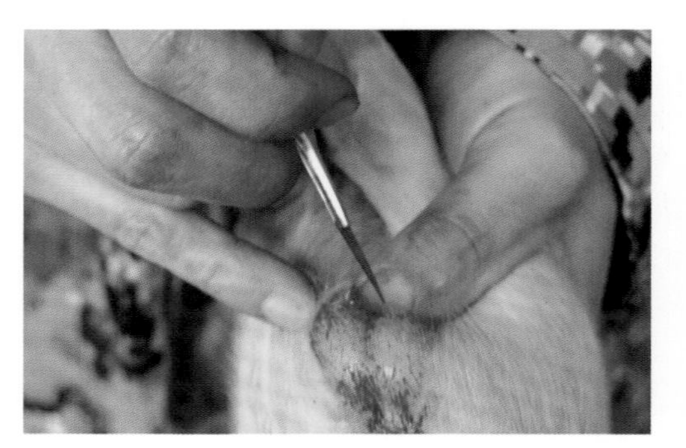

去势

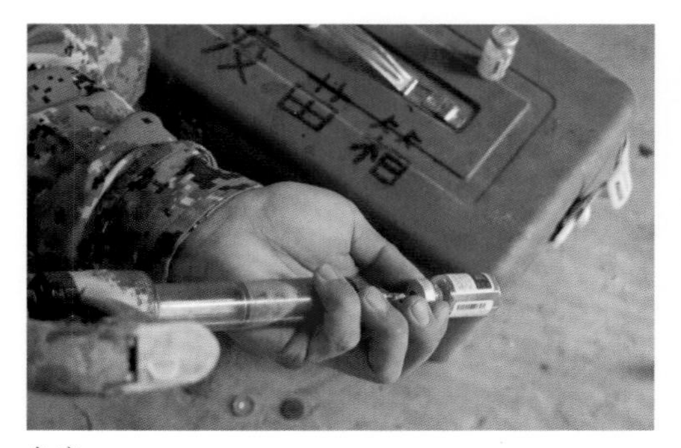


免疫

## （二）事中操作

1. 对管理类应激内容的掌握

其主要包括：打耳号、剪牙、断尾、去势、免疫、捕捉、惊吓、转群、过哺、开口诱食、断奶、运输、密度等内容。

2. 编制可消除应激重叠的生产计划

现仅以哺乳仔猪一周龄内的生产作业计划为例进行说明（表4－1）。

表4－1　哺乳仔猪一周龄内的生产作业计划

| 日龄 | 上午 | 下午 |
| --- | --- | --- |
| 1 | 吃好初乳 | 剪牙、断尾、防压、寄养 |
| 2 | 伪狂犬滴鼻 | 固定乳头、防压 |
| 3 | 注射补铁 | 固定乳头、防压 |
| 4 | 小公猪去势 | 灌服防腹泻药 |
| 5 | 防止腹泻 | 黄白痢、球虫病用药 |
| 6 | 产房消毒 | 黄白痢、球虫病用药 |
| 7 | 圆环免疫 | 渗出性皮炎用药 |

注：① 一天尽量安排一次管理类应激活动，或上、下午各一次。
② 每次管理性应激刺激要轻，时间要短，最好是一过性的。
③ 如与物理、化学、营养、生物类应激重叠时，可临时变更上述计划。

## （三）要点监控

尽量减轻管理类应激刺激的监控要点，详见生产计划、生产组织、生产准备、生产控制章节的有关内容，略。

## （四）事后分析

免疫、补铁、去势、断奶、转群、引种、运输等管理类应激、是避不开的生产要素。

只有对上述生产要素进行科学的计划、组织、准备和控制，避免应激重叠的现象发生，才能有效地减轻这一类的应激伤害。

管理类应激因素之后四

捕捉

转群

断奶

运输

管理、物理应激因素各2个

密度大

外引种

冬天舍冷

夏季舍温高

## 第二节　尽量减轻物理类应激的刺激性损伤

### 一、知识链接“应激因素的分类”

在养猪生产中应激因素随处可见，一般可将其归属于管理、物理、化学、营养、生物等五大类范畴之内。

1. 管理类应激因素

如惊吓、捕捉、运输、断尾、打耳号、拥挤、混群、断奶、去势、引种等。

2. 物理类应激因素

如过冷、过热、创伤、湿度大小、光线强弱、噪音大、气压高低、贼风、穿堂风等。

3. 化学类应激因素

如缺氧、$CO_2$浓度大、CO中毒、氨气中毒、硫化氢浓度大、药物中毒、霉菌毒素中毒等。

4. 营养类应激因素

如饥饿、过食、突然变料、缺铁、饲养标准降低或突然改变、饮水不足、维生素缺乏等。

5. 生物类应激因素

如病毒、细菌、亚细菌、寄生虫的外来感染，如共栖性病原或持续感染性病原在机体抵抗力下降时的乘机感染等。

### 二、尽量减轻物理类应激刺激的四步法

#### （一）事前准备

（1）掌握物理类应激内容的准备。

（2）消除或减轻物理类应激的准备。

### （二）事中操作

1. 对物理类应激内容的掌握

其主要包括：过冷、过热、创伤、湿度大小、光线强弱、噪音大、气压高低、贼风、穿堂风等。

2. 物理类应激伤害的消除措施

猪场物理性应激因素主要为冷、热、湿、光四大要素，其相关内容，详见基础篇舍内八大设施定置部分，略。

### （三）要点监控

1. 要夯实物理类环控的基础

硬件设施基础没有打好，有些调控工作是很难见到成效的。例如：冬季猪舍内没有取暖设施，则母猪产后极易变成瘦母猪，仔猪成活率一定是很低的。

2. 要每天四次进行环控调整

结合上、下午各二次进出猪舍，要在四次观察猪群之后，开展环控调整工作。提高外界环境的舒适度，以消除物理类应激因素对猪群的不良刺激。

### （四）事后分析

1. 猪场要以温度调控为中心

猪场的环境控制要以温度为中心内容，要以猪群的最适温度范围为调控标准；主攻点为地面躺卧处的温度调控，如冷热床、电热炕等地暖设施的改造。

2. 猪场六大生产阶段的环控都要重视

要把配怀分为空怀、配种和妊娠三个阶段，要给予同等环控条件，以提高繁殖率。要把生长育肥分为保育、育成、育肥三阶段，要给予同等环控条件，以提高饲料报酬。

物理类应激因素及消除措施

地面潮湿

北墙订塑料，防穿堂风

冬季猪舍要一天2次进行清粪

夏季猪舍要进行降温性通风

## 第三节　尽量减轻化学类应激的刺激性损伤

### 一、知识链接“应激反应的三阶段”

应激反应一般分为动员期、抵抗期和衰竭期三阶段。

1. 动员期

此期又分休克期和抗休克期，休克期意味着机体突然受到应激的刺激，来不及适应而产生的损伤性反应，表现为神经抑制、体温和血压下降、白细胞减少和胃肠溃疡等。抗休克期为机体很快动员全身适应能力抵抗上述各种损伤性反应，表现为交感神经兴奋、肾上腺皮质功能增强、中性白细胞增多、体温升高等。

2. 抵抗期

此期是抗休克期的延续，机体对应激已经获得最大适应，对其抵抗力明显增强，机体各种机能趋于平衡，抵抗力恢复正常。如果应激刺激停止作用或作用减弱，机体则克服其不良影响，应激反应就此结束；若应激刺激继续作用或机体不能克服叠加性应激刺激的不良影响，则应激反应进入衰竭期。

3. 衰竭期

此期再一次出现休克期的各种反应，其反应的程度急剧增加，且又多为不可逆的病变。机体抵抗力丧失，适应机能被破坏，各系统机能紊乱，最后衰竭死亡。

*注：猪场应激反应无处不在，猪群每时每刻均处于应激状态之中。管理者的责任就是阻止应激反应进入衰竭期。*

化学类应激的内容（一）

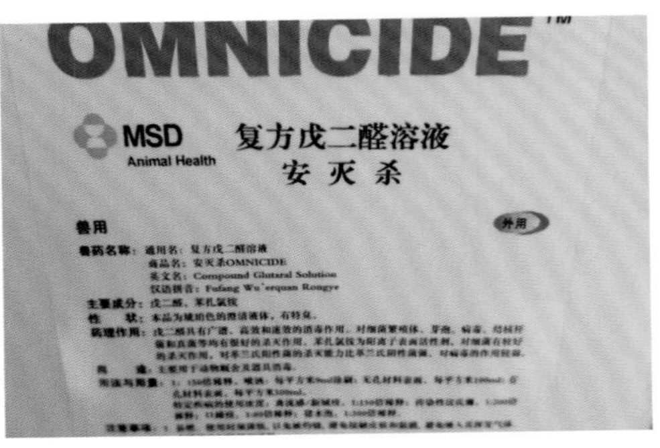


消毒药的化学应激

杀虫药的化学应激

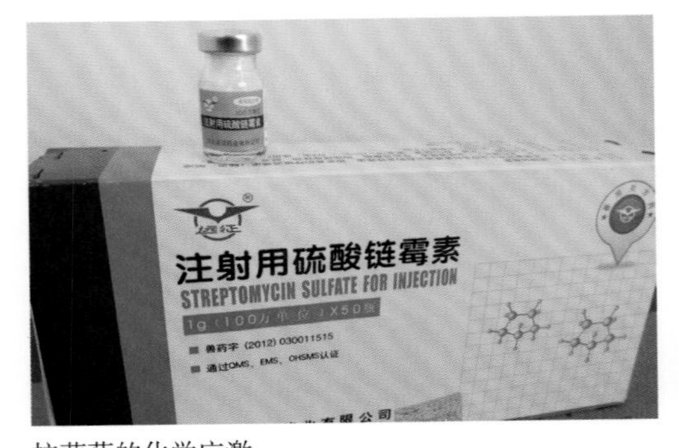


抗菌药的化学应激

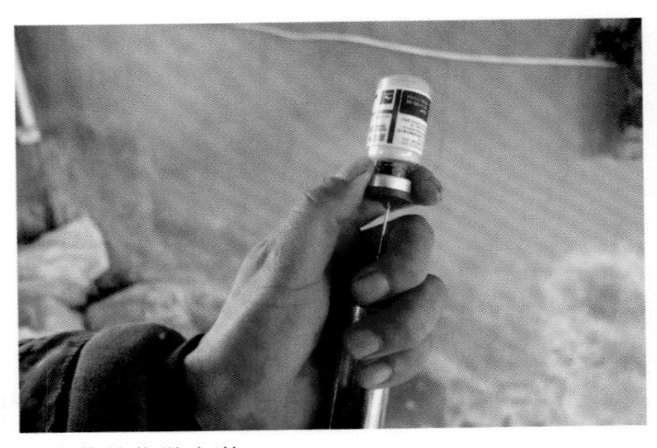

免疫药的化学应激

## 二、尽量减轻化学类应激刺激的四步法

### （一）事前准备

（1）掌握化学类应激内容的准备。

（2）消除或减轻化学类应激的准备。

### （二）事中操作

1. 对化学类应激内容的掌握

化学类应激因素主要分为三大类，第一类主要为氨气、硫化氢、二氧化碳及一氧化碳等对各类猪只的化学类刺激。第二类主要为消毒药、杀虫药、灭鼠药、免疫药、保健药及防治药等对各类猪只的化学类刺激。第三类主要为黄曲霉毒素、玉米赤霉烯酮、呕吐毒素、烟曲霉毒素、赭曲霉毒素等对各类猪只的化学性刺激。

2. 化学类应激伤害的消除措施

（1）有害气体的消除措施。

① 有害气体在舍内最高允许浓度（表4-2）。

表4-2　有害气体在舍内最高允许浓度

| 氨气NM$_3$（米$^3$） | 硫化氢$H_2S$（米$^3$） | 二氧化碳$CO_2$（%） | 一氧化碳CO（米$^3$） |
|---|---|---|---|
| 15～20毫克 | 10毫克 | 0.15～0.20 | 15～20毫克 |

② 先升温、再通风，防止冷应激。一般有害气体超标多发在冬季，故在通风前先升温取暖，最好高出标准2℃后，再换气性通风。这样即可达到换气效果，又不给猪只造成冷应激的伤害。

③ 清理粪尿要及时。猪舍内粪便要每天清理二次，严禁粪便在舍内停留24小时以上。因超过24小时，粪便就会因发酵产生大量氨气、硫化氢气体而污染猪舍内部空气。

化学类应激的内容（二）

保健药的化学应激

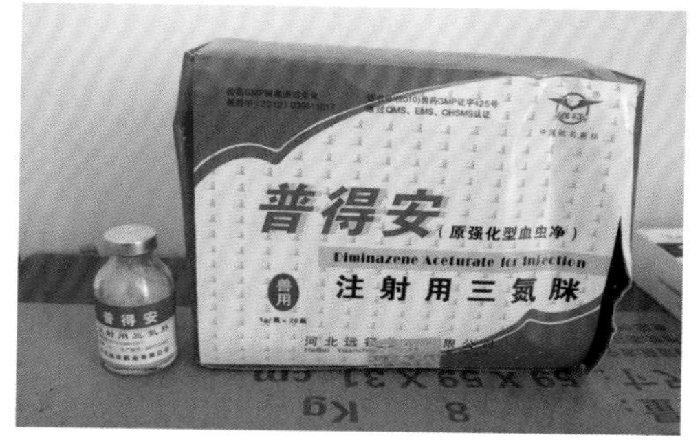


治疗药的化学应激

霉菌毒素的广泛存在

霉变玉米导致胆囊萎缩

④ 舍内严禁安装燃煤炉灶。猪舍取暖用的水暖锅炉、热风炉一定要设置在猪舍以外的房间内，以避免煤气中毒事故的发生。而仔猪局部供暖可选用电热板、红外线灯等方式解决。

(2) 药物中毒的防范措施。

① 尽量不用治疗药物。任何治疗药物都含有不同的化学成分，都必须经过肠道、肝脏、肾脏等实质性器官的生化反应后才能发挥药理作用。在纠正机体病理变化的同时，也给肠道正常菌落、肝肾功能带来毒性和损伤。

② 检测手段在前，选择用药在后。猪场要建立简易定性化验室，在选择抗菌药物时，要先做药敏试验；选用驱虫药物，要先用显微镜检查粪便；选用疫苗免疫时，要先做抗体检测；选择消毒药物时，要先做有效性试验等。

③ 重点使用限制媒介传播药物。猪场日常重点使用的应是消毒药、杀虫药、灭鼠药等，以有效限制经人、车、物、虫、鼠等途径给场内猪群带来的感染和实现对外来病原体有效切断的目的。

(3) 各种霉菌毒素中毒的防范措施。

① 饲料原料进场前的监控。要对各种饲料原料及时进行化验监测处理，严防霉变原料进厂。特别是在新饲料原料化验合格后，立即进行饲喂试验，用猪的味觉和嗅觉来保障原料品控达标。

② 生产前的调整与监控。对已进入库存的饲料原料，要根据霉菌毒素含量指标进行合理组方；同时在生产前要对玉米、小麦等原料进行脱霉去杂处理，以提高原料主料的洁净度。

冬季的环境控制

冬季要给猪舍供暖

背风向阳处换气性通风

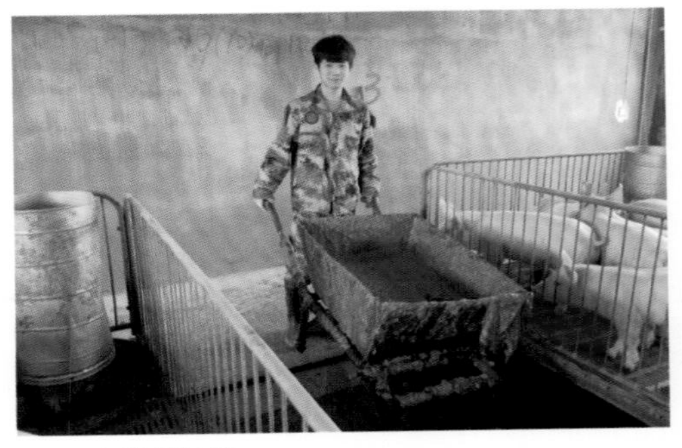

一日2次清理粪便

保温箱局部供暖

③ 产成品运输、贮存及使用。合格的产成品，在运输过程中要严防水湿雨淋；堆放时地面要有垫板，要堆放4～6个高，要单排摆放并留有风道，要先进先出，要贮存不超过半月的饲料；在高温、高湿季节要放弃自由采食，改为每日上料法，以防止霉变造成产品质量下降。

④ 出现霉菌毒素中毒时的措施，对有症状的个体，可选用补气壮阳、保肝肾、解阴毒及抗疫病混感的中西医复方药物进行诊治。

对无症状的大群，一是及时更换已霉败的饲料，二是加入复方酶解霉菌毒素及保肝解毒、护肾排毒类药物进行预防。

（三）要点监控

1. 采取降低有害气体浓度的主要措施

（1）提高舍温。舍内有害气体超标主要为寒冷季节时分，此时通风和保温往往是互为矛盾的。故此，在猪舍建筑时要采用现代复合保温材料，如采用轻钢框架结构、彩钢板聚苯乙烯屋顶、双层中空玻璃窗户、实体地面采暖供热等方式来提高舍温，则定时定量的粪沟通风即可正常进行。

（2）及时清粪。不论机械清粪还是人工清粪，均要采取及时清粪的措施，借此减少粪污蓄留带来的有害气体超标和由此带来猪群呼吸道的伤害。只要及时清除粪污，即可减少有害气体的存在量，并由此带来冬季换气通风量的减少和各类猪群呼吸道的健康。

2. 要抓好猪场定性化验的基础工作

（1）提高认识。由于猪场疫病混感存在，现场检查结果难以满足临床初步确诊

化验室的四检

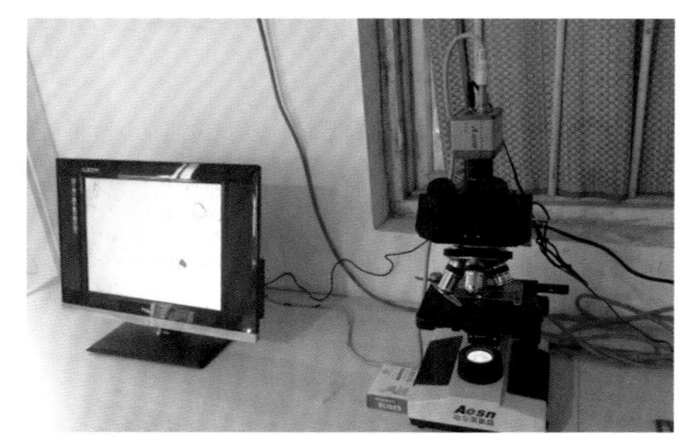

附红细胞体的显微镜检

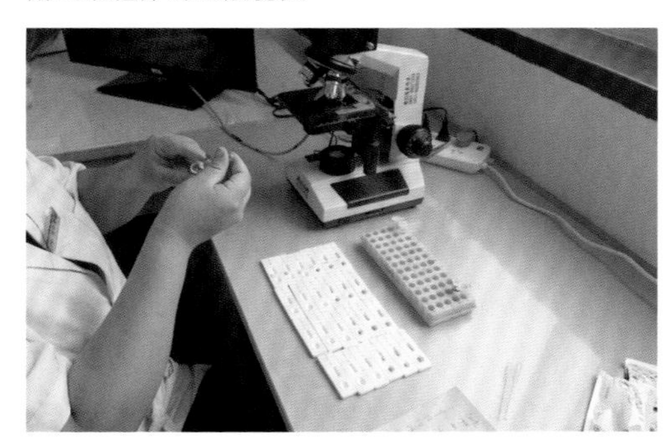

病毒病的抗体检测

细菌病的药敏实验

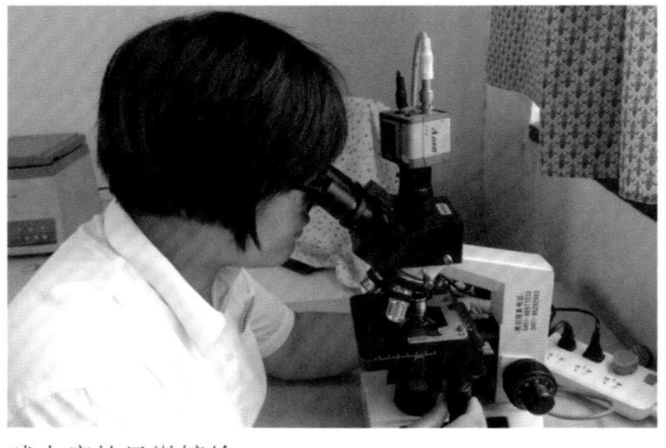

球虫病的显微镜检

的定性需求。故此，猪场建立操作简便、费用低廉且出结果快的定性化验室势在必行。

（2）确定项目。猪场定性化验室的化验项目，应以母猪繁殖障碍疫病的抗体检测（免疫金标法）和各种猪群寄生虫病、亚细菌性疾病的显微镜检为主。如能开展细菌培养项目，将消毒检测开展起来，则指导意义更大。

3. 要抓好全链条的霉菌检测工作

（1）要抓好霉菌控制的基础工作。其基础工作有二，一是硬件，即不让霉菌进厂的检测设施和玉米、小麦原料的清杂除霉设施。二是软件，即保证饲料产成品质量达标的规章制度、管理工具、工艺流程和执行方案。

（2）要抓好场内外品控与技服工作。原料生产产地、饲料加工厂商和猪场使用单位是预防霉菌毒素超标的三个环节，不从霉菌超标产地进料，饲料厂小麦替代玉米及猪场妥善保管、贮存、饲喂等都是不可忽视的关键环节。

## （四）事后分析

1. 舍内有害气体控制要点

（1）保温、升温与通风。

① 要提高猪舍外围护的保温功能。

② 在通风前提高舍温2℃为宜。

（2）清理粪便与通风。

① 每日清理粪便二次，舍内几无氨味。

② 冬天及时清粪，可减轻通风压力。

2. 药物毒害的控制要点

（1）尽量不用治疗药物。

① 是药三分毒，尽量不用药。

② 最好用消毒药、杀虫药和灭鼠药。

限制媒介传播四法

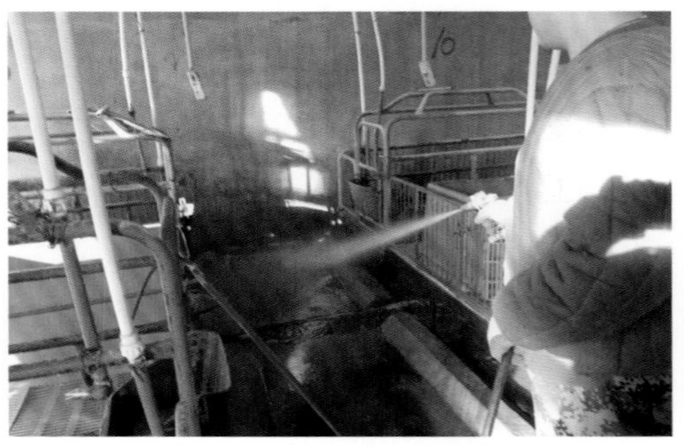

猪舍内的清洗

猪舍内的消毒

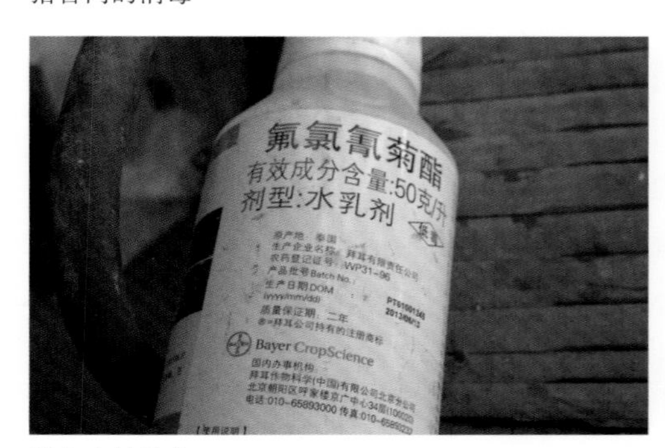


猪舍内的杀虫

猪舍内的灭鼠

（2）检查手段在先，选择用药在后。

① 经药敏试验选择抗菌药。

② 经显微镜检选用驱虫药。

3. 对霉菌毒素的控制要点

（1）正常群体的三防。

① 防霉败饲料原料进场。

② 防生产过程失去监控。

③ 防使用过程中霉变加重。

（2）病猪个体用药的两个选择。

① 要选用补气壮阳、保肝护肾的药物。

② 要选用祛除阴毒、抗混感的药物。

4. 从设施上消除化学性应激因素

（1）正确选择猪场场址。

（2）正确划分功能区。

（3）现代猪舍的建筑。

（4）猪舍内外硬件设施的配置。

① 猪舍外围护保温功能的更新改造。

② 地暖设施的更新改造。

③ 半漏缝地板的更新改造。

④ 机械清粪设施的更新改造。

⑤ 粪沟风机通风的更新改造。

⑥ 粪沟内臭氧消毒设施的更新改造。

（5）消毒冲洗设施的配置。

（6）粪肥资源化处理设施的配置。

5. 从制度上消除化学性应激因素

（1）全进全出制度的执行。

（2）限制媒介传播制度的执行。

（3）五S管理制度的执行。

（4）三项化验制度的执行。

（5）免疫接种制度的执行。

（6）引进猪隔离适应制度的执行。

**控制霉菌毒素中毒四法**

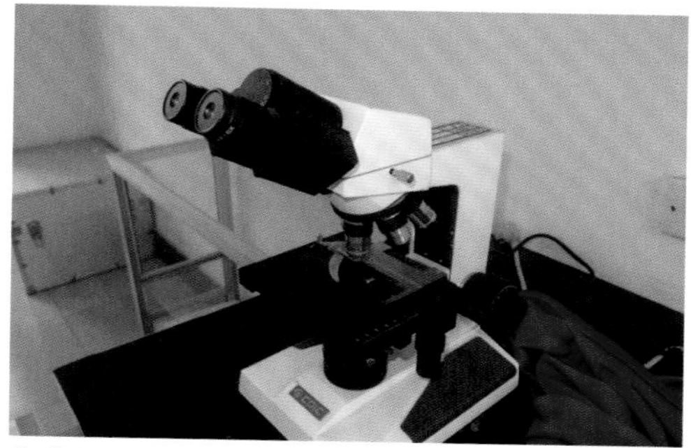

化验室的显微镜检

化验室的玉米赤霉烯酮检测

玉米振动筛的去杂减霉

小麦振动筛的去杂减霉

# 第四节　尽量减轻营养类应激的刺激性损伤

## 一、知识链接“应激反应时猪只内环境的变化”

应激时，由于机体神经内分泌的反应，可引起机体内各系统的变化，这里仅做部分介绍。

### （一）循环系统的变化

（1）其主要为心跳加快，心收缩力增强，外周血管收缩，以达到有利于维持心、脑及运动骨骼肌的血液供应。

（2）如果外周血管收缩剧烈、持续时间过长，则可造成应激反应衰竭期所特有的微循环缺血和细胞缺氧病变。

### （二）消化系统的变化

（1）因胃肠黏膜血管属外周血管，所以在应激反应叠加时，其是受害最严重的器官之一，主要表现为胃肠黏膜溃疡、出血或坏死。

（2）当胃肠黏膜出现溃疡、出血或坏死后，其可导致条件性致病微生物乘机繁殖，引起相应的感染性肠炎。此种变化在仔猪断奶前后尤为普遍。

### （三）免疫系统的变化

（1）应激时，主要表现为细胞免疫功能的降低；这些变化都与交感神经兴奋和肾上腺糖皮质激素分泌增多有关。

（2）上述变化在机体进入衰竭期时的危害尤为严重，其可为病原体及条件性病原体打开无人把守的大门。

应激重叠造成猪体损伤的例举

应激可造成胃溃疡

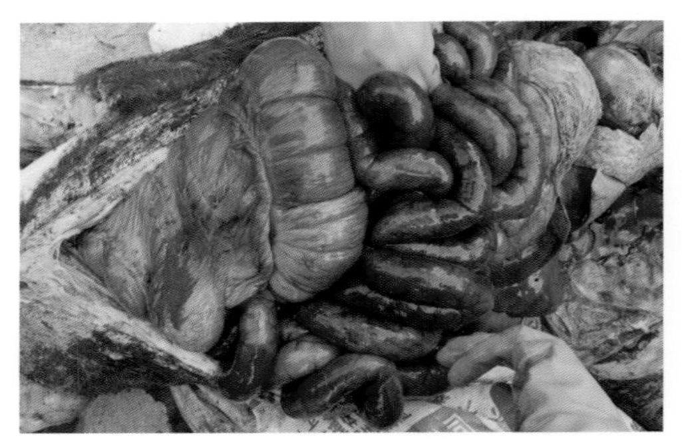

应激可造成肠炎

应激可造成生长停滞

应激可造成后备母猪不发情

（四）生长、繁殖系统的变化

（1）由于肾上腺皮质激素分泌增强，加速了体内脂肪、蛋白和糖原的分解，由此可造成生长猪只生长发育受阻，生长速度减慢或停滞。

（2）繁殖猪群受到应激刺激后，抑制了正常的生殖生理活动，可导致猪性腺分泌异常、机能紊乱，出现性欲减退、精液品质下降、受胎率低、弱仔多及终身不育等症状。

## 二、尽量减轻营养类应激刺激的四步法

### （一）事前准备

（1）掌握营养类应激内容的准备。

（2）消除或减轻营养类应激的准备。

### （二）事中操作

1. 对营养类应激内容的掌握

营养类应激因素主要分为三大类，第一类为突然变料类，主要为饲养标准突然改变、日粮配方突然改变和原料产地的突然改变等；第二类为营养缺乏类，主要为饥饿、缺水及哺乳仔猪缺铁等；第三类为过食类，主要为繁殖猪群没有限饲而导致过肥和产后脾胃衰弱时的伤食等。

2. 营养类应激伤害的消除措施

（1）突然变料应激的消除措施。随着生长猪只、繁殖猪只不同阶段的改变，其饲养标准也要相应改变，并随之带来日粮配方的改变和原料产地、质量的改变等。对此，要采用逐步变料的5天饲喂法进行饲喂，给胃肠及消化系统一个逐步适应的过程；不能一步到位地进行突然变料。

营养类应激损伤的例举

营养类应激之“仔猪饥饿”

营养类应激之“缺水”

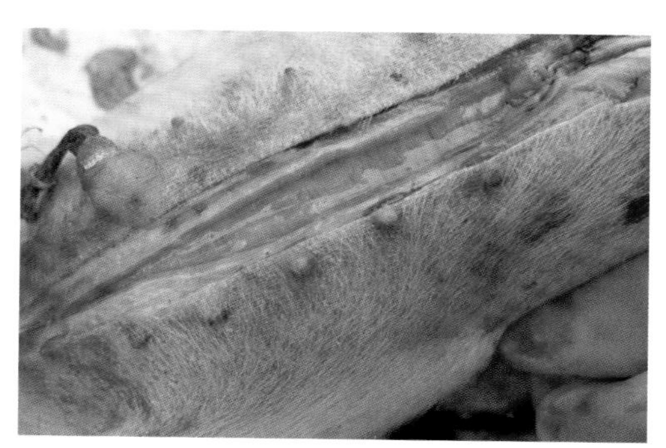
营养类应激之“缺铁”

营养类应激之“突然变料”

（2）营养缺乏应激的消除措施。由于饥饿、缺水造成的营养缺乏，这在正常的生产管理过程是不允许存在的。要及时检查，发现问题产生的原因，并及时消除之。至于哺乳仔猪缺铁的问题，要从产房生产作业计划的编制及实施上找出问题的原因并解决之。

（3）过食应激的消除措施。

① 对各种繁殖猪群按其所处阶段进行适当的限饲，以达到维持其繁殖体况的目的。否则必然会因过食导致过肥而影响乳腺发育和繁殖成绩。

② 对于母猪产后的伤食，是因为在其产后脾胃虚弱时，盲目无限制供料所致。故此，产后日粮供应量应以每日1.5千克、2.5千克、4千克、5千克的逐渐增量为准则的。

（三）要点监控

1. 要抓好转舍后第一周的科学饲养工作

各类猪群转舍即意味其进入一个新的阶段，营养供应的改变是必然的，故第一周抗营养改变的应激也是重要的，特别是哺乳转保育更为关键。对此，断奶后可继续饲喂开口料5～7天，然后按5天换料法将开口料逐步改为保育料，以减少转群后变料的应激，其他猪群转舍后的变料可参照上述执行。

2. 要抓好每日的猪群观察工作

每日4次的猪群观察，目的在于及时发现猪群存在的问题，并由此反思饲养管理、疫病防制存在的问题，特别是水、料供应上的问题。例如，饮水不足给猪群带来的应激，可追究到水塔、水泵、供水管

消除营养类应激损伤的措施

对多胎仔猪进行过哺寄养

及时更换坏损的饮水管道

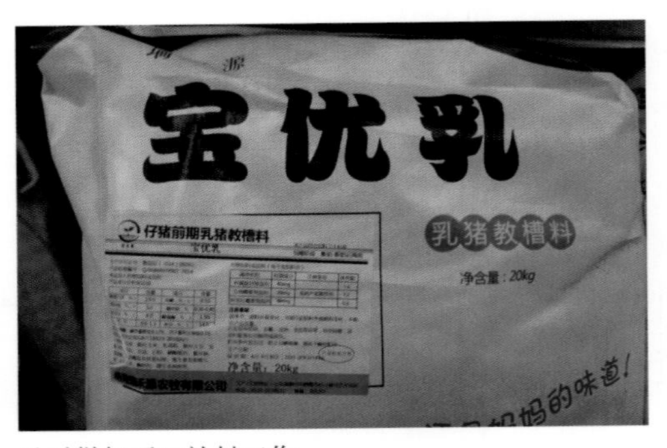

及时做好开口补料工作

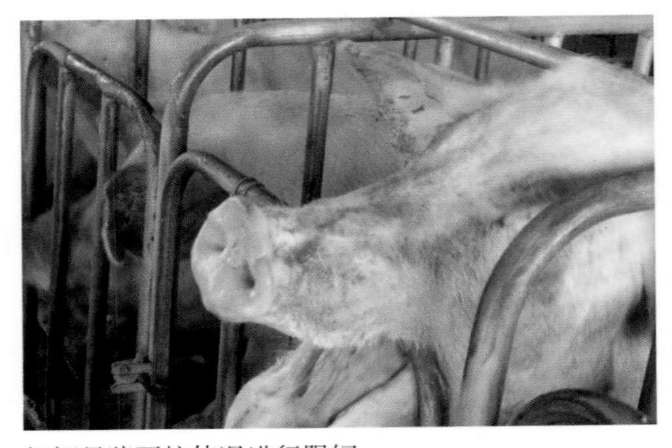
妊娠母猪要按体况进行限饲

道、饮水器等多方面的因素。解决上述问题，即解决了饮水不足的应激问题，又解决了固定资产的改造维修问题，其意义是多方面的。

（四）事后分析

1. 消除产生营养性应激的各种因素

营养类应激源于生产管理、饲养管理和员工管理等诸多因素，所以，消除营养应激损伤的措施，就要从加强管理入手；采用绩效考核的办法，提高员工的责任心和工作主动性，唯此，才能将产生营养类应激的各种因素消除在萌芽状态。

2. 防止产生营养性应激的解决方法

（1）突然变料的解决办法。

① 因猪群进入到不同的生理阶段而变料，是现场必须经历的过程；对此，采用5～7天逐步变料法即可。

② 因饲料原料产地及品种的改变而进行的变料，则是按饲养标准随时进行微调的加工生产过程。

（2）营养缺乏的解决方法。

① 饥饿。不同个体的体况不同，个别猪只饥饿是不可避免的；发现并解决这个问题，就是现场人员的工作任务。

② 缺水。水是猪群的重要营养元素之一，但每个猪场都程度不同地存在缺水问题；这是必须要及时解决的。

（3）过食的解决方法。

这里主要是指繁殖猪群的限饲问题，其有硬件设施的原因，有管理上的原因，也有饲养人员的责任心问题。

消除缺水应激的措施

在水塔处检查供水不足的原因

在净水器处检查供水不足的原因

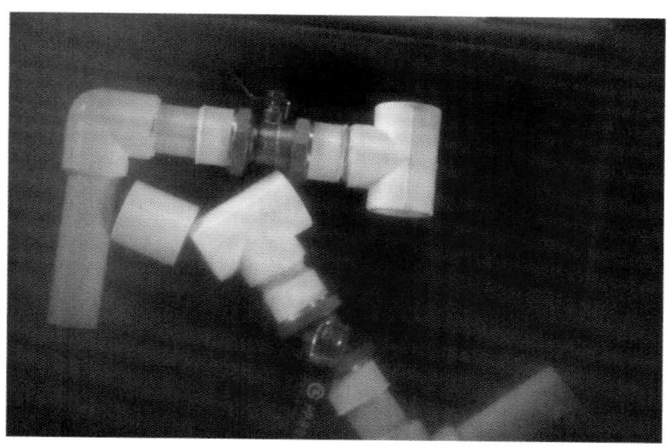
在管道处检查供水不足的原因

在饮水器处检查供水不足的原因

病毒病四例

## 第五节 尽量减轻生物类应激的刺激性损伤

### 一、知识链接“兽医各学科对应激的论述”

见表4-3。

表4-3 兽医各学科对应激的论述

| 学科 | 单因子刺激 | 多因子损伤 |
| --- | --- | --- |
| 临床学 | 未病大群 | 病猪个体 |
| 病理学 | 应激反应 | 炎症反应 |
| 免疫学 | 免疫抑制 | 过敏变态 |
| 流行病学 | 易感动物 | 传染源 |
| 防制学 | 未病先防 | 既病防变 |

应激反应在现场是无处不在的，现场人员的任务是把应激刺激控制在强刺激度以下和较短时间内，特别是不应有其他类应激刺激的叠加性损伤。这样发病个体就会大大减少。

现场的各类猪群均已成为各种致病微生物存在的载体，其多与猪只稳态存在。一旦因应激反应的叠加性损伤刺激打破稳态，其病原体趁机感染是必然现象。

### 二、尽量减轻生物类应激刺激的四步法

#### （一）事前准备

（1）生物类应激因子的种类及存在形式了解的准备。

（2）减轻生物类应激刺激的措施准备。

#### （二）事中操作

1. 生物类应激因子的种类及存在形式的掌握

、患伪狂犬病的新生仔猪

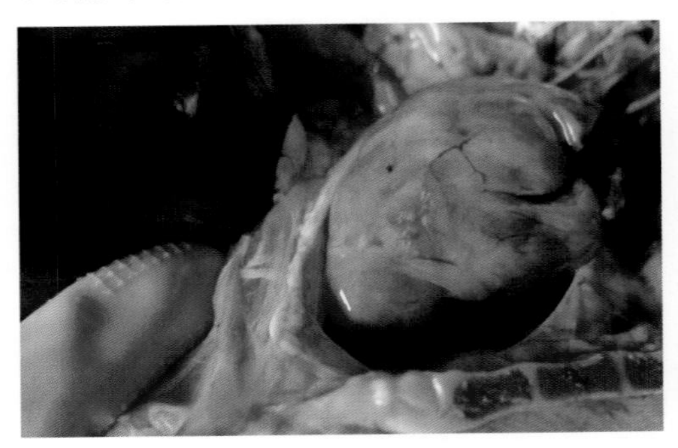

患恶性口蹄疫的虎斑心病变

患病毒性腹泻的新生仔猪

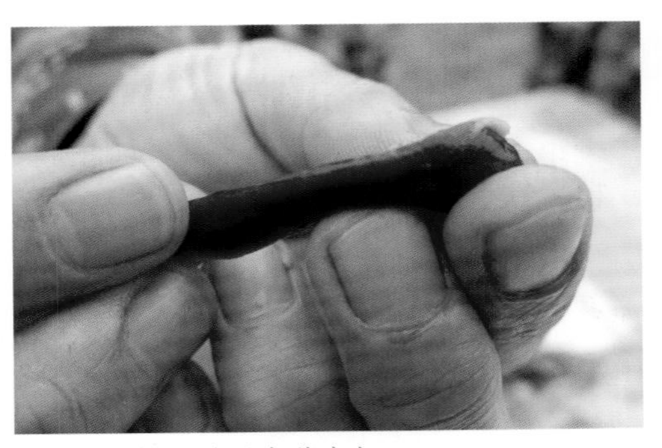

患迟发性猪瘟的新生仔猪病变

（1）生物类应激因子种类的掌握。其主要为病毒、细菌、亚细菌、寄生虫等。

（2）生物类应激因子的存在形式。

① 病毒类。其主要包括：猪瘟、伪狂犬、蓝耳、圆环、口蹄疫、乙脑、细小、病毒性腹泻、传染性胃肠炎等有疫苗进行免疫预防的病毒病和水疱病、水疱性口炎、猪痘、病毒性脑心肌炎、包涵体鼻炎、流感等没有疫苗进行免疫预防的病毒病。

② 细菌类。其主要包括：丹毒、肺疫、副伤寒、黄白痢、萎鼻、炭疽、布病、链球菌病、红痢、传胸、副猪等有疫苗进行免疫预防的细菌病和结核病、放线菌病、化脓性放线菌病、肾盂肾炎、坏死杆菌病、破伤风、增生性肠病等没有疫苗进行免疫预防的细菌病。

③ 亚细菌类。其包括猪痢疾、钩端螺旋体病等螺旋体病，还包括皮肤真菌病、毛霉菌病等各种霉菌病，也包括支原体肺炎、支原体关节炎、附红细胞体病等支原体病。

④ 寄生虫类。在集约化猪场存在的寄生虫病主要为：猪蛔虫病、猪鞭虫病、猪肾虫病、猪结节虫病、弓形虫病、猪球虫病、小袋虫病、疥螨病等寄生虫病。

2. 生物类应激伤害的消除措施

（1）提高抗病力。猪群的抗病力是由一般性免疫力和特异性免疫力组成，其主要包括机体内外屏障、淋巴细胞、细胞因子、特异性抗体等抗病组织系统。

① 提高一般性免疫力要从优良的繁育体系做起，通过选种选育、配合力测定等手段，筛选出最佳抗病杂交组合。尽量提高通过遗传获得的外部屏障、内部屏

细菌病四例

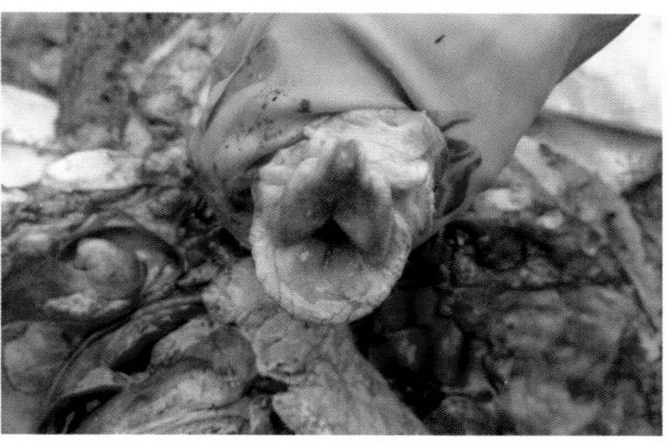
患急性猪肺疫的咽喉病变

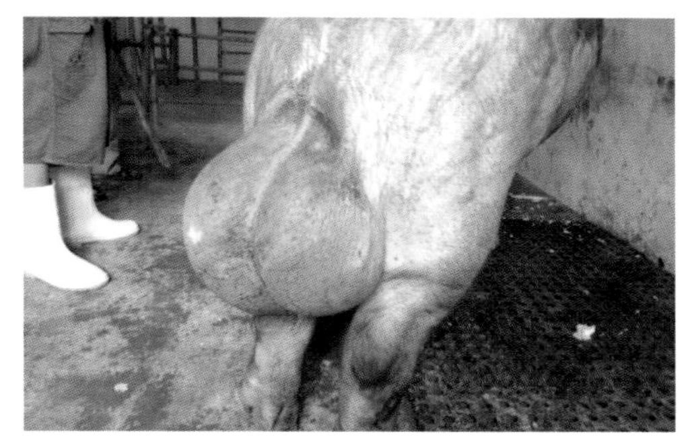
患布氏杆菌病的睾丸病变

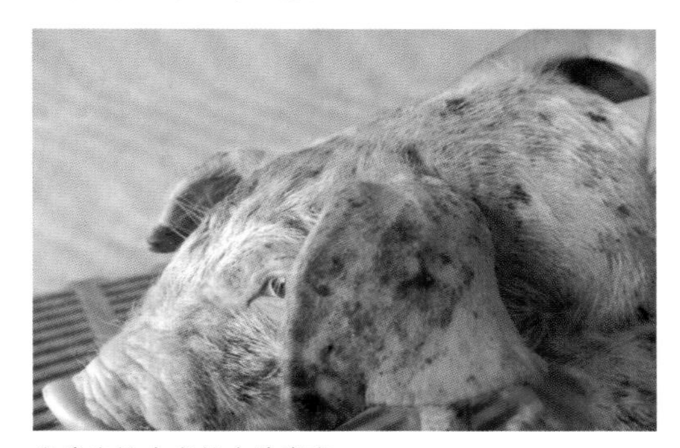
患渗出性皮炎的皮肤病变

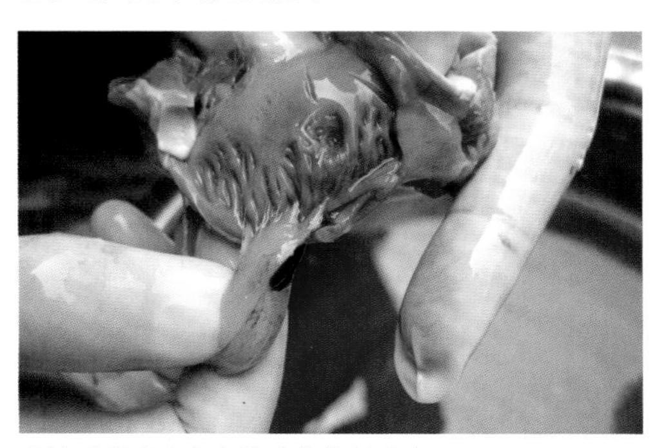
患链球菌病心室内胶冻状物的病变

障、淋巴细胞、溶菌酶、补体、干扰素等综合抗病素质。

② 提高特异性免疫力是在提高一般免疫力的基础上根据猪场周边特定病的存在情况，及时有效地做好免疫接种这个疫苗毒的持续感染工作，使猪群抗体水平具备能抗御外来野毒抗原侵袭感染的能力。

(2) 降低致病力。猪群的致病力是由现场存在的生物、管理、物理、化学、营养类等应激因素组成。其致病力强弱与其各类应激原刺激的强弱和叠加性损伤程度有关。

① 切实减弱生物类应激因素的刺激力度，通过猪场基础层面软件的全进全出、限制媒介传播、5S管理、三个检测、免疫接种、引进猪隔离适应等生物安全制度的执行和现场执行层面保健、消毒、杀虫、灭鼠等用药的实施。切实减弱与猪群共栖类及持续感染类等病原的致病毒力，使猪群处于致病力下降的有利势态。

② 尽量减少其他应激因素叠加的损伤性机率，通过基础层面硬件的猪场场址、规划布局、各类猪舍、舍内设备、卫生消毒、粪肥资源化等工程防疫设施的定置和现场执行层面科学的饲养管理、先进的生产管理、优良的繁育体系、适宜的环境条件、合理的营养供应等系统的有机融合实施，为商品猪群生产创造高效、优质、无叠加应激损伤的内外环境。

(三) 要点监控

1. 要做好重点猪群特定病的加免工作

(1) 初产母猪特定病的加免工作。

① 配种前，要对繁殖障碍症涉及的系列病进行加强免疫和保健用药，达到有

亚细菌病四例

患支原体病的肺部胰样病变

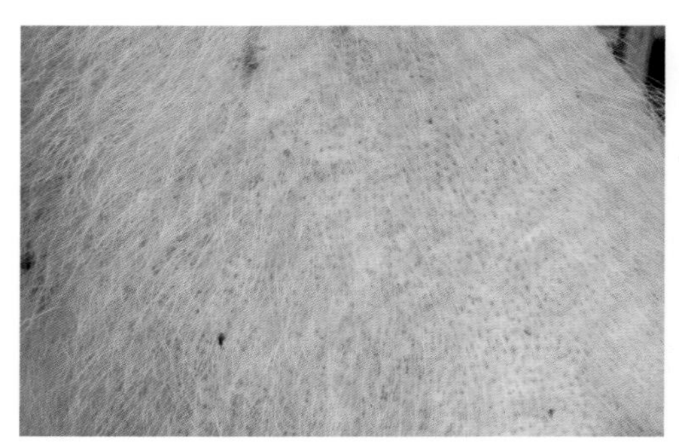

患附红细胞体病的毛孔出血点病变

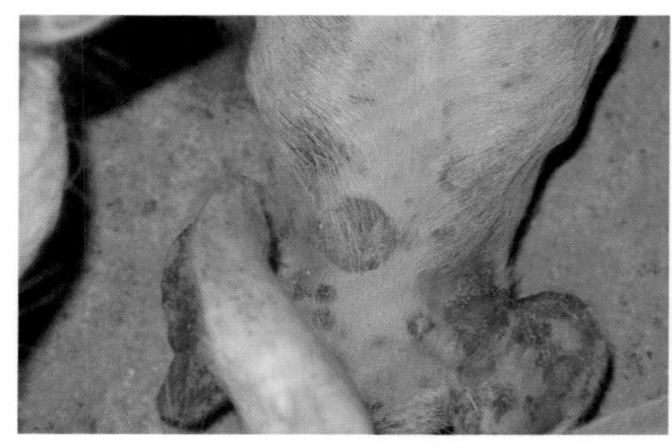

患毛霉菌病的皮肤病变

霉菌毒素慢性中毒造成胆囊萎缩

疫苗进行预防接种的疫病要做好基础免疫和加强免疫；没有疫苗进行预防接种的疫病，要用药物进行保健及控制，以确保配种妊娠期安全无恙。

② 配种后的60～90天期间，要根据外周疫情，侧重做好口蹄疫、病毒性腹泻、伪狂犬、猪瘟等疫病的免疫。特别是场内仔猪黄白痢稀便的反饲，对初产母猪更为重要。一般一次3克，产前40天、20天各用一次为妥，以确保哺乳期安全无恙。

（2）哺乳仔猪特定病的免疫工作。

① 哺乳仔猪期间可安排4次免疫：分别为1、7、14、24日龄上午，1日龄可安排伪狂犬基因缺失苗滴鼻免疫，24日龄安排猪瘟的注射免疫。

② 如断奶后保育仔猪易发断奶衰竭综合征或口蹄疫，可在新生仔猪7日龄时安排圆环病毒2型灭活苗或口蹄疫灭活苗的免疫接种。以确保28日龄后可产生坚强的免疫力以抵抗相应病毒病的感染。

③ 如断奶后保育仔猪易发生支原体病、副猪嗜血杆菌病或链球菌病时，可在新生仔猪14日龄时进行首免，并在20～30天后进行二免，以期获得对应疫病的坚强抵抗力。当然蓝耳病这个原发病因也要给予认真的检测与免疫处理。

2. 要对共栖病原进行限制、弱化和消毒处理

（1）要从传播途径上采用杀虫、灭鼠等限制手段。

① 在夏季，要通过纱窗等屏障或喷洒药物来驱杀蚊虫，防止其通过叮咬传播乙脑、圆环、猪痘，附红细胞体病等。特

寄生虫病四例

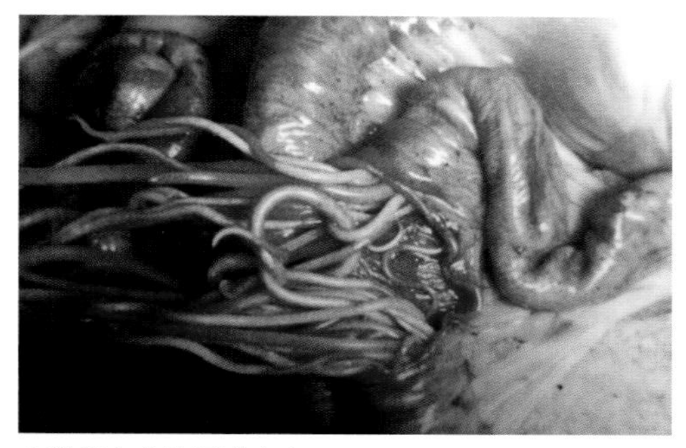
患猪蛔虫病的肠道病变

患猪鞭虫病的成虫

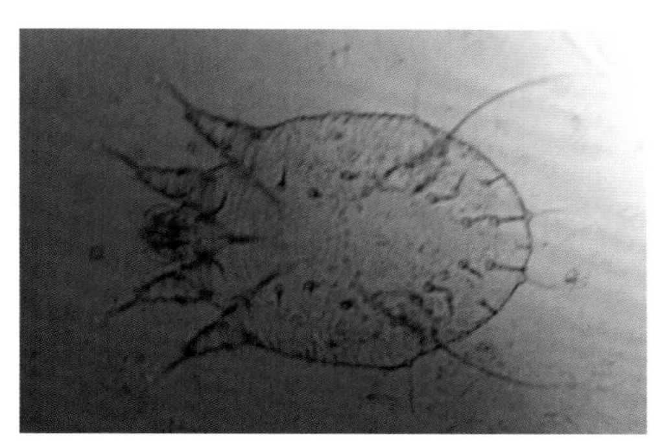
患疥螨病的成虫

患猪小袋虫病的滋养体病原

别是要定期开展驱杀体内外寄生虫，以减轻其对继发混感的推动作用。

② 要定期开展灭鼠工作，要从硬件建设上切断鼠道，消灭鼠窝。并要采用慢性中毒鼠药和熏蒸药对现有鼠洞进行投药处理，以达限制传播伪狂犬等疫病的作用。

(2) 要对共栖病原进行弱化保健处理。

① 对呼吸道共栖病原，要采用口服吸收类抗菌药物。如伴有急性高热，可采用安乃近兑头孢粉针进行肌内注射；如为慢性咳喘可采用林可、壮观复方或采用泰乐强力复方进行药物保健一疗程，病猪个体可注射长效恩诺沙星制剂。

② 对消化道共栖病原，可采用口服不吸收类抗菌药物进行保健处理，如选用杆菌肽锌和黏杆菌素复方等药物。如既有消化道症状，又有呼吸道症状，可选用泰乐、黏杆复方进行药物处理。如在用药始末二次进行驱虫，则防治腹泻效果更佳。

(3) 要对共栖病原进行消毒处理。

① 要充分利用各种猪群周转组转群的机会，进行彻底的清扫、清洗、消毒工作，以彻底切断不同日龄段病原体混感的途径。

② 平时要定期或不定期地进行带猪消毒工作，以弱化猪舍常在致病菌的浓度。特别是在猪舍内出现病猪个体后，要及时实行隔离、分群及一天二次的消毒工作。生产区大门口、猪舍门口都要设有消毒池及消毒槽，进出人员必须消毒后方可进入；免疫注射、治疗注射均要先进行消毒处理；特别人工授精、接产、去势等工作均要彻底消毒处理后方可进行。

对共栖病原进行弱化、灭活保健

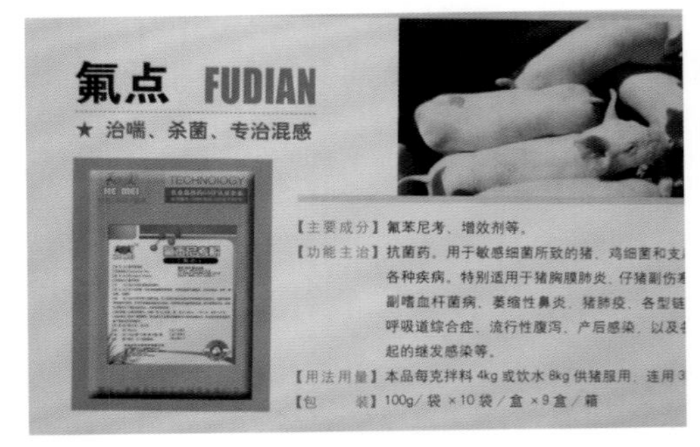


对呼吸疾病要用口服吸收类抗菌药

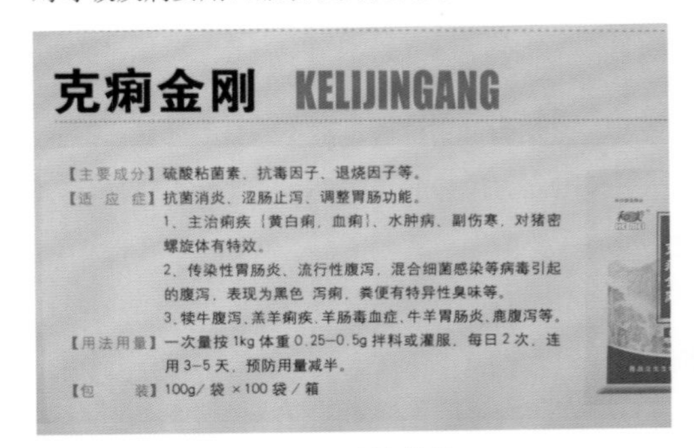


对肠道疾病要用口服不吸收抗菌药

通过全进全出彻底进行猪舍清洗

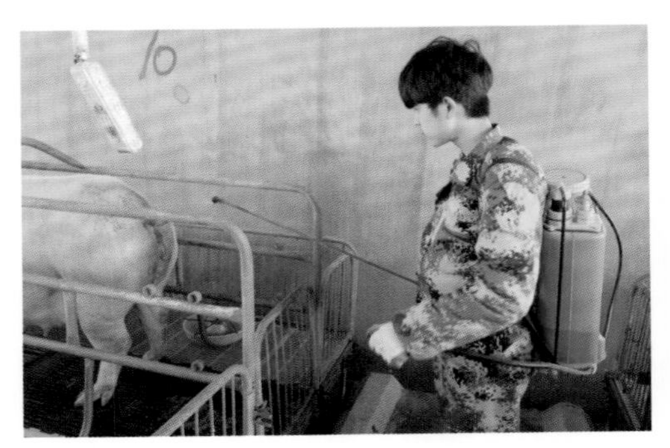

定期对猪舍进行带猪消毒

## （四）事后分析

1. 要尽量消除场内三种不稳定因素

蓝耳、圆环、霉菌毒素感染已被列为猪场内三大不稳定因素。对此，要定期不定期地开展针对上述因素的检测工作，并根据检测结果做好蓝耳、圆环的免疫接种工作，同时做好供应、生产环节减轻霉菌毒素的预防工作。

2. 要做好三种猪群的稳定工作

猪场的不稳定猪群为后备母猪、哺乳仔猪和保育仔猪猪群，对此，要尽量自留后备，以减少外来病原体的感染。同时要做好初产母猪产仔前的反饲工作，以保证其后代与其他仔猪都能吸吮到同等母源抗体。特别是要结合保育舍病况，在哺乳仔猪段做好免疫接种工作，以保证保育仔猪的安全无恙。

3. 要做好猪场的应激控制工作

（1）减轻或消除管理上的应激刺激，重点在于科学的计划与组织上。

（2）减轻或消除物理上的应激刺激，重点在于冬暖夏凉的硬件改造上。

（3）减轻或消除化学上的应激刺激，重点在于把住病从口入这一关上。

（4）减轻或消除营养上的应激刺激，重点在于猪群观察及周到看护上。

（5）减轻或消除生物上的应激刺激，重点在于栖息环境的净化与舒适上。

（6）减轻或消除各类应激重叠损伤，重点在于加强绩效管理和环境调控上。

对持续感染病原进行有效免疫

首先做好蓝耳、圆环病的免疫

其次是做好霉菌毒素的脱毒工作

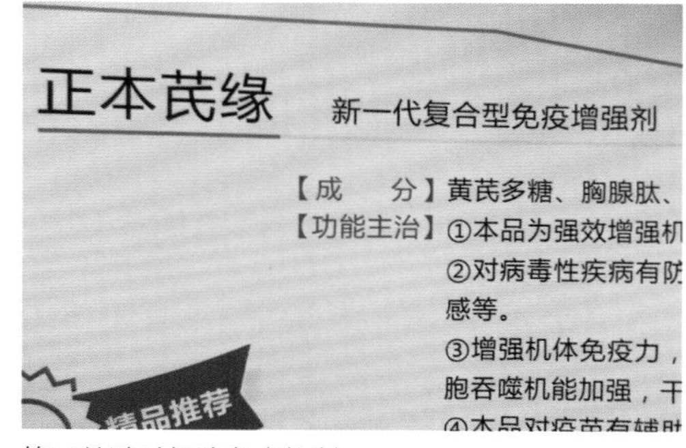


第三是随时解除免疫抑制

第四是确保猪瘟、伪狂犬病的免疫效果

# 第五章 在免疫接种上求适

**内容提要**

(1) 在跟胎免疫上求适。

(2) 在全群普免上求适。

(3) 在青年母猪自然感染上求适。

(4) 在消除免疫失败因素上求适。

## 第一节 在跟胎免疫上求适

### 一、知识链接“跟胎免疫的免疫空间和免疫优先秩序”

#### （一）各类猪群的免疫空间

1. 哺乳仔猪的免疫空间

其免疫空间为1～25日龄的时间段，一般可在1日龄、7日龄、13日龄、19日龄、25日龄安排5个免疫项目。

2. 保育仔猪的免疫空间

其免疫空间为35～70日龄的时间段，一般在此期间种用保育仔猪可安排5～6个免疫项目，育肥用保育仔猪可安排3～4个免疫项目。

3. 后备种猪的免疫空间

其免疫空间为150～200日龄的时间段，一般在此期间可安排8～9个免疫项目。

4. 妊娠母猪的免疫空间

传统个体散养户，在配后50天至配后90天，一般安排5～6个免疫项目，但现代

各类猪群的免疫空间

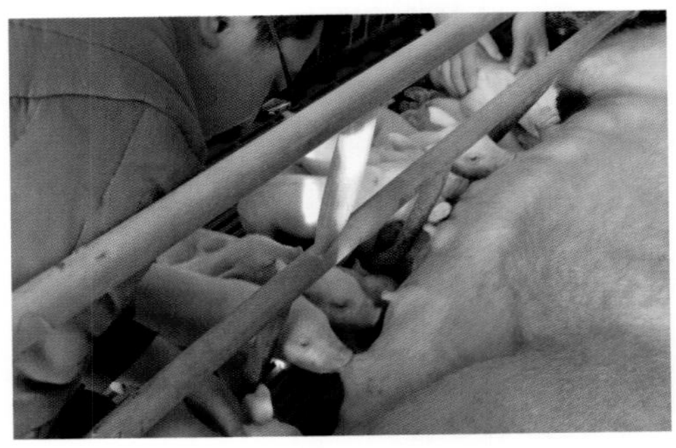

哺乳阶段可安排5个免疫

保育阶段可安排6个免疫

后备阶段可安排8个免疫

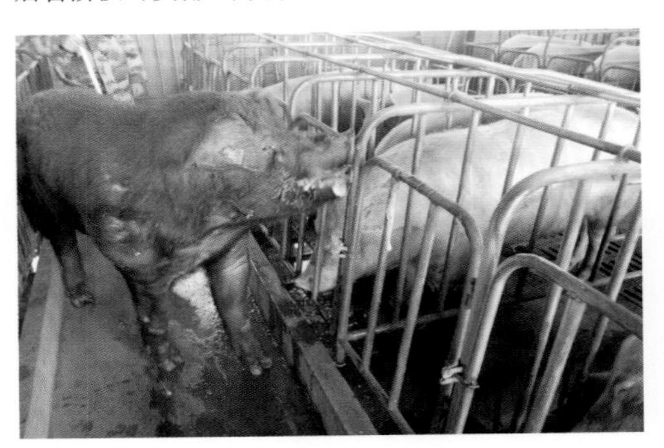

经产母猪可安排8个免疫

猪场已放弃此法而选用群体普免法。

5. 哺乳母猪的免疫空间

传统个体散户，在产后2天至产后20天之间，一般安排4个免疫项目，但现代猪场已放弃此法而选用群体普免法。

### （二）免疫优先秩序

1. 病毒病免疫要优先于其他疫病

病毒病与细菌、亚细菌类疫病相比较，病毒病免疫要给予优先的位置。

2. 后备猪免疫要优先于其他猪群

后备猪配种前的免疫，不论免疫项目，还是免疫力度均要优先于其他猪群。

3. 免疫项目以猪瘟和伪狂犬为优先

在众多免疫项目中，以猪瘟和伪狂犬的首免和加免为优先，而圆环和蓝耳的免疫也越来越被人们所重视。

## 二、在仔猪跟胎免疫上求适的四步法

### （一）事前准备

1. 在免疫程序上的准备

（1）近期猪场周边疫情的了解。

（2）近期场内疫病的检测与诊断。

（3）某些疫病重点预防的准备。

（4）母猪群体免疫状态的了解。

（5）仔猪舍环境控制情况的了解。

2. 在疫苗产品上的准备

（1）国外进口疫苗的质量了解。如博林格的圆环灭活苗和支原体弱毒苗。

（2）国内疫苗的质量了解。如猪瘟细胞苗和伪狂犬基因缺失苗。

（3）蓝耳病弱苗的了解。可根据本场野毒株的血清型进行选择。

（4）口蹄疫灭活苗的选择。可根据血清型选择复合苗或浓缩苗。

仔猪免疫程序的准备

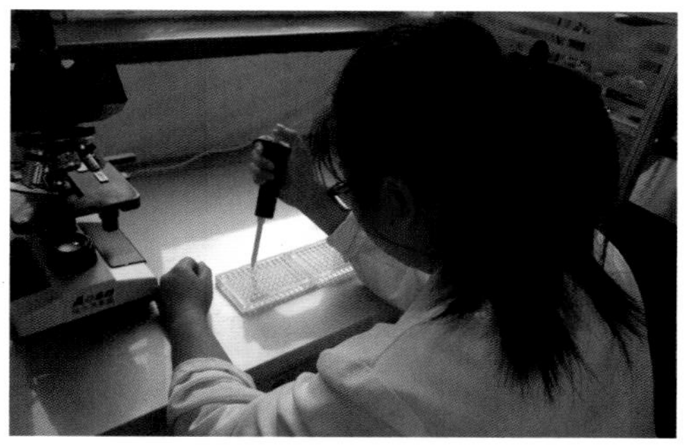

对近期周边疫情的了解

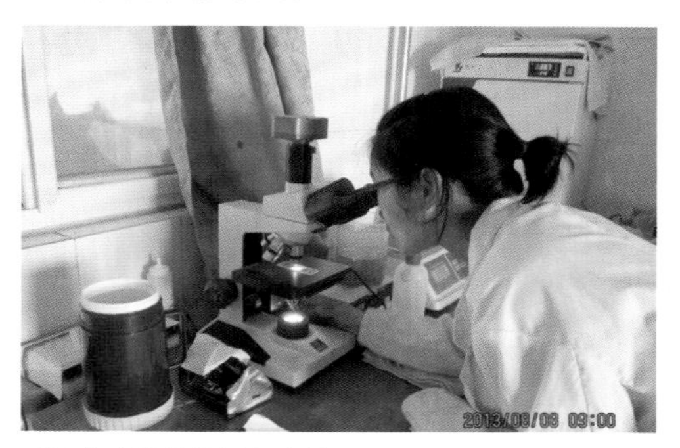



对场内疫情的检测与诊断

母猪群体健康状态的了解

猪舍环境控制的了解

3. 在免疫方法上的准备

（1）同种疫苗的首、二免要间隔20～30天。

（2）不同种疫苗的免疫间隔为5～7天。

（3）伪狂犬的超前免疫为生后第一天吃初乳前2小时，其滴鼻稀释剂量为0.5毫升。

（二）事中操作

1. 仔猪免疫程序的确定

（1）哺乳仔猪免疫程序的确定。

① 1日龄使用伪狂犬基因缺失苗超前免疫。

② 7日龄使用支原体弱毒苗进行免疫。

③ 13日龄使用圆环灭活苗进行免疫。

④ 19日龄使用蓝耳弱毒苗进行免疫。

⑤ 25日龄使用猪瘟细胞苗进行免疫。

（2）保育仔猪免疫程序的确定。

① 35日龄使用伪狂犬基因缺失苗加强免疫。

② 41日龄使用圆环灭活苗加强免疫（种用）。

③ 47日龄使用蓝耳弱毒苗加强免疫。

④ 60日龄使用猪瘟细胞苗加强免疫。

⑤ 65日龄使用口蹄疫灭活苗首次免疫。

2. 仔猪免疫产品的确定

（1）伪狂犬免疫使用的疫苗产品以基因缺失苗为宜。

（2）圆环病毒病免疫使用的疫苗以进口产品为宜。

（3）蓝耳病弱毒苗以基因测序选择为宜。

（4）支原体弱毒苗以国产产品为宜。

（5）猪瘟弱毒苗以国产产品为宜。

仔猪免疫程序的确定

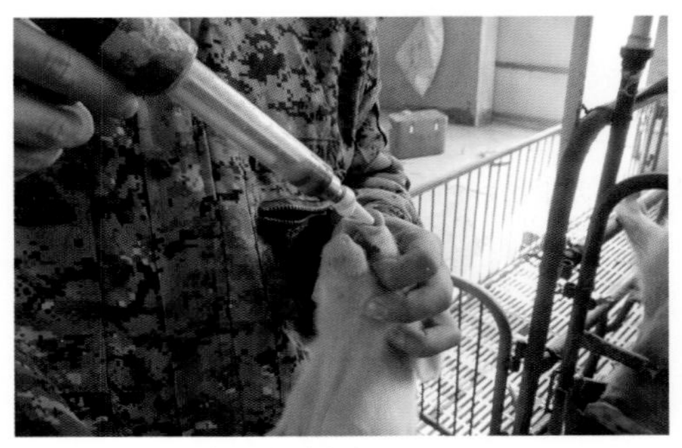

1日龄伪狂犬的鼻腔喷雾免疫

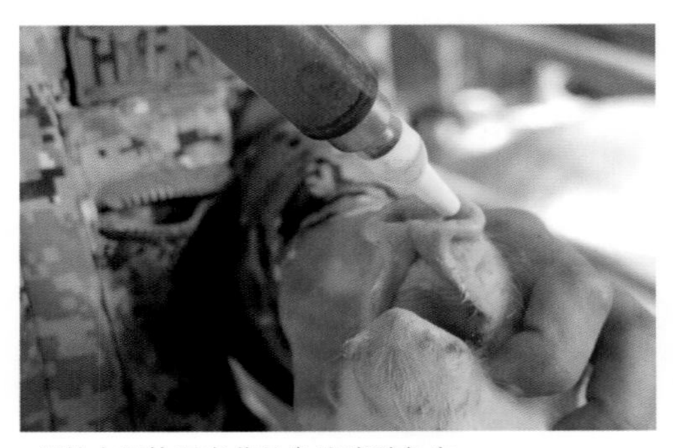

7日龄支原体弱毒苗的鼻腔喷雾免疫

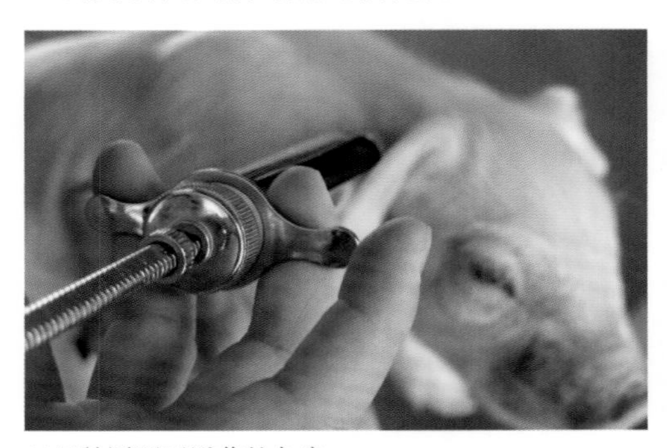

14日龄圆环灭活苗的免疫

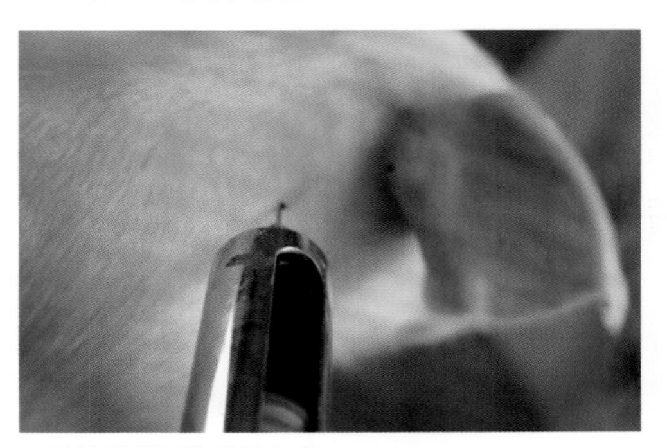

25日龄猪瘟细胞苗的免疫

(6) 口蹄疫灭活苗以国产浓缩苗或复合二联、三联苗为宜。

3. 仔猪免疫方法的确定

仔猪主要采用滴鼻喷雾免疫和肌内注射免疫两种方法。

(1) 滴鼻喷雾免疫。

① 超前免疫。新生仔猪皮肤烘干后，即应进行伪狂犬超前免疫，以达到提前占位的目的。

② 避开母源抗体干扰。通过鼻孔黏膜的免疫接种，可使疫苗抗原通过鼻黏膜进入三叉神经中，最大限度地避开母源抗体干扰。

③ 滴鼻稀释液剂量的控制。伪狂犬基因缺失苗稀释液的剂量以每头份0.5毫升为宜，每个鼻孔滴入0.25毫升，即可避免疫苗流出鼻外和咽入胃中。

(2) 肌内注射免疫。

① 猪的保定。其是做好免疫接种重要保障工作，仔猪一般用手抱式或手提耳式进行保定。

② 注射部位的消毒。在肌内注射免疫之前，一定要用碘酊溶液认真的对注射部位进行涂抹消毒。

③ 注射器具的消毒。在对注射器具进行消毒之前，要拆开注射器，刷洗干净后，再煮沸30分钟。

④ 注射方法的把握。要在准确保定后，再在注射部位垂直进针，当药液注入后，再拔出针头。

(三) 要点监控

1. 要切实做好圆环、蓝耳的免疫工作

(1) 要做好圆环病的免疫工作。目前，圆环病毒2型已广泛地感染国内各家

仔猪疫苗产品的确定

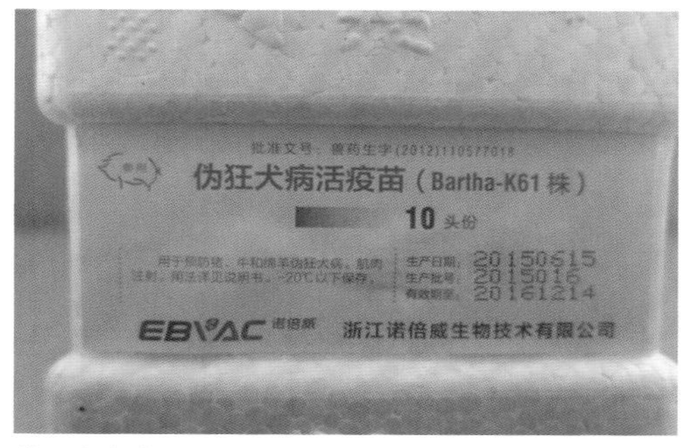

伪狂犬免疫选用基因缺失苗

圆环免疫选用灭活苗

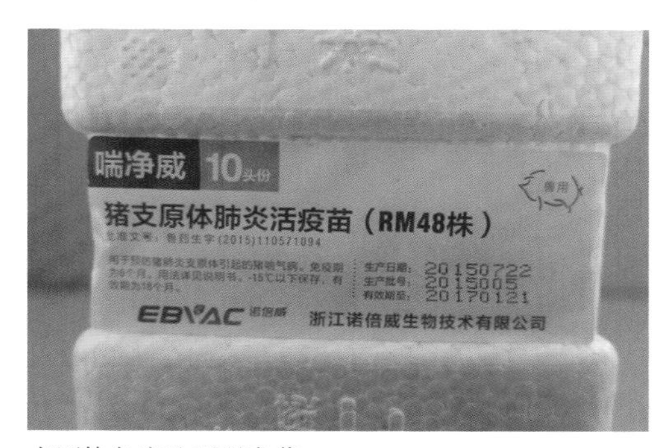

支原体免疫选用弱毒苗

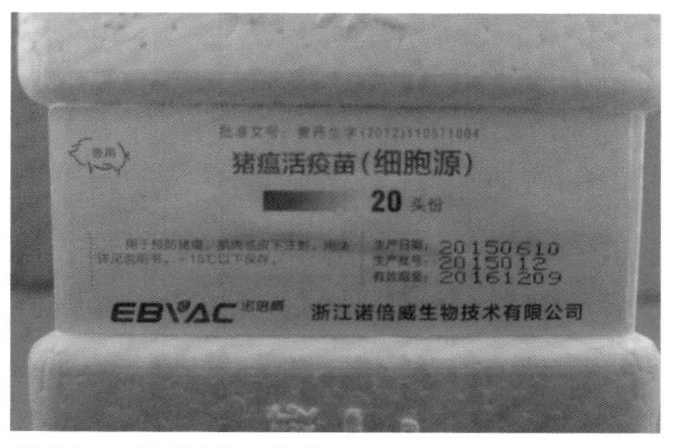

猪瘟免疫选用国产细胞苗

猪场，与其被动地接受免疫抑制病因带来的经济损失，还不如增加免疫经费，选用免疫效果好的进口疫苗进行有效地人工主动免疫为上策。

（2）要做好蓝耳病的免疫工作。经过10余年的科研实践，已确认蓝耳病的免疫成为防制该病的主要手段。“用基因测序方法选用与野毒相近的疫苗毒株进行免疫”的理论，已被人们所认可。

2. 要实施基础与加强免疫的成功方法

（1）要做好基础免疫的启动工作。哺乳仔猪的首免，主要是启动免疫细胞，在某种意义上讲，其形成免疫记忆细胞的作用要大于其产生免疫抗体的作用。

（2）要做好加强免疫增效工作。断奶10天后，第二次加强免疫，对仔猪、中猪及后备猪预防某些特定病的作用是非常重要的。其注射量应为首免的1.3倍，而三免的免疫剂量则为首免的1.6～1.8倍为妥。

3. 猪瘟的超前免疫

在猪场出现迟发性猪瘟等病例后，正常仔猪群要实行超前免疫程序。一般是产后待其皮肤烘干后即进行超前免疫1头份，注射2小时后开始吃初乳。其二免为25日龄，三免为60日龄，免疫剂量均为前次剂量的1.3～1.5倍。

执行猪瘟超前免疫的仔猪群，可在猪瘟免疫的24小时后，进行伪狂犬的滴鼻免疫，因其免疫途径与作用机制的不同，二者的免疫基本互不影响。

4. 伪狂犬的超前免疫

近年来，伪狂犬病的变异型已屡见不鲜，顽固腹泻型，皮肤瘙痒型，母猪咀嚼

肌注免疫的四个要点

保定要确实

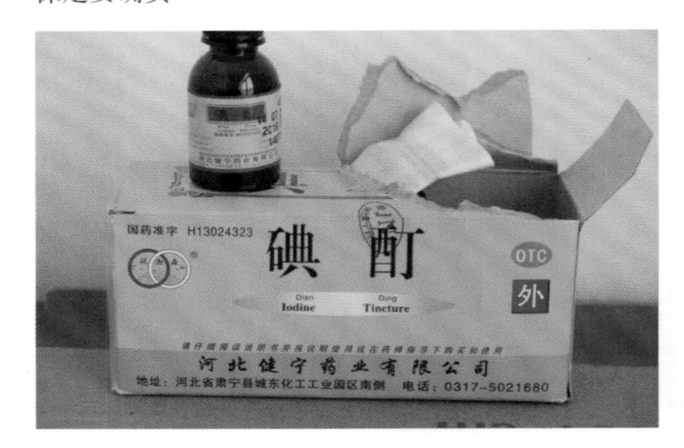


注射之前要消毒

注射器具要消毒

注射部位要准确

型，中猪呼吸型等临床症状经常可以出现。对此，伪狂犬基因缺失苗的超前免疫成为防制伪狂犬变异型发生的有效手段。

执行伪狂犬超前免疫时，一要在新生仔猪皮肤烘干后即进行；二是选用伪狂犬基因缺失苗；三是疫苗稀释剂0.4～0.5毫升稀释1头份即可。35日龄做好伪狂犬基因缺失苗的第二次加强免疫，免疫剂量为1.3头份。

5. 支原体的加强免疫

近年来，猪的呼吸道综合征越来越重，其除了有圆环、蓝耳、胸型猪瘟、呼吸型伪狂犬等病因外，猪支原体肺炎也是此病的重要病因。因现在已有了适于预防的疫苗，故此支原体的免疫应该摆上议事日程上了。其仔猪可选择国产的支原体弱毒苗，在4～7日龄进行鼻腔喷雾免疫，一生只做一次即可。

（四）事后分析

1. 做好母猪群体的保健工作

仔猪的疫病多与母猪的免疫抑制病有关，故此，做好母猪健康体况维护工作非常重要。特别是管理、营养、繁育、环境、免疫等具体支撑体系的保健工作更加重要。

2. 做好基础病的防制工作

圆环、蓝耳病是猪场发生各种疫病的基础病，是必须要做好的防制工作，要不惜成本地做好圆环和蓝耳病的免疫接种工作。

3. 做好防止霉菌感染的基础工作

霉菌感染，特别是玉米赤霉烯酮毒素等慢性中毒感染，可造成肝肾损伤和免疫抑制，其也是引起猪场发病或不稳定的主

仔猪的超前与加强免疫

新生仔猪皮毛干后即可进行猪瘟免疫

猪瘟的加强免疫为25～30日龄左右

新生仔猪皮毛干后也可超前免疫伪狂犬

35日龄进行伪狂犬加强免疫

要因素之一。

4. 做好猪场的环境控制工作

猪群生活在管理、物理、化学、营养、生物类应激的环境中，对此，要加强管理，尽量把五大应激因子的刺激减缓到猪群能够接受的适宜程度，避免其成为猪场发病或不稳定的因素之一。

5. 做好猪场疫病的检测工作

仔猪是猪场死亡率和发病率很高的群体，要重视仔猪的化验检测工作，因其与母猪的机体状态呈强相关；故此，发病仔猪及母本猪的化验检测也是必须同时检测的内容之一。

## 三、在后备母猪跟胎免疫上求适的四步法

### （一）事前准备

1. 在免疫程序上的准备

（1）近期猪场周边疫情的了解。

（2）近期猪场内疫病的检测与诊断。

（3）某些繁殖障碍病重点预防的准备。

（4）后备母猪群体免疫状态的了解。

（5）后备舍环境控制情况的了解。

2. 在疫苗产品上的准备

（1）国外进口疫苗的质量了解。

（2）猪瘟疫苗的质量了解。

（3）蓝耳病疫苗的质量了解。

（4）细小病毒疫苗的质量了解。

（5）乙脑疫苗的质量了解。

（6）口蹄疫疫苗的质量了解。

（7）病毒性腹泻疫苗的质量了解。

（8）伪狂犬疫苗的质量了解。

3. 在免疫方法上的准备

（1）细小病毒灭活苗首、二免间隔时

仔猪免疫的四大基础工作

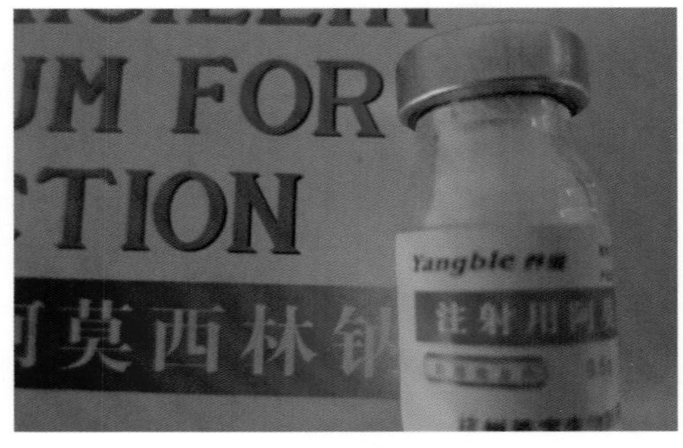

做好母猪群体的药物保健工作

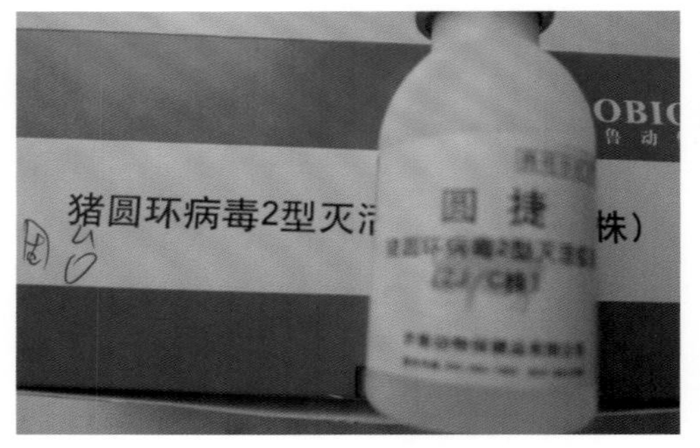

做好基础病的防疫工作

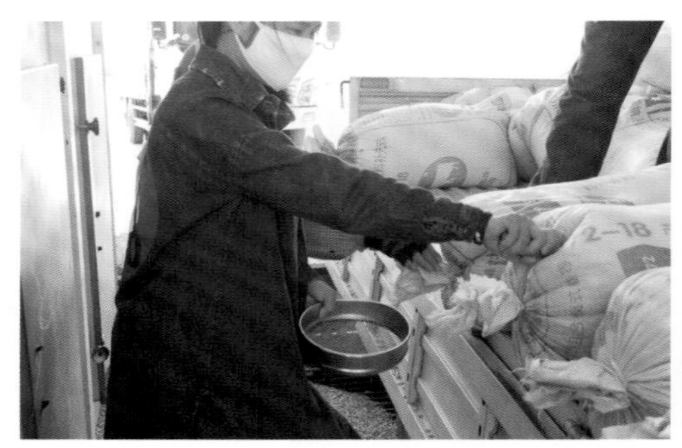

做好进场玉米的抽检工作

做好猪舍的环境控制工作

间为20天左右。

（2）乙脑病毒弱毒苗首、二免间隔时间为20天左右。

（3）不同种疫苗的免疫间隔为5～7天。

（4）后备母猪保定器的准备。

### （二）事中操作

1. 后备母猪免疫程序的确定（仅供参考）

（1）150日龄细小病毒灭活苗的首免。

（2）156日龄乙脑弱毒苗的首免。

（3）162日龄口蹄疫灭活苗的加强免疫。

（4）168日龄细小病毒灭活苗的加强免疫。

（5）174日龄乙脑弱毒苗的加强免疫。

（6）180日龄猪瘟细胞苗的加强免疫。

（7）186日龄伪狂犬基因缺失苗的加强免疫。

（8）192日龄圆环灭活苗的加强免疫。

（9）198日龄蓝耳弱毒苗的加强免疫。

（10）204日龄病毒性腹泻三联病毒苗的首次免疫。

2. 后备猪疫苗产品的确定

（1）细小病毒疫苗选用灭活苗。

（2）乙脑疫苗选用弱毒苗。

（3）口蹄疫疫苗选用浓缩苗或二联、三联苗。

（4）猪瘟疫苗选用细胞苗。

（5）伪狂犬疫苗选用基因缺失苗。

（6）圆环疫苗选用进口灭活苗。

（7）蓝耳疫苗选用与野毒株血清型相近的疫苗。

（8）病毒性腹泻选用三联弱毒苗。

3. 后备猪免疫方法的确定

后备母猪的跟胎免疫前四

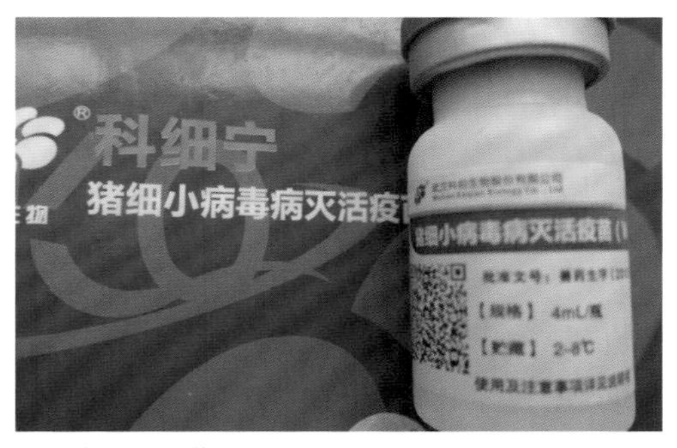


细小病毒灭活苗的两次免疫

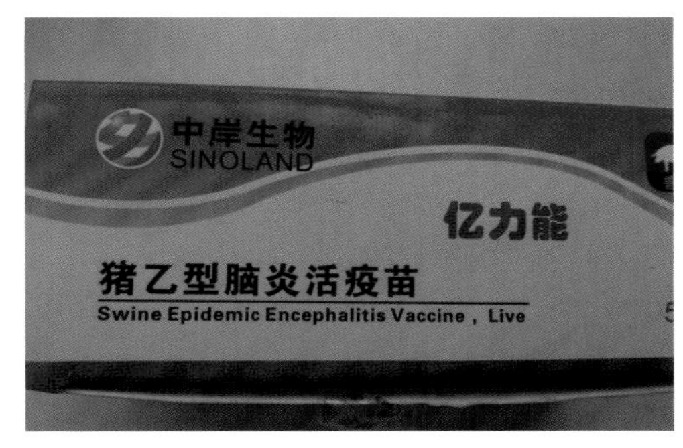


乙脑弱毒苗的两次免疫

口蹄疫灭活苗的第3次免疫

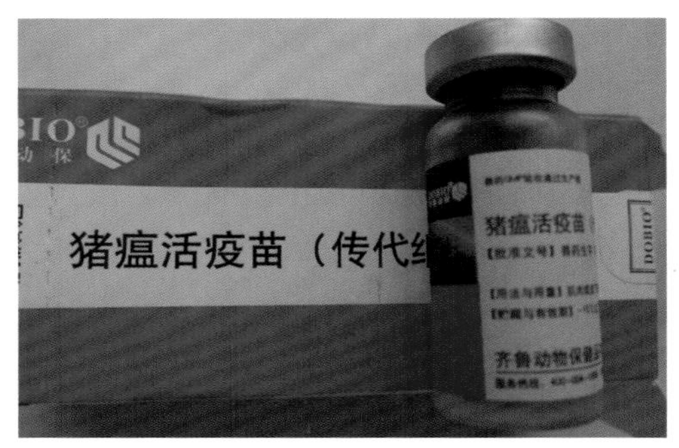


猪瘟细胞苗的第3次免疫

（1）选用保定器对后备猪进行确实保定。

（2）选用5%碘酊对注射部位进行涂抹消毒。

（3）注射器具要按规定进行煮沸消毒处理。

（4）在准确保定后，垂直肌注用药。

（三）要点监控

1. 免疫程序编制的监控

（1）细小、乙脑的免疫要排在第一位。

① 细小病毒病、乙型脑炎均属于繁殖障碍病。

② 后备母猪一旦感染，必然会造成胚胎全部死亡。

③ 要在配种前切实做好其首免和二免的接种工作。

（2）基础病的加强免疫排在第二位。

① 圆环病毒病普遍存在，故要做好加免工作。

② 蓝耳病的加强免疫，也要认真做好。

③ 要认真做好霉菌毒素慢性中毒的预防用药。

（3）猪瘟、伪狂犬病的加强免疫排在第三位。

① 迟发性猪瘟是猪场疫病的重要一员。

② 变异性伪狂犬病在猪场多有发生。

③ 二者在配种前进行第三次加强免疫。

（4）口蹄疫的加强免疫也是重要内容。

① 口蹄疫可经空气传播，故猪场普遍发生。

② 可选择中牧维持的浓缩苗进行预防。

③ 也可选择内蒙古生药厂的三联苗

后备母猪的跟胎免疫后四

伪狂犬弱毒苗的第3次免疫

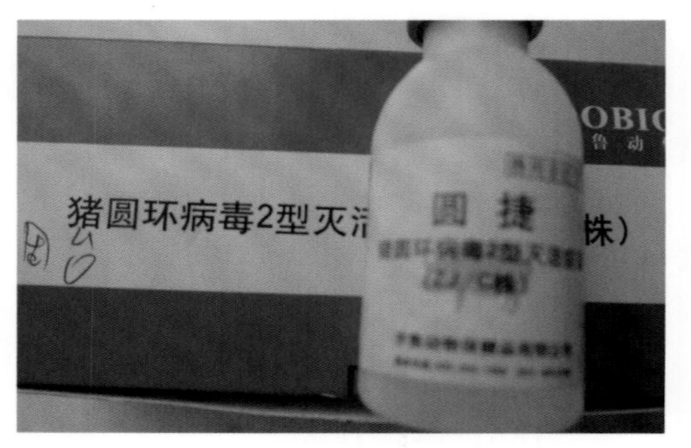

圆环灭活苗的第3次免疫

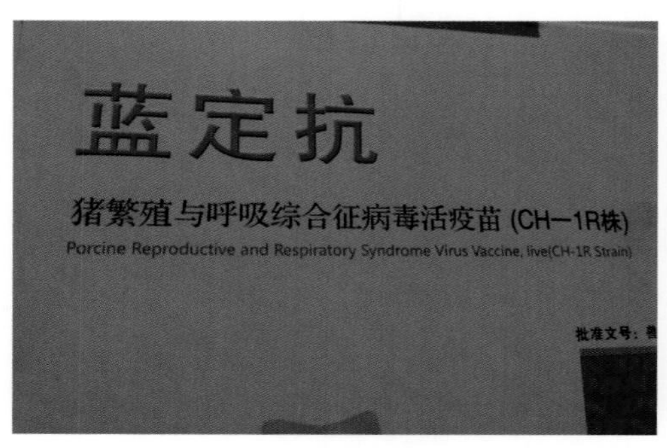

蓝耳病弱毒苗的第3次免疫

腹泻三联弱毒苗的首次免疫

进行预防。

(5) 病毒性腹泻三联苗首免启动。

① 仔猪顽固性腹泻严重存在。

② 病毒性腹泻也是重要病因。

③ 首免启动后，以后参与经产母猪的普免程序。

2. 疫苗产品选择的监控

(1) 供货单位选择的监控。

① 其必须为市、县以上级兽医站单位。

② 其资质合格，可正规供货。

③ 其有冷链保存、运输能力。

(2) 生产厂家选择的监控。

① 国内、外公认的知名生产厂家。

② 国内、外公认的名牌产品。

③ 产品在保质期内。

(3) 外观质量的监控。

① 疫苗产品外包装合格。

② 疫苗瓶塞没有出现松动。

③ 瓶内容物符合产品特性。

(4) 疫苗产品试用期的监控。

① 试验猪群使用后没见过敏等异常现象。

② 首、二免的抗体监测结果与规定相符。

③ 使用后生产成绩稳定，没有疫病发生。

3. 免疫方法上的监控

(1) 后备猪保定的监控。

① 给后备猪肌内注射免疫，要首先做到保定确实。

② 没有确切的保定，只能打飞针完成免疫接种。

③ 有套嘴式保定器可以达到有效保

各种疫病免疫的排位

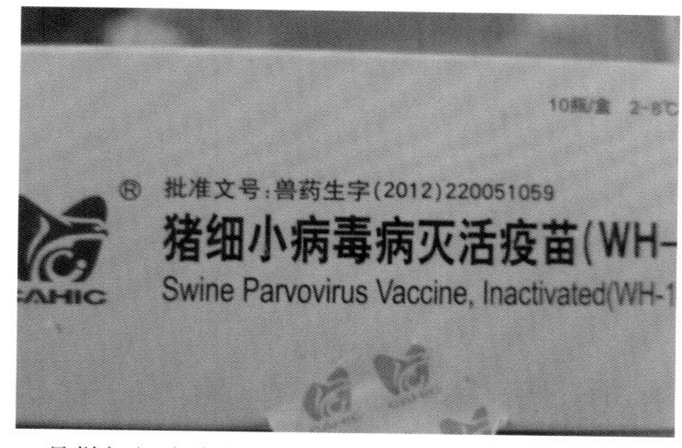


一是做好细小病的两次免疫

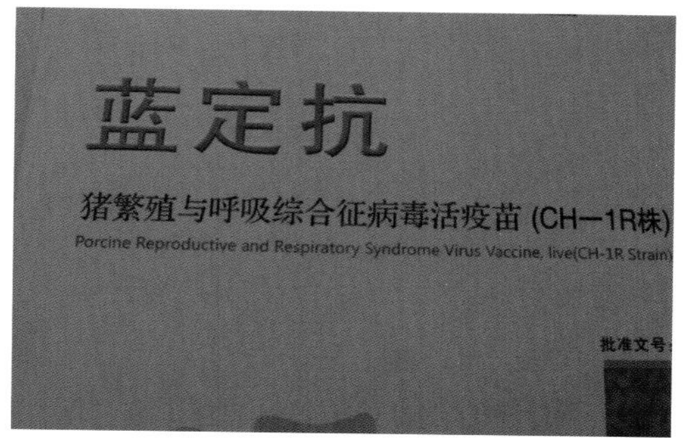


二是做好圆环、蓝耳的免疫

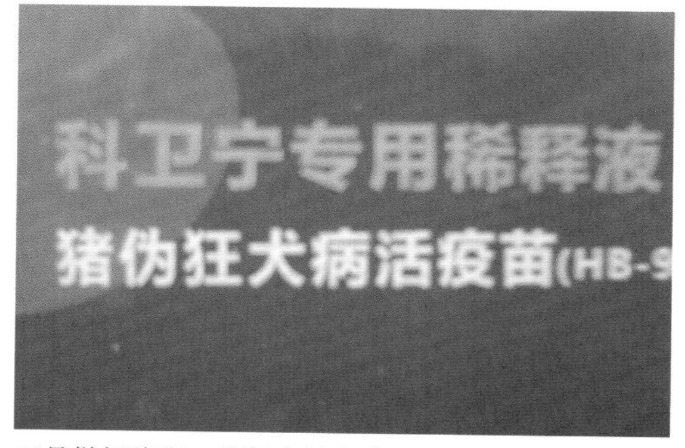


三是做好猪瘟、伪狂犬的免疫

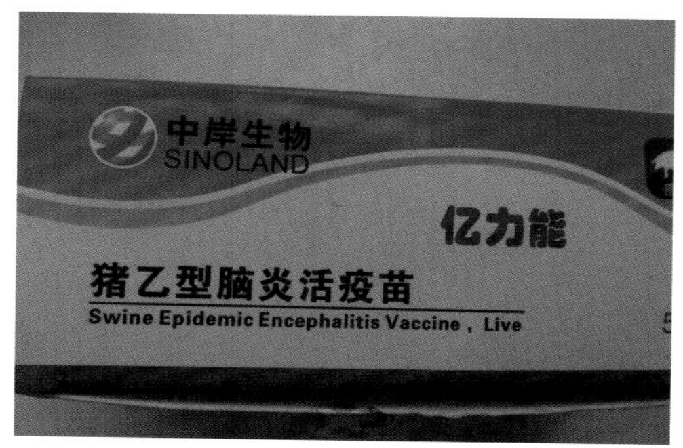


四是按季节做好乙脑、腹泻的免疫

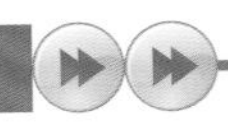

定的目的。

（2）肌内注射前消毒的监控。

① 要选用5%碘酊溶液，在注射部位涂抹消毒。

② 注射器具在使用前要拆卸开并认真清洗，然后煮沸消毒30分钟方可。

③ 要落实专人负责注射器具的消毒工作。

（3）肌内注射操作的监控。

① 用消毒后的注射器具抽取稀释后的疫苗溶液。

② 保定后，在涂抹消毒后的注射部位垂直进针。

③ 以适当的速度推进药物，然后拔出针头并消毒。

4. 其他方面的监控

（1）后备猪群体免疫状态的监控。

（2）后备猪舍环境控制的监控。

（3）霉菌毒素的监控。

① 舍内的霉菌是否广泛存在。

② 饲料中的霉菌毒素是否超过国家标准。

③ 猪群中是否存在霉菌毒素中毒的症状与病变。

（4）消除免疫应激措施的监控。

## （四）事后分析

1. 后备母猪是繁殖障碍病的信号猪

（1）后备母猪没有足够数量、质量的免疫抗体。

（2）对没有发生过的繁殖障碍病易感性高。

（3）要认真做好各种繁殖障碍病的首、二免工作。

2. 后备母猪的免疫管理是猪场综合能

**免疫准备的四要点**

免疫前要做好抗体抽检

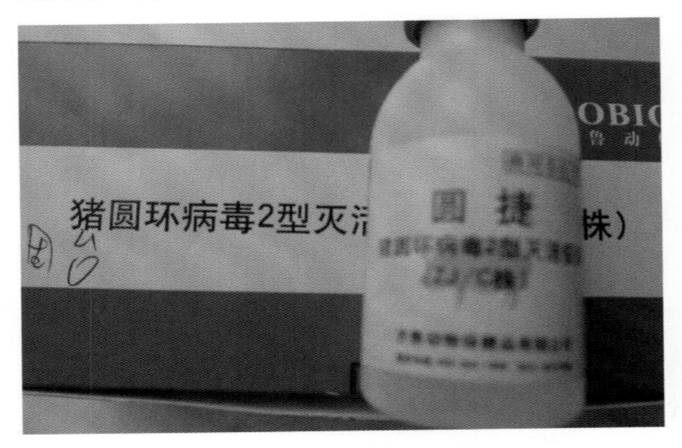

疫苗产品要合格

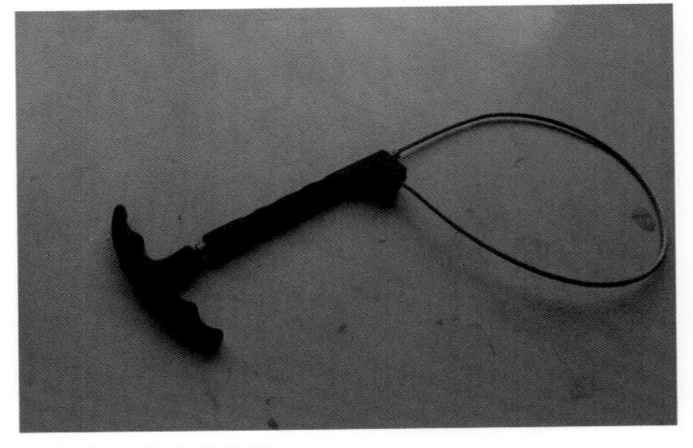
要有猪只保定的设施

免疫对象要健康

力的体现

（1）要根据场内、外疫情编制免疫程序。

（2）要根据场内、外疫情选用合适疫苗产品。

（3）要根据场内、外疫情选用合适的免疫方法。

3. 用其他支柱体系保障后备猪免疫工作的开展

（1）要有合理的营养供应保障。

（2）要有适宜的环境控制保障。

（3）要有严格的生物安全制度保障.。

4. 要有消除三大不稳定因素的能力

（1）要有消除圆环病毒感染的能力。

（2）要有消除蓝耳病毒感染的能力。

（3）要有消除霉菌毒素慢性中毒的能力。

5. 要抓好后备猪的管理

（1）要有后备猪饲养的硬件设施（隔离适应舍）。

（2）要有后备猪饲养的软件制度、人员编制及奖惩政策等。

（3）要有后备猪催情、配种、保胎等技术能力。

后备母猪易患繁殖障碍病的原因

其没有得过繁殖障碍病

其没有足够的免疫抗体

其自身体质还存在问题

初产母猪第一胎压力过大

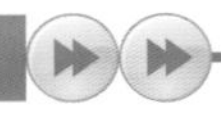

## 第二节　在全群普免上求适

### 一、知识链接“群体疫病再现率的公式与应用”

在猪场群体免疫学的理论中，群体疫病再现率具有重要位置；其公式如下：

$R = R_0 \times S/N = R_0 \times (1 - I/N)$

注1：

$R$ = 疫病再现率；

$R_0$ = 未免疫猪数与已免疫猪数的比率；

$S$ = 易感数（未免疫数）；

$N$ = 动物数；

$I$ = 免疫的动物数。

注2：

① $R>1$时，疫病会呈现暴发趋势，感染猪迅速增加。

② $R = 1$时，猪群会不断出现新病例，表现为地方性流行。

③ $R<1$时，猪群发病个体会逐渐减少，疫病会逐渐平息。

④ $R<0.05$时，疫病再现几乎成为不可能。

⑤ $R<0.01$时，疫病再现肯定为不可能。

注3：

① 当有效免疫数为91%时，

$R_0 = 9:91 = 0.0989$

代入公式：

$0.0989 \times (1 - 91\%) = 0.0089$

$\because 0.0089 < 0.01$

$\therefore$ 其疫病再现率为肯定不可能。

做好后备母猪的四项基础工作

做好隔离适应舍的硬件工作

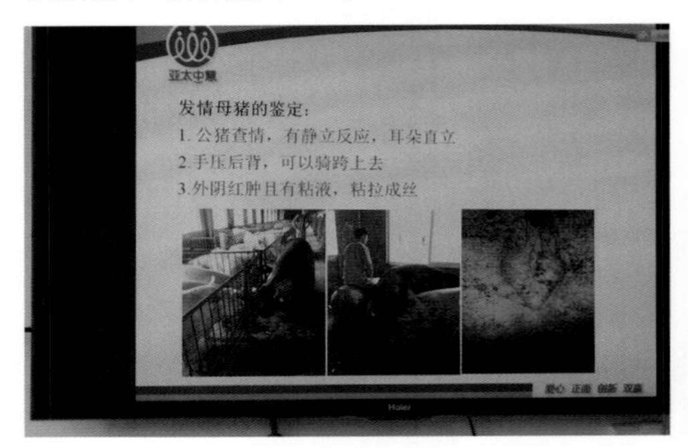


做好后备猪饲养人员的培训工作

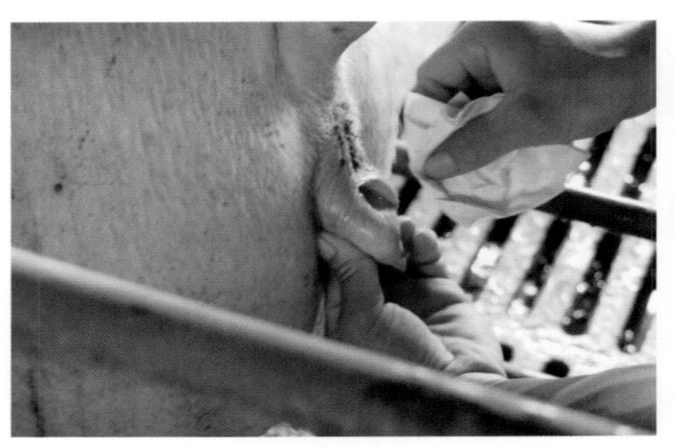

具有熟练的现场操作能力

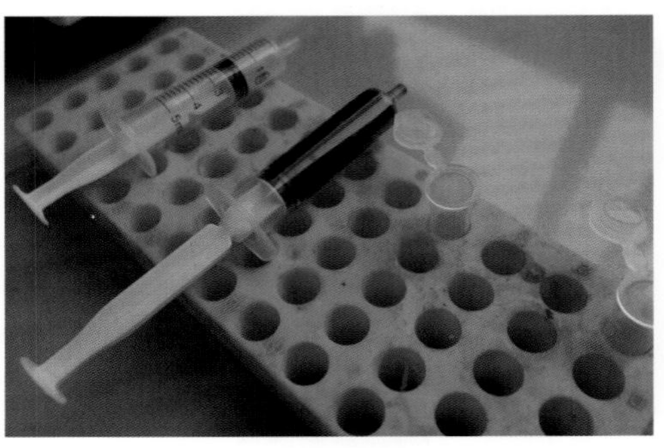

具有消除三大不稳定因素的能力

② 当有效免疫数为85%时，

$R_0$ = 15：85 = 0.176

代入公式：

0.176×（1－85%） = 0.026

∵0.026＜0.05

∴其疫病再现率为几乎不可能。

疫病再现的四个比率

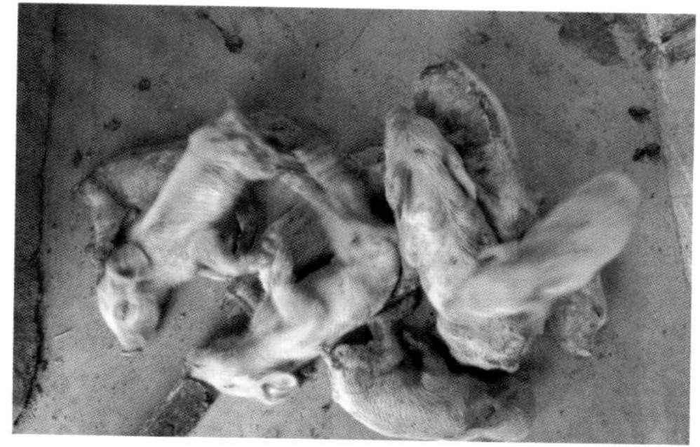

R大于1时，疫病呈暴发趋势

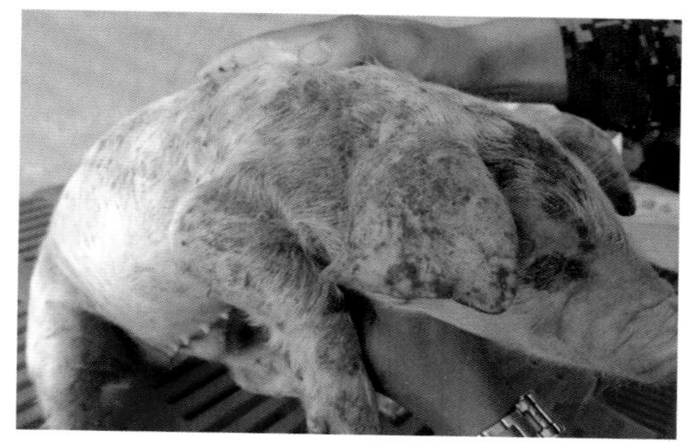

R等于1时，猪群不断出现病猪个体

R小于1时，猪群发病个体减少

R小于0.05时，疫病几乎不再发生

## 二、在全群普免上求适的四步法

### （一）事前准备

1. 在全群普免程序上的准备

（1）参加全群普免疫病种类的准备。

（2）参加全群普免猪群种类的准备。

（3）全年普免二次的疫病与时间的准备。

（4）全年普免三次的疫病与时间的准备。

（5）全年普免四次的疫病与时间的准备。

2. 在全群普免疫苗产品上的准备

（1）现代基因缺失苗疫苗产品的准备。

（2）传统弱毒苗疫苗产品的准备。

（3）传统灭活苗疫苗产品的准备。

3. 在全群普免方法上的准备

（1）在产床上普免方法的准备。

（2）在限位栏上普免方法的准备。

（3）在半限位栏上普免方法的准备。

（4）在散养大栏上普免方法的准备。

4. 在全群普免其他方面上的准备

（1）保定方法的准备。

（2）消毒方法的准备。

（3）注射方法的准备。

（4）免疫技术培训的准备。

（5）责任落实到人的准备。

（二）事中操作

1. 在全群普免程序上的确定

(1) 参加全群普免疫病种类的确定。

① 初产母猪日龄段易发病为细小病毒病。

② 夏秋季节易发病为乙型脑炎。

③ 冬春季节易发病为病毒性腹泻。

④ 猪场基础病为圆环病毒病和蓝耳病。

⑤ 猪场易发变异病为猪瘟和伪狂犬病。

⑥ 猪场多发病为口蹄疫。

(2) 参加全群普免各类猪群的确定。

① 全部经产母猪。

② 全部成年种公猪。

(3) 全年普免二次的疫病种类与时间的确定。

① 疫病种类为：圆环、乙脑和细小病毒病（其后两者也可4月份免疫1次）。

② 免疫时间为4月、10月各一次。

注：病毒性腹泻也为一年二次进行免疫；免疫时间为秋季10月、11月各一次。

(4) 全年普免三次的疫病种类与时间的确定。

① 疫病种类为：猪瘟和伪狂犬病。

② 免疫时间为：1月、5月、9月各一次。

③ 个别疫情严重的猪场也可每3个月一次。

(5) 全年普免四次的疫病种类与时间的确定。

① 疫病种类为：蓝耳病和口蹄疫。

② 免疫时间为：3月、6月、9月、12月各一次。

全群普免的四项准备

免疫程序的准备

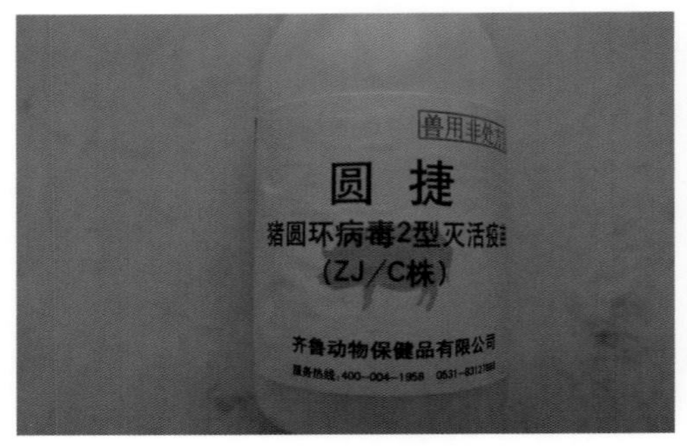


疫苗产品的准备

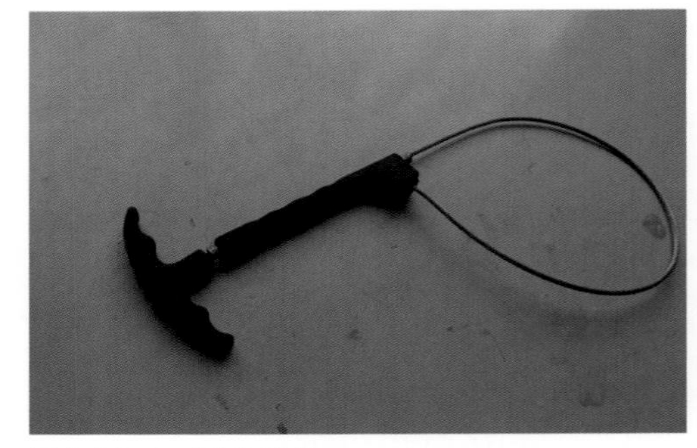

保定方法与工具的准备

人员培训的准备

2. 参加全群普免疫苗产品的确定

（1）现代基因缺失苗产品的确定。参见跟胎免疫的有关内容，略。

（2）传统弱毒苗产品的确定。参见跟胎免疫的有关内容，略。

（3）传统灭活苗产品的确定。参见跟胎免疫的有关内容，略。

3. 在全群普免方法上的确定

（1）在产床上普免方法的确定。

① 尽量避开产前产后各7天的围产期。

② 在母猪哺乳时不准注射疫苗。

③ 颈部肌内注射前，要用5%碘酊认真涂抹消毒。

④ 要垂直进针，确保疫苗液全部注入肌肉内。

（2）在限位栏上普免方法的确定。

① 配后0～35天遇到的普免项目转至下个月进行。

② 颈部肌内注射前，要认真进行碘酒消毒。

③ 肌内注射时，要确保疫苗液全部进入肌肉内。

（3）在半限位栏上普免方法的确定。

① 在诱导其采食时，堵在母猪的尾部进行免疫。

② 如在配后0～35天，可延迟到下月免疫。

③ 颈部肌内注射前，要认真进行碘酒消毒。

④ 规范注射方法，保质保量进行免疫。

（4）在散养大栏上普免方法的确定。

① 如在配后0～35天，可延迟到下月免疫。

全群普免程序的准备

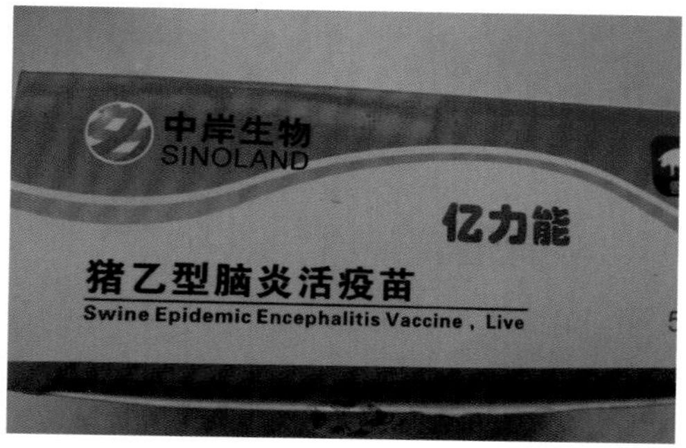


一年1次的免疫项目

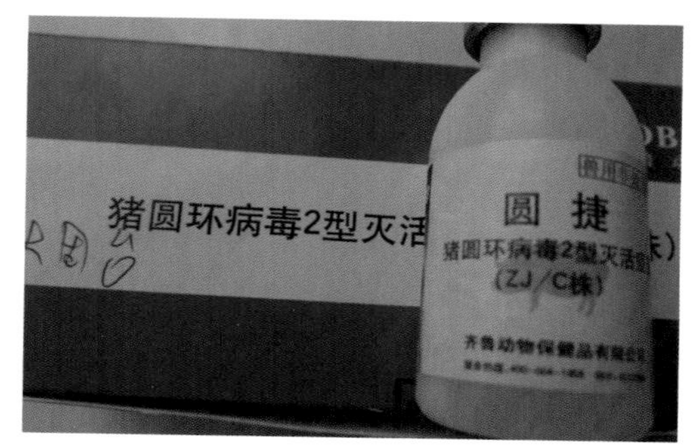


一年2次的免疫项目

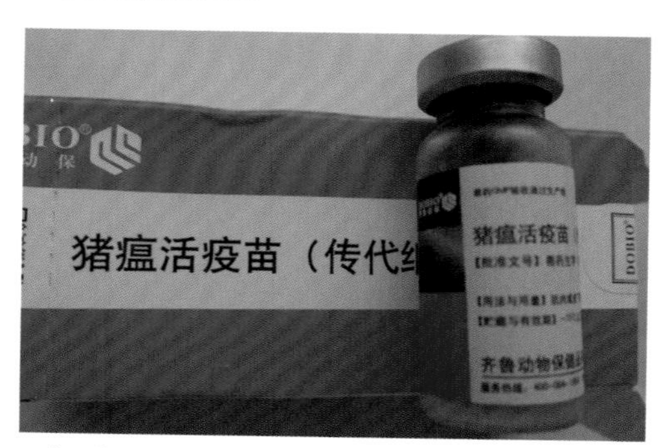


一年3次的免疫项目

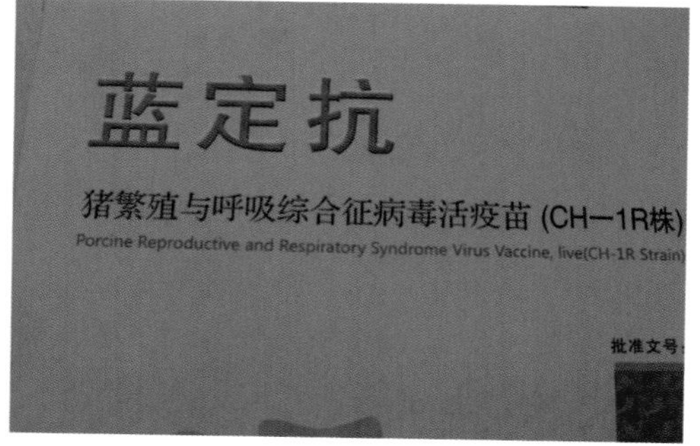


一年4次的免疫项目

② 颈部肌内注射前，要认真进行碘酒消毒。

③ 注射时，将母猪赶至栏圈一角处，在母猪拐弯前行时，注射人员用肩顶住母猪的肩部；在相对交劲的干扰下，垂直进针完成肌内注射免疫的全过程。

4. 在其他方面上的确定

（1）保定方法的确定。

① 个体限位栏或产床本身就起到保定作用。

② 半限位栏通过诱食等措施也可起到保定作用。

③ 在群养大栏要采用保定器进行保定。

④ 对群养大栏的后海穴注射，必须准确保定后方可进行。

（2）消毒方法的确定。参见跟胎免疫的内容，略。

（3）免疫技术的培训，略。

（4）责任制的确定，略。

（三）要点监控

1. 要厘清抗体检测的意义与做法

（1）抗体监测的意义。

① 用抗体监测结果指导免疫，可以说是有的放矢。

② 现代科技使猪场疫病快速检测成为可能。

③ 21世纪的时代特征是化验监测。

（2）无病大群抗体监测的做法。

① 规模大的猪场采用ELISA法。其酶联标记抗体法监测速度快、精确度高。

② 规模中、小的猪场可采用免疫金标法，其以设备简单、出结果快的特点而被广泛应用。

四种不同栏圈的保定处理

个体限位栏本身就是保定

产床本身也是保定

散养半限位栏也便于保定

散养栏的猪要用套口器进行保定

（3）病猪个体抗体监测的做法。

① 免疫金标法适用于病猪个体的抗体监测。其适用于个别母猪繁殖障碍病综合征的定性诊断。

② 免疫金标的定性结果可指导PCR的最终诊断。其快速定性结果对PCR诊断的选项提供了指导。

2. 要厘清紧急普免的做法

（1）当猪场出现某种特定病感染时，则须采用紧急普免。

（2）紧急免疫的对象为无临床症状的经产母猪群。

（3）首免20~30天后，进行第二次的强免疫。

（4）待全群获得均匀一致有效抗体后，再转入猪场一般普免程序。

3. 要厘清基础病免疫的意义和做法。

（1）基础免疫和基础病免疫的区别。

① 基础免疫为首次启动免疫。

② 基础病免疫为圆环和蓝耳病的免疫。

（2）基础病免疫的意义。

① 圆环病、蓝耳病是猪场疫病混感的原发病因。

② 切实做好圆环病、蓝耳病的免疫接种，对预防猪场混感疫病的发生是有效的。

（3）圆环病毒病免疫的做法，略。

（4）蓝耳病免疫的做法，略。

（四）事后分析

1. 根据化验监测结果编制免疫程序

（1）设立定性化验室并开始运作。

（2）根据监测结果编制及修正免疫程序。

抗体检测方法的选用

大型猪场宜选用ELISA法

小型猪场宜选用免疫金标法

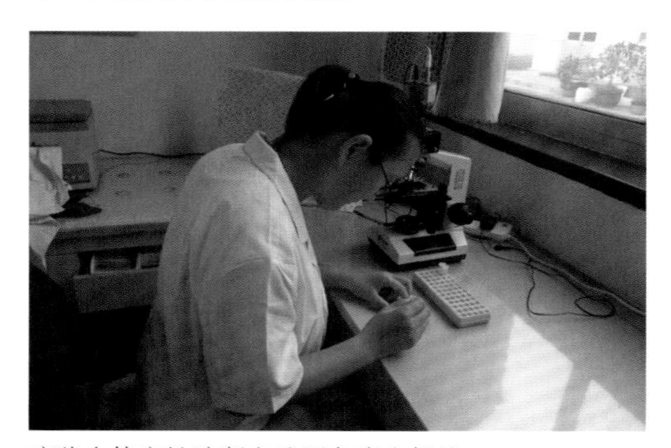
病猪个体定性诊断宜选用免疫金标法

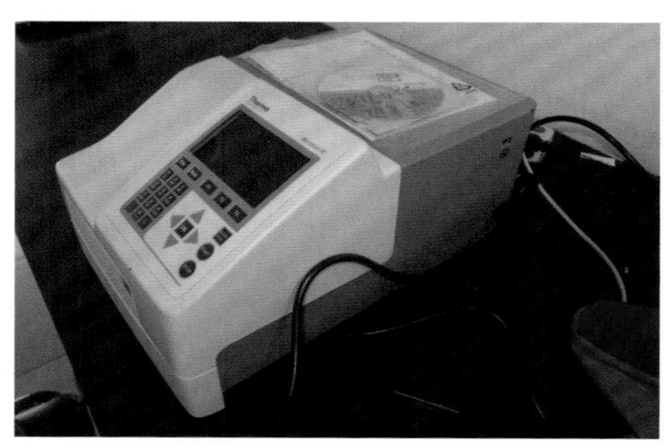
指导PCR选项检测宜选用免疫金标法

2. 根据普免程序，做好准备与落实

（1）一般普免的准备与落实。

① 基础母猪分为可免的和需避让的两群。

② 疫苗的准备。

③ 免疫方法的准备。

（2）紧急普免的准备与落实。

① 无病大群的首免、二免和提、消、抗、对防治原则的处置。

② 病猪个体的隔离、封销、消毒、淘汰等无害化处理。

3. 确保种猪体质的达标

⑴ 亚健康的体质是猪场的薄弱环节。

造成种猪亚健康体质的因素为：圆环、蓝耳病毒的广泛存在，猪群栖息环境的不适和霉菌毒素的慢性中毒等，特别是后者。

⑵ 亚健康体质是可以发现的。

通过对后备种猪和经产母猪的年度健康检查，即可发现问题；其检查的内容应增补血常规检查、尿常规检查和肝酶活性检查等内容。

（3）亚健康体质是可以解决的。

① 从饲料霉菌毒素含量的严格控制上，解决病从口入的问题。

② 从保肝护肾的中医药保健用药上，解决肝肾排毒的问题。

⑷ 通过落实猪场常规健康检查的软、硬件工作，将早应开始而未进行的健康检查落到实处，以确保种猪体质的达标。

开展紧急普免的四个理念

出现疫情时要开展紧急普免

紧急普免的对象是无病大群

间隔三周要连续免疫两次

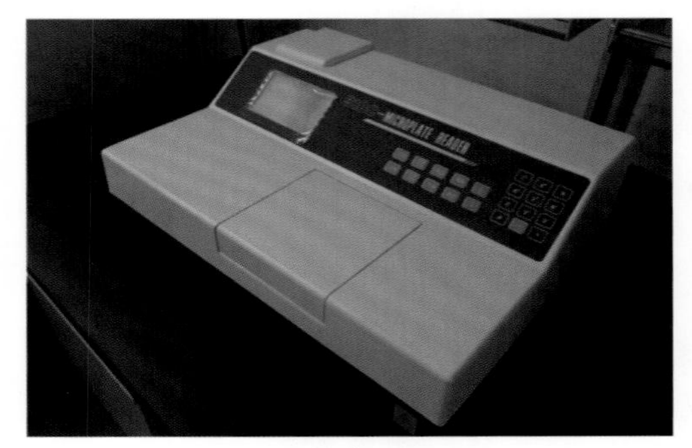

以免疫群体出现均匀抗体为目标

## 第三节　在青年母猪自然感染上求适

### 一、知识链接“获得性免疫的两个类型与四个途径”

动物机体获得特异性免疫力，其主要分为两大类型和四个途径。

#### （一）天然获得性免疫类型

其主要分为天然被动免疫和天然主动免疫两种途径。

1. 天然被动免疫（母源抗体）

新生仔猪通过初乳从母体获得特异性抗体，从而获得对某些病原体的免疫力，其称为仔猪的天然被动免疫。

2. 天然主动免疫（自然感染）

它是指猪只被自然环境中某种病原体感染耐过后，产生的对该病原体再次侵入的不感染状态，即天然主动免疫。

注：这是本节要探讨的内容，也是需要理清的猪场主要技术内容。

#### （二）人工获得性免疫类型

其主要分为人工被动免疫和人工主动免疫两种途径。

1. 人工被动免疫（免疫血清）

将免疫血清或自然发病康复动物的血清，人工输入未免疫的动物体内,使其获得对某种病原体的抵抗力。

2. 人工主动免疫（疫苗接种）

其是指给动物接种某些疫苗，刺激机体免疫系统产生应答反应，并由此获得对某种病原体的抵抗力。

获得性免疫的四个途径

天然被动免疫之“吃好初乳获母源抗体”

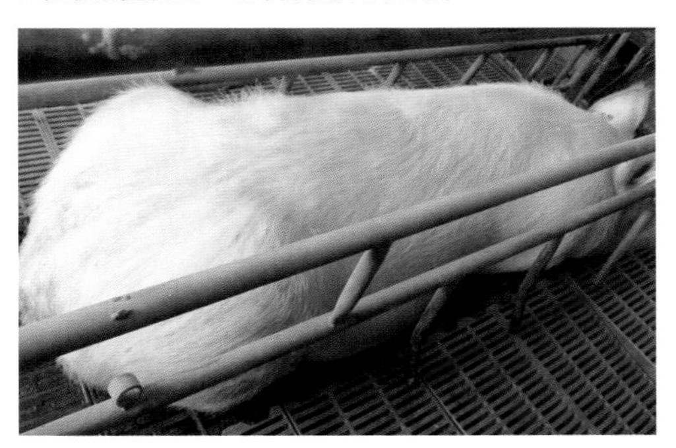

天然主动免疫之“猪群患病为自然感染”

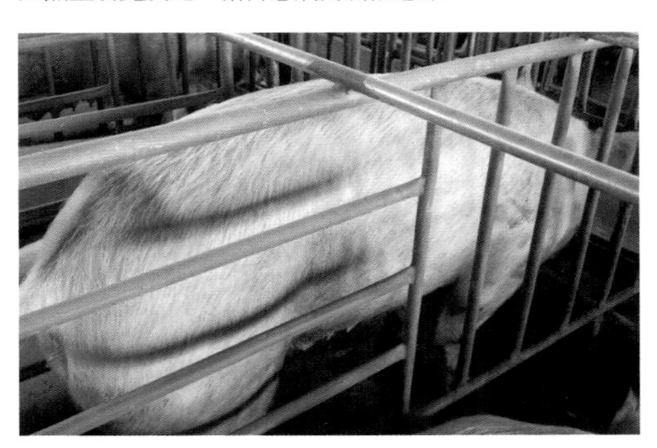

人工被动免疫之“病猪注射免疫血清”

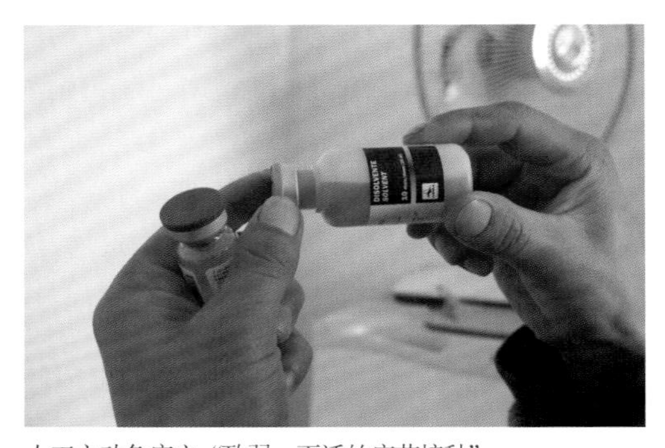

人工主动免疫之“致弱、灭活的疫苗接种”

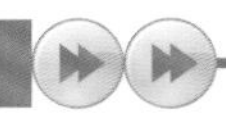

## 二、在青年母猪自然感染上求适的四步法

### （一）事前准备

（1）青年母猪配种前自然感染的准备。

（2）青年母猪配种后自然感染的准备。

### （二）事中操作

1. 青年母猪配种前自然感染的操作

（1）尽量夯实特定疫苗毒系统性持续感染的基础。

① 猪瘟、伪狂犬病、口蹄疫的免疫接种为第三次，以确保妊娠期及哺乳期的安全。

② 细小、乙脑的免疫为首免和间隔20天的二免，以确保妊娠期的安全。

③ 蓝耳病及圆环病的疫苗要经化验室测序和抗原量检测，然后才能确定选用何种产品。

（2）逐步增加共栖类病原体广泛性自然感染的力度。

① 在适应期使用林可、壮观复方广谱抗菌药物的同时，选用待售肥猪、待淘汰母猪和试情老公猪进行口对口接吻处理。一天二次，每次15分钟，连用一周。

② 在适应期使用泰乐、黏杆广谱抗菌药物时，选用健康母猪粪撒布在青年母猪栏内，一天一次，连续处理一周。

③ 在适应期使用氟苯尼考、强力霉素复方广谱抗菌药物的同时，选用健康产仔母猪的胎衣拌以木屑，然后将木屑撒在栏内供其拱食，一天一次，连续处理一周。

2. 青年母猪配种后自然感染的操作

（1）继续夯实特定病疫苗毒系统性持

带药接触原猪群共栖菌

用药的同时，让待淘公猪口对口接触15分钟

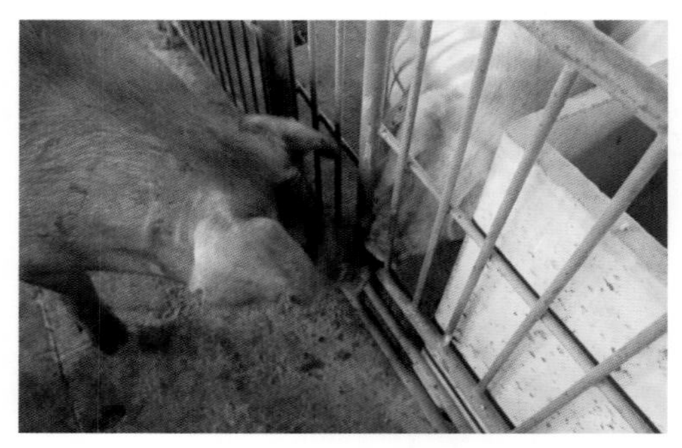

用药的同时，让待售肥猪口对口接触15分钟

用药的同时，拱食健康猪粪15分钟

用药的同时，拱食沾有健康胎衣的锯末

续感染的基础。在配后50～90天期间，对妊娠后期、围产期和泌乳高峰期易感的猪瘟、伪狂犬病、口蹄疫、病毒性腹泻等特定病进行加强免疫，以确保母仔健康。

（2）在配后80～90天采用孕畜可用档次的土霉素、磺胺、TMP复方药物进行广谱抑菌、驱杀弓形虫及附红细胞体的净身用药，如配合孕畜可用的驱体内外寄生药物则效果更好。

⑶ 采用仔猪黄白痢粪便，进行二次自然感染性的反饲。在产前40天、20天，二次给青年妊娠母猪进行仔猪黄白痢粪便的反饲，促使初产母猪的初乳具有经产母猪同等水平、种类的母源抗体，彻底解决初产母猪的新生仔猪因免疫抗体缺陷所致弱势群体的问题。

（三）要点监控

1. 青年母猪为自然感染的重点猪群

在青年母猪150日龄前，是驱杀体内外寄生虫、弓形虫、附红细胞体的阶段；在青年母猪190日龄前，主要是特定病疫苗毒的系统性持续感染过程的阶段；在190日龄之后，要带药进行广泛的病原体接触工作，一般以3～4周为宜，以接受外环境中病原体的刺激及产生与病原体一致的免疫力。

2. 以接触假定健康猪为主

必须澄清的是：采用病猪的病料感染青年母猪的风险性很高；而表面健康的猪只也含有较为广泛的病原体，而且其数量在暴发疫病的阈值之下，一般不会引起生产上的问题。特别是在自然感染的适应期要投喂具有预防量的广谱复方抗菌药物，以弱化或灭活易感日龄段细菌病原体的

稳胎期的免疫与保健

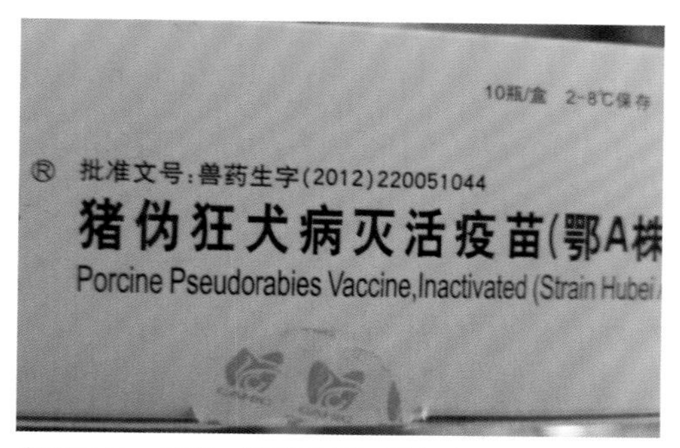

在配后50～90天，视情进行加强免疫

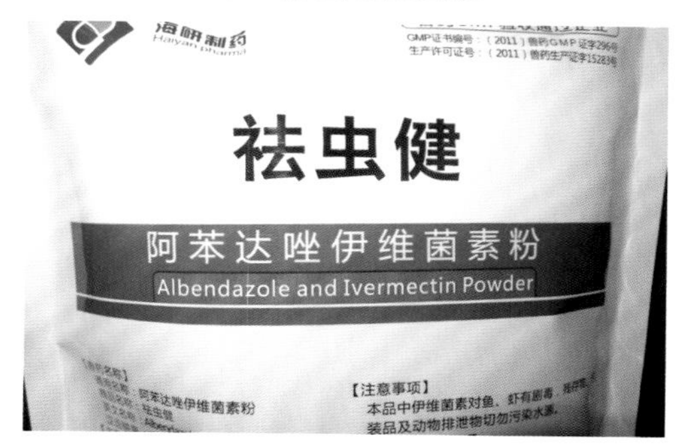

在配后80～90天进行保健用药

在产前40天进行黄白痢的首次反饲

在产前20天进行黄白痢的二次反饲

毒力。

3. 产前以接触大肠杆菌为主

因大肠杆菌有1000余种，大多为条件性致病菌。青年母猪与经产母猪的差别就是前者缺乏众多大肠杆菌的初乳抗体，进而导致青年母猪的新生仔猪成为易腹泻的弱势群体。而在产前40天、20天二次采用原场仔猪黄白痢粪便的反饲，即可有效地解决这一难题。故此，这一自然感染应成为青年母猪必做的免疫接种内容。

（四）事后分析

后备母猪的自然感染可人为地安排在配种前和临产前两个阶段进行。

1. 自然感染是后备猪免疫的主要内容

（1）接受有疫苗的特定病免疫。根据国内母猪群存在繁殖障碍病的现实，现已研制了多种确有实效的疫苗产品，用于满足其特定病预防的需求。

（2）接受许多疫病的自然感染。猪群接触的外部环境中，尚存在很多没有疫苗进行提前预防的疫病，这些免疫只能靠自然感染来完成。

2. 人为的自然感染要适度进行

（1）配种前的适度自然感染。新老猪只的呼吸道接触、粪便接触、沾有胎衣的锯末接触，均要前后有序，各为一周，每天15分钟，还要投抗感染药弱化之。

（2）临产前的适度自然感染。青年母猪在产前40天和20天时，要分别饲喂原场仔猪的黄白痢粪便各3g，以待所产初乳具有广谱的抗黄白痢能力。

**青年母猪自然感染的力度**

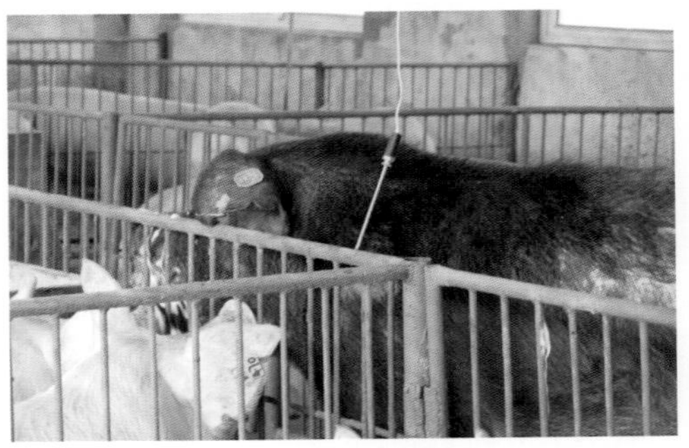

与后备母猪接触的待淘公猪为健康猪

与后备母猪接触的待售肥猪为健康猪

给青年母猪反饲的病料为黄白痢粪

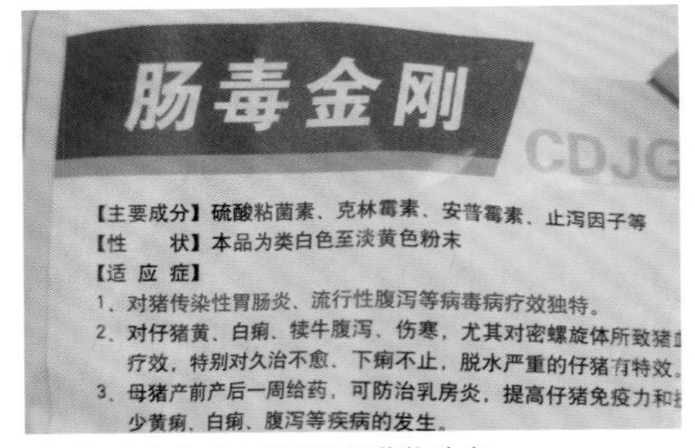


对反饲有炎症反应者要进行药物治疗

免疫失败原因前四

## 第四节 在消除免疫失败因素上求适

### 一、知识链接“免疫失败的四大因素”

#### （一）疫苗本身的因素

1. 血清型差异

有些疫病病原体的血清型较多，其疫苗毒的血清型与野毒血清型不符，疫苗产生的抗体不能抵抗其野毒。

2. 疫苗效价

疫苗质量差，其抗原达不到规定的数量；或疫苗株品质下降，或抗原均匀度不好，或灭活苗灭活不全等。

3. 抗原竞争

同时注射二种疫苗，抗原受体相近，在宿主体内竞争受体，其必然会造成双方应答反应降低，或一方降低。

4. 疫苗运输与保存不当

保存超过使用期，冻干疫苗失真空，油乳苗乳化分层，运输时阳光直射，未执行苗完冰未化的规程等。

#### （二）免疫方法的因素

1. 免疫程序不合理

没有进行抗体检测，主观随意性大；两种疫苗免疫间隔太短，免疫反应相互干扰；多种疫苗频繁注射，造成应激。

2. 免疫操作不当

保定不当打飞针，疫苗稀释后不能及时用完，注射器具没有认真消毒，注射部位消毒不严，一个针头用到底等。

3. 使用疫苗不当

疫苗剂量过小，不能产生有效抗体；

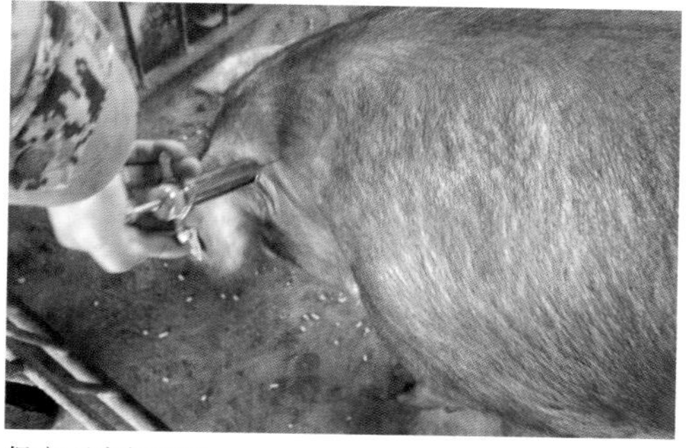

保定不当打飞针

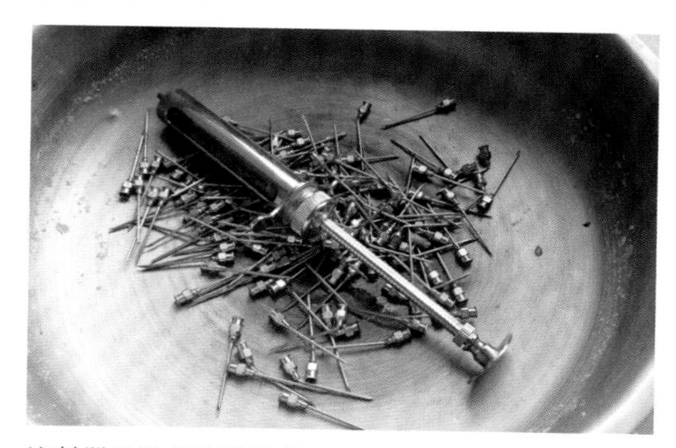

注射器皿没有认真消毒

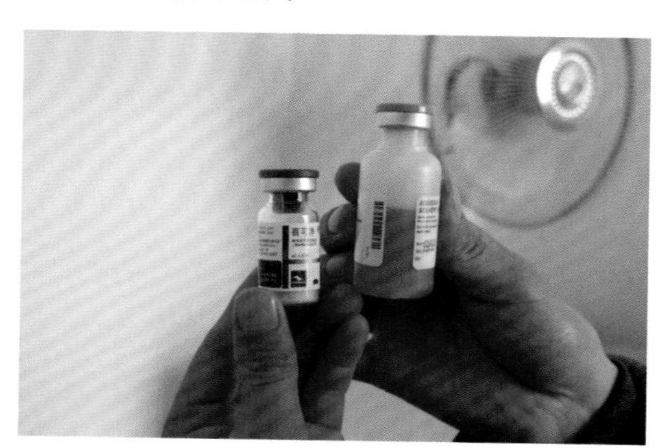

疫苗已过有效期

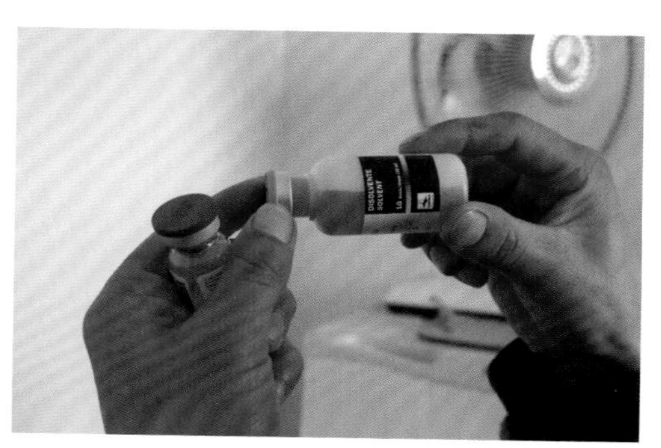

疫苗质量不合格

疫苗剂量过大，造成机体免疫麻痹；或使用的稀释液不符合生产厂家要求。

（三）猪只自身的因素

1. 母源抗体的影响

母源抗体可使仔猪得到被动的保护，但也能灭活弱毒疫苗的病毒。故此，在母源抗体高时，免疫效果很差。

2. 免疫抑制病的感染

当猪群感染蓝耳病、圆环病毒病时，由于淋巴细胞减少等因素造成的免疫抑制，此时免疫是不会有理想的免疫效果的。

3. 亚健康机体的影响

猪群受其他因素影响而呈现亚健康状态时，进行免疫接种后一般很难产生良好的免疫反应。

（四）其他方面的因素

1. 霉菌毒素的影响

霉菌及其产生的毒素，如黄曲霉毒素、呕吐毒素、玉米赤霉烯酮毒素等都可引起免疫抑制及其他病变。

2. 管理不善的影响

无生产计划的临时安排，经常捕捉、圈舍拥挤、提前断奶、频繁转群等因素的影响。

3. 人员因素的影响

参加免疫接种会战的员工，其积极性不高，也是免疫效果不佳的重要因素。

4. 环境条件的影响

夏季高温、冬季寒冷、舍内空气污浊、粉尘含量高，有害气体超标，消化道、呼吸道疾患频发等。

免疫失败原因后四

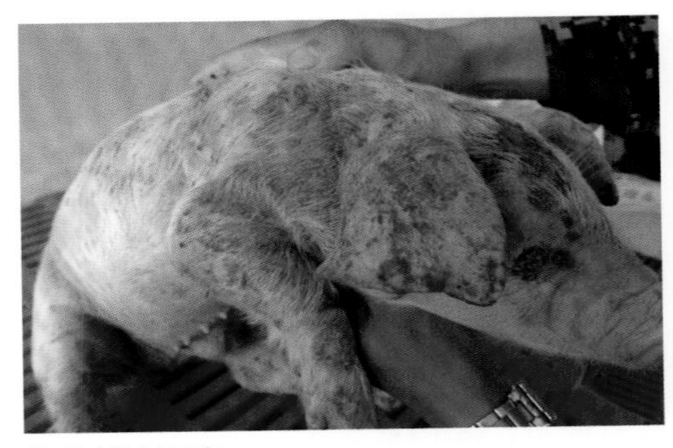

猪群感染圆环病

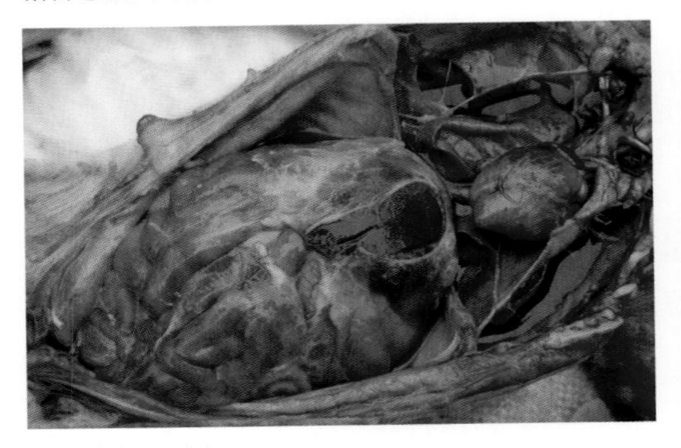

猪群感染蓝耳病

饲料的霉菌毒素含量超标

猪群的外环境条件恶劣

## 二、在消除免疫失败因素上求适的四步法

### （一）事前准备

（1）消除疫苗本身因素导致免疫失败的准备。

（2）消除免疫方法因素导致免疫失败的准备。

（3）消除猪只自身因素导致免疫失败的准备。

（4）消除猪场其他因素导致免疫失败的准备。

### （二）事中操作

1. 消除疫苗本身因素导致免疫失败的操作

（1）对蓝耳病病原的血清型问题，可在采用PCR检出野毒病原后，然后开展基因型测序试验，用其野毒病原血清型寻找与此相近的疫苗毒血清型，以此解决血清型差异问题。

（2）对疫苗效价问题，要选择正规生物制品厂，其产品是经省药检所检测后的推荐产品，要有冷链保障系统，产品在保质期内要符合产品外观标准的要求。

（3）对抗原竞争问题，要求两种不同疫苗的间隔必须在5～7天。另外，有报道说，蓝耳病与支原体均可刺激机体产生干扰素，影响对方的复制和抗体产生。故二者的免疫要间隔2周以上。

2. 消除免疫方法因素导致免疫失败的操作

（1）要根据外部疫情、猪群抗体情况编制免疫程序；要根据跟胎免疫和全群普免的特点编制免疫程序，要优先保证猪

**消除免疫失败四措施**

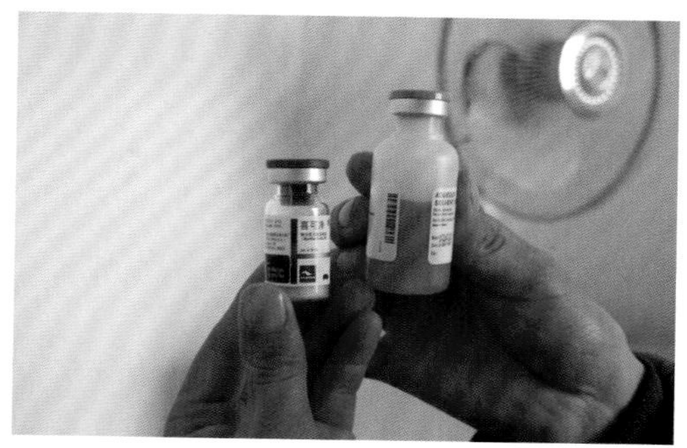
疫苗要在保质期内

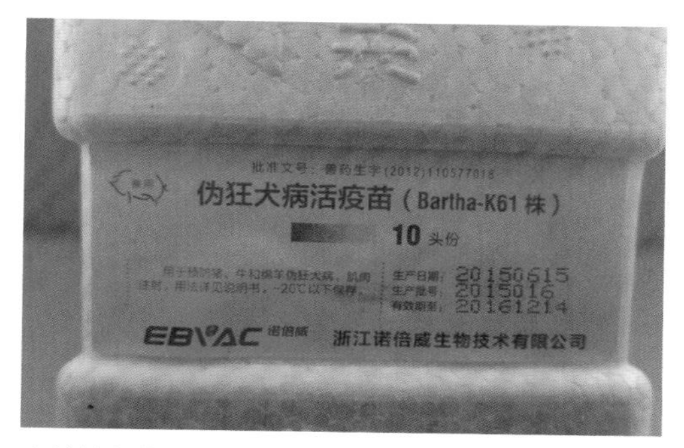

产品外包装要符合标准

抗体检测要达到标准

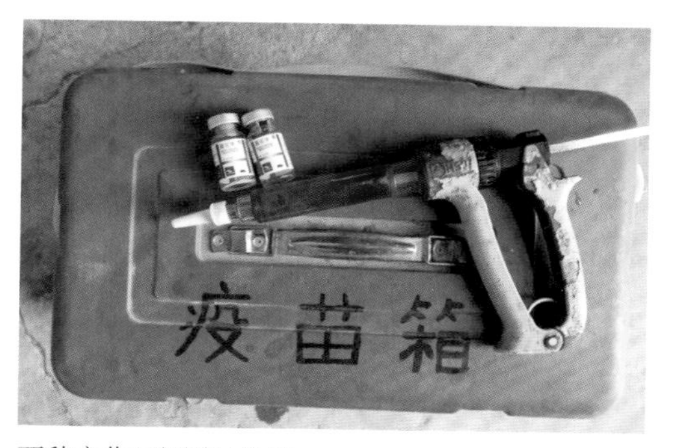

两种疫苗不得同时免疫

瘟、伪狂犬、口蹄疫、蓝耳病、圆环病、细小、乙脑等病毒病的免疫。

（2）对免疫操作不当的问题，要建立有效免疫的管理制度，要进行免疫骨干人员的技术培训，要熟练掌握免疫技术，要杜绝消毒不当、稀释不当，注射不当等相关问题的出现。

（3）对使用剂量不当的问题，要及时检查、调整连续注射器，杜绝在器具上出现漏免、过量的问题。同时严格按技术要求和产品说明掌握免疫接种剂量，防止剂量不足或过量现象的发生。

3. 消除猪只自身因素导致免疫失败的操作

（1）对母源抗体的问题，一是采用滴鼻法免疫接种伪狂犬基因缺失苗，进行黏膜免疫；二是免疫接种油乳剂灭活苗，借此消除母源抗体灭活疫苗抗原的问题。

（2）对免疫抑制病的问题，要首先解决蓝耳病、圆环病毒病的免疫预防问题。只要解决了上述问题，猪瘟、伪狂犬病等其他疫病的免疫接种效果就会水到渠成，事半功倍。

（3）对猪群处于亚病态的问题，可在易感季节、易感日龄和适宜用药的时机选择驱血虫、驱弓形虫、驱体内外寄生虫、抑菌、消炎、抗病毒的药物，尽量减弱各种易感病原体的致病力。

4. 消除其他方面因素导致免疫失败的操作

（1）对霉菌毒素的问题要给予充分的重视，要在饲料原料供应环节、饲料产品加工环节、运输贮存环节、饲喂环节及舍内霉菌控制环节等各方面给予净化处理。

（2）对猪场免疫管理混乱的问题，要

**规范免疫方法**

对员工进行免疫技术培训

要对免疫器具进行认真消毒

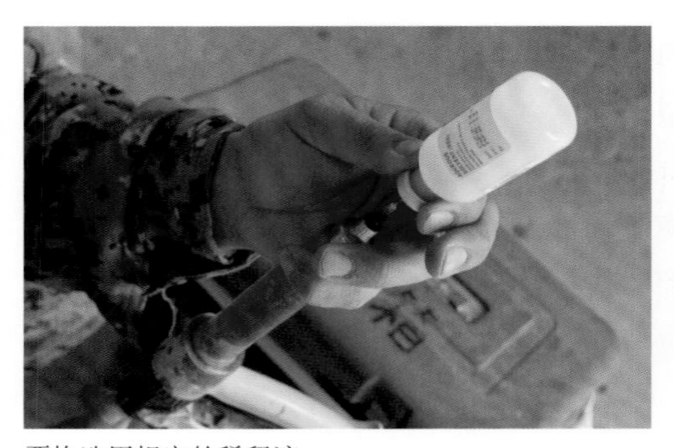

严格选用规定的稀释液

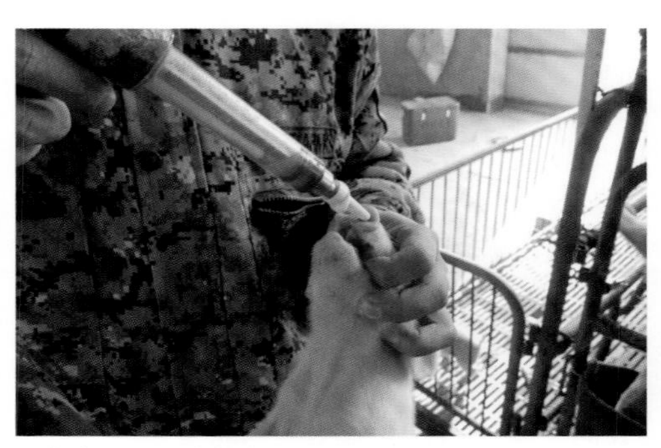

按技术规程准确免疫

由场部设立免疫领导班底，要落实兽医主管人员责任，要制定免疫管理制度，要落实免疫管理工具及正常跟胎免疫方案和普免接种方案等。

（3）对环境条件的问题，要消除工程防疫设施硬件和生物安全制度软件等基础缺陷问题。并在执行层面从管理、物理、化学、营养、生物等方面的求适上解决适宜环境这一问题。

（三）要点监控

1. 要全力消除场内三大不稳定因素

（1）猪瘟、伪狂犬病等特定病的免疫失败，主要归罪于猪群处于免疫抑制状态。而造成猪群免疫抑制的罪魁祸首是猪场内存在三大不稳定因素，即猪场内存在蓝耳病、圆环病毒病、霉菌毒素感染问题。

（2）对蓝耳病的感染，要通过基因测序找出与场内野毒血清型相近的疫苗毒进行首免与加免；对圆环病毒感染，要通过化验检测选择优质高效灭活苗进行紧急免疫；对霉菌毒素感染则要在饲料加工的过程和饲喂过程进行除霉减毒的有效处理。

2. 要努力提高青年母猪的抗病力

参见本章第三节项下的内容，略。

（四）事后分析

1. 原因推导

（1）猪场疫情发生的重要原因之一是易感特定病的免疫失败。

（2）易感特定病免疫失败的原因最终将归罪于免疫抑制。

（3）免疫抑制的原因是猪场存在三大不稳定因素为主的应激反应。

消除四大免疫抑制因素

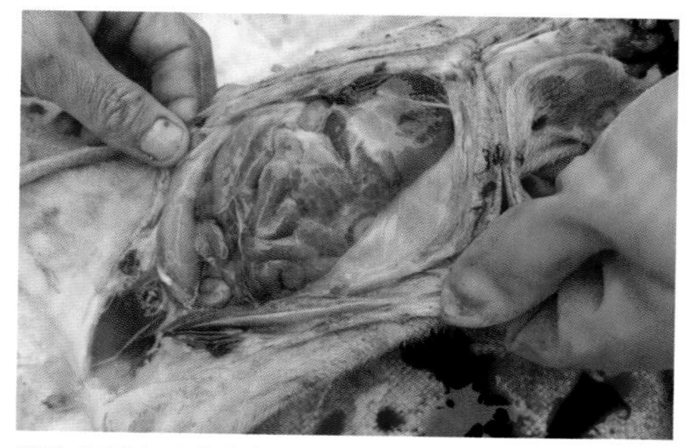

消除蓝耳病造成的免疫抑制

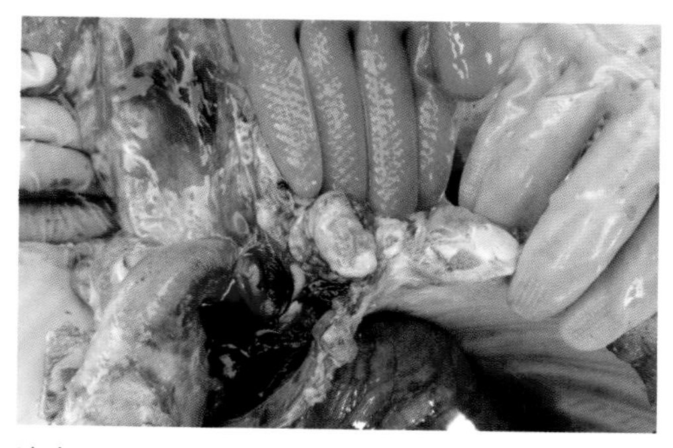

消除圆环病造成的免疫抑制

消除霉菌毒素造成的免疫抑制

消除环境恶劣造成的免疫抑制

（4）产生应激反应的原因有猪场基础层面和执行层面两个方面的问题。

2. 改进措施

（1）基础层面。

① 完善六大工程防疫设施，夯实了健康养猪的硬件基础，也为消除免疫失败的因素提供了保障。

② 健全六大生物安全制度，夯实了健康养猪的软件基础，也为消除免疫失败的因素提供了保障。

③ 实施现场技术培训工作，夯实了健康养猪的技术人才基础，也为消除免疫失败因素提供了保障。

④ 开展设施养猪技术培训，夯实了健康养猪的多面手人才基础，也为消除免疫失败因素提供了保障。

（2）执行层面。

① 切实增强繁育体系管理的执行力，提高了有效母猪群体的繁殖体况、也为消除免疫失败因素提供了条件。

② 有效调控五大支柱体系的适宜度，可为各种猪群提供舒适环境，也为消除免疫失败因素提供了条件。

③ 对病猪个体进行准确诊断，可为猪场疫病防制工作提供指南；也为消除免疫失败因素提供了条件。

④ 对未病大群进行合理用药，既确保了六大用药方案的实施效果，也为消除免疫失败因素提供了条件。

注：猪场的六大用药为消毒用药、免疫用药、杀虫用药、灭鼠用药、预防用药和治疗用药；而药费支出最多的为消毒用药和免疫用药。

**四大根治免疫失败的措施**

从工程防疫设施上消除免疫失败因素

从生物安全制度上消除免疫失败因素

从未病先防执行上消除免疫失败因素

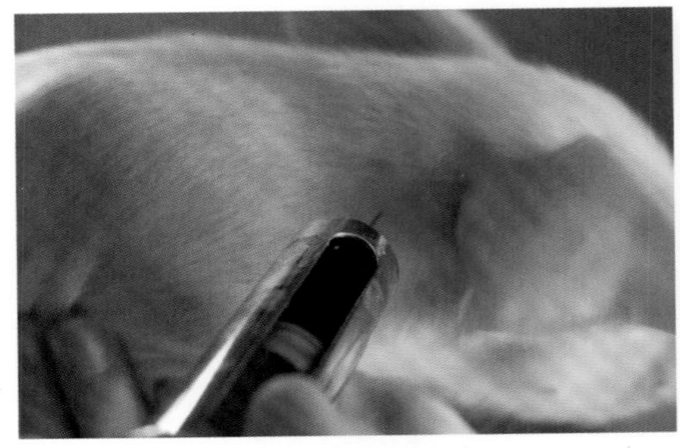

从即病防变执行上消除免疫失败因素

# 参考文献


［1］ 丁壮，等. 动物疫病流行病学［M］. 北京：金盾出版社，2007年.
［2］ 吴志明，等. 物疫病防控知识宝典［M］. 北京：中国农业出版社，2006年.
［3］ 费恩阁，等. 动物疫病学［M］. 北京：中国农业出版社，2004年.
［4］ 杨汉春，等. 动物免疫学［M］. 北京：中国农业大学出版社，2007年.
［5］ 陈怀涛，等. 兽医病理学［M］. 北京：中国农业出版社，2005年.
［6］ 魏伟，等. 抗炎免疫药理学［M］. 北京：人民卫生出版社，2005年.
［7］ 赵德明，等. 兽医病理学［M］. 北京：中国农业大学出版社，2004年.
［8］ 王明俊，等. 兽医生物制品学［M］. 北京：中国农业出版社，1997年.
［9］ 林保忠，等. 科学养猪全集［M］. 成都：四川科学技术出版社，2000年.
［10］王正之，等. 中兽医手册［M］. 北京：农业出版社，1991年.
［11］王和民，等. 配合饲料配制技术［M］. 北京：农业出版社，1990年.
［12］潘耀谦，等. 猪病诊治彩色图谱［M］. 北京：中国农业出版社，2010年.
［13］江斌，等. 猪病诊治彩色图谱［M］. 福建：福建科学技术出版社，2015年.
［14］沈建忠，等. 兽医药理学［M］. 北京：中国农业大学出版社，2000年.
［15］许道军，等. 猪场环境保健关键技术［M］. 北京：中国农业出版社，2014年.
［16］马兴元，等. 国家法定猪病诊断与防制［M］. 北京：中国轻工业出版社，2007年.
［17］单虎，等. 现代兽医兽药大全［M］. 北京：中国农业大学出版社，2011年.
［18］宁宜宝，等. 兽用疫苗学［M］. 北京：中国农业出版社，2008年.
［19］吴德，等. 猪标准化规模养殖图册［M］. 北京：中国农业出版社，2013年.